U0269406

3ds Max
影视包装材质渲染手册

精鹰传媒 编著

人民邮电出版社
北京

图书在版编目（ＣＩＰ）数据

3ds Max影视包装材质渲染手册 / 精鹰传媒编著. --
北京 ： 人民邮电出版社，2014.11
　ISBN 978-7-115-36559-0

　Ⅰ. ①3… Ⅱ. ①精… Ⅲ. ①三维动画软件一手册
Ⅳ. ①TP391.41-62

　中国版本图书馆CIP数据核字(2014)第200489号

内 容 提 要

　　本书主要针对影视包装制作中的一些经典的材质表现和渲染技法，以丰富的实例进行了深入剖析。全书
共讲解了近 70 个常用的材质渲染应用实例，包括金属、玻璃、车漆、写意、皮革、布料、塑料、瓷器、卡通
和冰川等材质；并介绍了影视包装中最常用的四大渲染器，包括默认渲染器、mental ray、V-Ray 和 finalRender
渲染器，结合实例对渲染器的所有关键特色进行了详细和深入的剖析。

　　本书适合 CG 相关从业人员阅读参考，是影视包装、产品设计和广告包装等行业的全方位材质渲染技术
教学手册，也可作为 CG 渲染爱好者的自学用书或相关行业的培训教材。

◆　编　　著　精鹰传媒
　　责任编辑　杨　璐
　　责任印制　程彦红

◆　人民邮电出版社出版发行　　北京市丰台区成寿寺路 11 号
　　邮编　100164　电子邮件　315@ptpress.com.cn
　　网址　http://www.ptpress.com.cn
　　北京捷迅佳彩印刷有限公司印刷

◆　开本：787×1092　1/16
　　印张：19.75
　　字数：537 千字　　　　　　　　　　2014 年 11 月第 1 版
　　印数：1－3 000 册　　　　　　　　2014 年 11 月北京第 1 次印刷

定价：88.00 元
读者服务热线：(010)81055410　印装质量热线：(010)81055316
反盗版热线：(010)81055315

近年来，电视竞争激烈，网络视频如雨后春笋纷纷涌现，微电影强势来袭夺人眼球，多元化影视产品纷沓而至，伴随而来的是影视包装的迅速崛起。精湛的影视特效技术走下电影神坛，广泛应用于影视包装领域，让电视、网络视频和微电影的视觉呈现更为精致多元，影视特效日益成为影视包装不可或缺的元素。丰富的观影经验让观众对视觉效果的要求越来越高，逼真的场景、震撼人心的视觉冲击、流畅的动画……人们对电视和网络视频的要求已经提升到了一个新的高度，而每一个更高层次的要求都是对影视包装从业人员的新挑战。

中国影视包装迅速发展，专业化人才需求巨大，越来越多的人加入到影视包装制作的行列。但他们在实践过程中难免会遇到一些困惑，如理论如何应用于实践，各种已经掌握的技术如何随心所用，艺术设计与软件技术怎样融会贯通，各种制作软件怎样灵活配合……

鉴于此，精鹰传媒精心策划编写了系统的、针对性强的、亲和性好的系列图书——"精鹰课堂"。这套教材汇聚了精鹰传媒多年的创作成果，可以说是精鹰传媒多年来的实践精华和心血所在。在精鹰传媒即将走过第一个十年之际，我们回顾过去，感慨良多。作为影视包装发展进程的参与者和见证者，我们一直希望能为影视包装技术的长足发展做点什么。因此，我们希望通过出版"精鹰课堂"系列丛书，帮助您熟悉各类CG软件的使用，以精鹰传媒多年的优秀作品为案例参考，从制作技巧的探索到项目的完整流程，深入地向CG爱好者清晰呈现各种三维和后期合成等技术的步骤与过程，帮助动画师们解开心中的困惑，让他们在技术钻研、技艺提升的道路上走得更坚定、更踏实。

解决人才紧缺问题，培养高技能岗位人才是影视包装行业持续发展的关键，精鹰传媒提供的经验分享也许微不足道，但这何尝不是一种尝试——让更多感兴趣的年轻人走近影视特效制作、为更多正遭遇技艺突破瓶颈的设计师们解疑释惑、与行内兄弟一同探讨进步……精鹰传媒一直把培养影视包装人才视为使命，我们努力尝试，期盼中国的影视包装迎来更美好的明天。

佛山精鹰传媒股份有限公司

2014年10月

随着CG行业和中国影视产业的不断改革升级，影视产业的专业化已得到纵深发展。从电影特效到游戏动画，再到电视传媒，对专业化人才的需求越来越大，对CG领域的专业化人才也就有了更高的要求。而现实是，很大一部分进入这个行业的设计师，因为缺乏完整而系统的学习，导致理论与实践相距甚远，各种已掌握的技术不能随心所用，或者不能很好地将艺术设计与软件技术融会贯通，导致很多设计师的潜力得不到充分发挥。

2012年伊始，精鹰传媒开始筹划编写系统的、针对性强的、亲和性好的系列图书——"精鹰课堂"。这套教材集中了公司多年的创作成果，可以说是精鹰传媒多年来的实践精华和心血所在。在"精鹰课堂"的编写中，我们立足于呈现完整的实战操作流程，搭建系统清晰的教学体系，包括技术的研发、理论和制作的融合、项目完整流程的介绍和创作思路的完整分析等内容。

本书主要使用的软件是3ds Max，对影视包装中近70个经典材质与渲染的应用技法进行了全面剖析。编写本书的目的是让影视包装创作者能够更加轻松、有效地完成作品中的各种常用、复杂、绚丽的材质制作与渲染。因此，本书对于每一种质感的表现方式都进行了分类剖析，具体到每个参数的作用及设置，力求满足任何阶段使用者的需求。同时本书中也分享了我们多年积累的材质渲染创作的丰富经验和制作技法，在这里我们建议读者不必完全按照教程中的步骤和参数进行操作，可以根据具体情况和自己的想法，适当改变步骤顺序或者参数值，并在本书的基础上多加实践，学会举一反三，所谓实践出真知，在完成了一个实例的操作之后，希望读者在掌握材质渲染核心知识的同时，融会贯通，将这些知识点熟练运用到其他实例的制作中，这样才能真正掌握3ds Max材质渲染表现的精髓。

本书得以顺利出版，要感谢精鹰传媒总裁阿虎对"精鹰课堂"的大力支持，也要感谢精鹰传媒的每一位同事，因为精鹰公司的每一个作品都凝聚着他们的努力和创造，没有他们的付出，也就不会有"精鹰课堂"的诞生。

本书提供学习资料下载，扫描右侧二维码即可获得文件下载方式。内容包括本书所有案例的MAX文件、精品贴图文件和实例效果图文件。如果大家在阅读或使用过程中遇到任何与本书相关的技术问题或者需要什么帮助，请发邮件至szys@ptpress.com.cn，我们会尽力为大家解答。

微信号: szysptpress
扫描二维码，获得本书学习资料下载方式

在本书的编写过程中难免会有一些不足之处，在此也恳请读者批评指正，我们一定虚心领教从善如流。同时，精鹰公司的网站（www.4006018300.com）上开设了本书的图书专版，会对读者提出的有关阅读学习问题提供帮助与支持。

我们会一直坚持为客户做"对"的事，提供"好"的服务，协助客户建立品牌的永久价值，使之成为行业的佼佼者。这就是我们矢志不渝的使命。

莫立

2014年10月

第4章　抛光金属材质

▲4.2
实战：制作抛光黄铜材质 / 表现时尚、华丽的现代感和厚重感

▲4.3
实战：制作真实不锈钢材质 / 表现高镜面反射的抛光质感

第5章　粗糙金属材质

▲5.2
实战：制作磨砂金属 / 表现低反射的磨砂质感

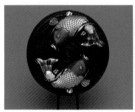
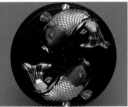

▲5.4
实战：制作亚光磨砂铜材质 / 表现具有粗糙纹理亚光金属质感

▲5.3
实战：制作污垢金属材质 / 表现磨砂金属的污垢质感

第6章　车漆材质

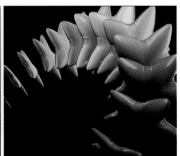

▲6.2
实战：制作车漆材质 / 表现具有金属粉的抛光车漆质感

▲6.3
实战：制作彩色车漆材质 / 表现色彩丰富、色泽柔和的车漆质感

第7章 玻璃材质

▲7.3
实战：制作裂纹玻璃材质
表现具有朦胧磨砂的裂纹玻璃质感

▲7.2
实战：制作真实玻璃杯材质 / 表现具有指纹的真实玻璃

第8章 冰材质

实战：制作冰材质
表现具有粗糙纹理的干冰质感

第9章　水墨材质

实战：制作水墨材质
利用衰减贴图表现水墨的笔触

第10章　素描材质

实战：制作素描材质
表现以线条为主的素描质感

第11章　水彩材质

实战：制作水彩材质
利用色系变化表现彩色的笔触质感

第12章　陶瓷材质

实战：制作陶瓷材质
表现一种反射很强的光亮釉陶质感

第13章　大理石材质

◀ **13.2**
实战：制作粗糙大理石材质
表现表面粗糙、华美实用的大理石

▼ **13.3**
实战：制作抛光大理石材质
表现光滑细腻、纹理清晰的抛光大理石

第14章　皮革材质

▼ **14.2**
实战：制作凹凸纹理皮质
表现略带模糊反射的粗糙纹理皮质感

▲ **14.3**
实战：制作亚光磨砂皮质
表现低反射、略带毛发的亚光皮质感

第15章　珍珠材质

▲ **15.2**
实战：制作白色珍珠材质／表现高光、反射模糊的磨砂表层质感

▲ **15.3**
实战：制作黑色珍珠材质／表现高反射、略带闪光金属光泽的质感

第16章　卡通材质

▲ 16.2
实战：制作线描卡通材质
表现用线条勾略轮廓的手绘卡通质感

▲ 16.3
实战：制作二维卡通材质
表现具有体积感的二维描绘质感

▲ 16.4
实战：制作三维卡通材质
表现一种墨水画卡通立体质感

第17章　布料材质

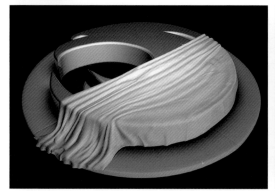

▲ 17.2
实战：制作麻布料材质 / 利用混合贴图制作麻布纹理质感

▲ 17.3
实战：制作粗绒布料材质/利用凹凸和置换贴图制作绒布质感

◀ 17.2
实战：制作金色光滑绒布材质
表现具有金色反光、绒毛细密的布料质感

第18章　半透明材质

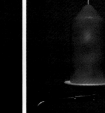

▲ 18.3
实战：制作蜡烛材质
表现具有较强折射模糊的半透明质感

▲ 18.2
实战：制作半透明玻璃材质 / 表现具有丰富渐变的半透明折射玻璃

第19章　塑料材质

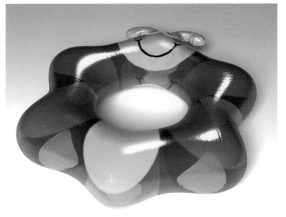

▲ 19.2
实战：制作硬塑料材质 / 表现具有较强光散射的硬塑料

▲ 19.3
实战：制作软皮质塑料材质
表现皮质单薄、折射低的彩色软塑料

第20章　锈蚀材质

实战：制作锈蚀材质/表现斑驳锈迹的铁器

第21章　木材材质

◀ 21.2
实战：制作粗糙木材材质
利用木材纹理表现高精度凹凸木
材质感

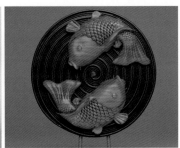

▲ 21.3
实战：制作光滑木材材质 / 表现质地坚硬的抛光木材

| 第22章 | 烤瓷材质 |

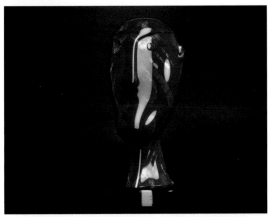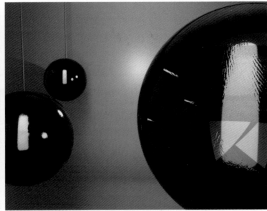

实战：制作烤漆材质 / 表现光滑饱满、釉面圆润的烤漆质感

| 第23章 | 毛皮材质 |

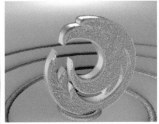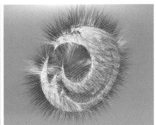

实战：制作毛皮材质
利用 VR 毛发修改器制作短绒毛材质

| 第24章 | 砖墙材质 |

◀ 24.2
实战：制作红砖墙面材质
利用 VR 混合贴图制作多层纹理的砖墙

▲ 24.3
实战：制作石砖墙面材质 / 利用贴图模拟大面积砖墙效果

第25章　透光材质效果

◄ 25.2
实战：制作壁灯透光效果
表现灯罩被灯光穿透后的这个

▲ 25.3
实战：制作落地灯透光效果
表现被铁丝缠绕的发光球体的质感

第26章　石膏材质

实战：制作石膏材质
表现略有磨砂质感的白模材质制作

本书提供学习资料下载，扫描封面二维码即可获得文件下载方式。内容包括本书36章实例的相关素材文件，包括MAX工程文件、各章节实例的效果图文件，以及大量的精品贴图文件，读者可一边学习书中的制作分解思路，一边使用工程文件练习制作过程。

素材主要有3个文件夹："MAX工程文件"中的文件是本书所有实例教学的工程源文件，所有MAX文件均需3ds Max 2013（64位）以上的版本才能打开使用；"实例效果图文件"中的文件是各章节中所介绍到的实例的最终效果图；"精品贴图"中是附送的各种材质使用的精美纹理贴图和HDRI环境贴图文件。

"MAX工程文件"中有33个子文件夹，分别对应本书第4～36章的实例。每章中包含案例的"max"工程文件、"map"贴图文件或"HDRI"环境贴图文件。MAX工程文件均包含一个"start"初始文件和"final"最终文件，初始文件是用来参照书中案例的介绍进行操作练习的文件。

"实例效果图文件"中包含书中所有章节介绍到的实例的最终效果图，如序号为"20.1、20.2……"的文件是对应第20章中所介绍到的实例。

目录

第 12 章　陶瓷材质 126

第 13 章　大理石材质 133

第 14 章　皮革材质 140

第 15 章　珍珠材质 147

第 16 章　卡通材质 157

第 17 章　布料材质 166

第 25 章 透光材质效果 232

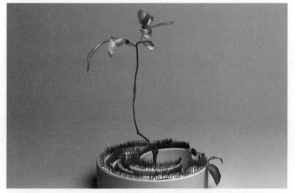

第 26 章 石膏材质 241

第 27 章 植物材质 247

第 28 章 水果材质 254

第 29 章 纸材质 262

第 30 章 藤篓材质 268

1.1　材质渲染的发展史

在现实生活中，建筑物、动物、设施、人物等肉眼可以看到的物体都是具有几何形状、色彩和材质等基本的物理属性的。利用电脑技术制作所得的各种动画片、虚拟环境、装饰效果图等，都是通过给它们赋予材质、色彩、光照后再进行渲染计算所获得的。本书主要是对3ds Max的材质与渲染进行介绍，如图1-1所示。

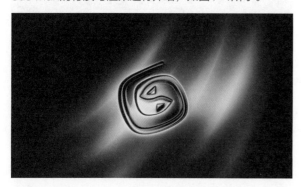

图1-1

材质渲染是数字化3D图像生成过程中重要的一环，配以材质、灯光、特效等进行渲染，可以让图像成为静帧或动态的图像。随着硬件水平的不断提高，材质渲染技术也在不断地进步，3S、光能传递、HDRI等新技术不断在完善渲染器的功能，渲染器的种类也越来越多了。其中以3ds Max为首，常见的渲染器还有V-Ray、mental ray、Brazil、finalRender等。图1-2所示是3ds Max利用各种渲染器渲染出来的各种漂亮的材质效果。

常见的软件渲染算法有扫描线、光线跟踪和光线传递3种。这3种渲染算法都有着各自的优缺点。扫描线可以算是历史最悠久的算法，也是发展得最为完善的渲染算法，这种渲染方法的基本思路是根据摄像机的设置把三维场景进行二维投影，然后把投影分割成小块，再逐步进行运算。光线跟踪算法是如今大多数三维软件的内置渲染器都具备的功能，这种算法最大的好处就是能真实地再现物体之间的折射和反射，并可以一次性地渲染出接近照片质量的图片。光线传递是基于真实的热辐射传递公式的算法，这种算法能够计算出光在物体上的漫反射，可以看到相邻物体在光与颜色之间的相互作用。

由于3D内置渲染器的不足，导致它配置了各种各样的渲染插件，早期的Raymax、RayGun等插件主要用于解决Max的光线跟踪、折射渲染的速度和品质问题，它们都起到了很好的作用。尽管它们的反响不错，但由于它们的实用价值都不高，很难达到满意要求的渲染效果。因此不断有一些新的高级光能传递（全局照明）渲染器涌现出来，而且一直流行至今，如mental ray、V-Ray、Brazil、finalRender等，它们的实用性非常强，被广泛地应用于各种相关的行业。

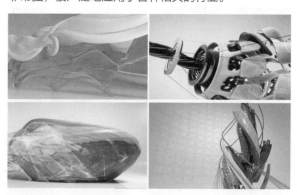

图1-2

1.2 探索质感的奥秘

质感就是视觉或触觉对不同物态（如固态、液态、气态）的特质的感觉，在造型艺术中则把对不同物象用不同技巧所表现出来的真实感称为质感。不同物质表面所特有的自然特质称为天然质感，如空气、水、岩石、竹木等；而经过人工处理后所表现出的感觉则称为人工质感，如砖、陶瓷、玻璃、布匹、塑胶等。不同的质感会给人以软硬、虚实、滑涩、韧脆、透明与浑浊等不同的感觉。例如，中国画以笔墨技巧作为表现物象质感非常有效的手段，如人物画的十八描法、山水画的各种皴法；而油画则因其画种不同，表现质感的方法也不一样，以或薄或厚的笔触、画刀刮磨等具体技巧来表现光影、色泽、肌理、质地等质感因素，从而达到逼真惟肖的效果；而雕塑则重视材料的自然特性，如硬度、色泽、构造等，并通过凿、刻、塑、磨等手段来进行加工处理，从而在纯粹材料的自然质感和人工感的审美感之间建立一个媒介。这三类质感的效果如图1-3所示。

金属、玻璃器皿、透明塑料物品是静态画面里常见到的物体，这些物体有一些是依附环境色彩而存在的透明物体，另一些则是色彩单调、反光效果很强的物体。

这些物体都能给画面增添色彩，同时也能丰富画面的节奏与物体的质感。它们在电视包装中的应用如图1-4所示。

图1-3

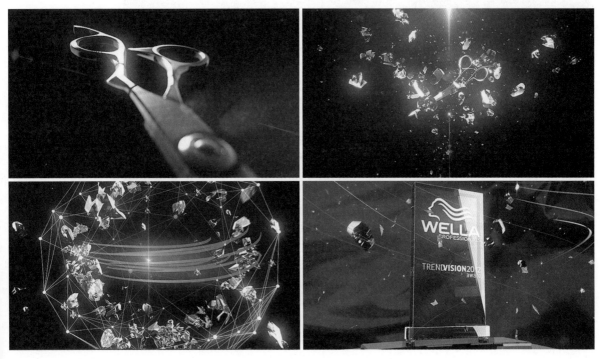

图1-4

1.3 揭开材质渲染的神秘面纱

　　材质渲染的概念是通过把场景中的元素进行着色，显示出对象的灯光效果、阴影效果和表面纹理等效果后，再将场景输出成图像、视频，整个过程就是一个材质渲染的表现过程。其实也就是将三维的场景转化为二维的图像。对元素进行着色是进行材质制作，将场景输出成图像或视频是一种渲染的表现。材质渲染的过程会受到若干因素的影响，通过对这些相关的因素进行设置可以得到各种不同的材质效果。

1.3.1 材质的世界

　　简单地说，材质可以看成是材料和质感的结合。在材质的世界中，各种不同的材质及环境的烘托是表现作品思想的重要手段。在渲染程序中，材质是表面各种可视属性的结合，它一般用于描述物体如何发射和传播光线，它包含了基本的材质属性和材质贴图，在现实中表现为对象自身独特的外观特性，它们可以是平滑的、粗糙的、有光泽的、暗淡的、发光的、发射的、折射的、透明的、半透明的……这些丰富的表面效果实际上取决于对象自身的物理属性。正是有了这些属性，才能让我们识别三维中的模型是什么做成的，也正是有了这些属性，我们计算机中的三维虚拟世界才会和真实世界一样缤纷多彩。图1-5所示就是通过三维技术模拟的真实场景的材质效果。

图1-5

在三维渲染中，材质有着举足轻重的作用，它的作用是很神奇的。一个简单的平面在材质的作用下，可演变成为一面湖水或一片沙漠。如果三维作品离开了材质，那么作为一个反映视觉效果的图像来说，它就只剩下一个模型的"骨架"而已。即使模型再怎么精致，它也不能反映出对象所有的视觉信息。因此，材质在渲染中是非常重要的。

1. 材质的颜色属性——固有色和环境色

固有色是材质最基本的属性，它决定了物体在白色光线的照射下会呈现出什么颜色；而环境色则是物体固有色在环境反射光线的作用下物体所呈现出来的颜色。如果只从三维软件的角度来看，固有色是物体接受光源直接照射部分的颜色；而环境色则是物体背光部分的颜色。在非光能传递的渲染程序中，环境色的正确设置是非常重要的。因为在材质编辑的默认条件下，材质的环境色都为黑色，这样，在没有其他辅助光源照射的条件下，物体背光部分的颜色都会呈现为黑色，而且，这种情况不会受到物体固有色的影响。为了获得更真实的渲染结果，在不增加辅助光线的情况下，只要对物体材质的环境色进行修改，就可以获得类似光能传递的效果。在图1-6所示的这套视觉设计中，很好地诠释了固有色和环境色的相互关系。

图1-6

2. 散射度

散射度在材质编辑中并不常用，但它对材质颜色的影响却非常大。一般情况下，物体所呈现出来的颜色都跟光线有着密切的联系。在白色光源的照射下，如果物体把光线全部都吸收了，那么我们所看到的物体将会是黑色的；如果光线全部反射，那么我们所看到的物体将是白色的。散射度基本上沿用这个原理，不过实际上它所控制的是材质固有色和环境色之间的相互关系。当散射度的数值为0时，无论材质的固有色是什么颜色，材质的颜色都会被环境色所取代。随着散射度数值的增加，材质固有色的成分也会增加。散射效果在玻璃、水晶等具有很强折射效果的对象中表现尤为突出，如图1-7所示。

图1-7

3. 材质的透明属性——透明度和透明颜色

    材质的透明度就是指物体的透光程度。不过，当我们要表现色彩透明的物体时，一定要注意材质的透明颜色不能是纯白色，也就是不能是完全透明的状态。正确的做法应该是先调整材质的颜色属性，再调整材质的透明属性。在大多数的情况下，透明属性与颜色属性使用同样的颜色会有更好的彩色透明效果，如图1-8所示。

图1-8

4. 半透明度

半透明度是一个非常特殊的属性，在生活中我们经常可以看到半透明的材质。例如，一张两面都写有字的纸，当我们顺着光看它的时候，我们只能看到正面的文字；但如果逆着光看它，那么纸背面的文字也能被看到。即便如此，我们还是不能说该张纸是透明的。这种情形还会发生在窗帘、蜡烛、灯罩、树叶等物体上，这些物体都有一个共同的特点，就是被强光逆向照射时，会呈现出一种类似透明的状态，我们就把这种状态称作半透明。在表现材质的半透明属性时，一定要注意配合光源的照射角度（顺光还是逆光），如图1-9所示。

图1-9

5. 材质的炽热属性

材质的炽热属性也被叫作自发光属性，在3ds Max和Maya中分别叫作自发光和炽热。该属性常用来表现自发光的物体，比如荧光灯管、炽热的岩浆、火焰等。利用该发光对象可以模拟一种照明的效果，如图1-10所示。

6. 材质的凹凸属性

在材质编辑中，如果没有凹凸属性，那么材质就会丢失很多细节。如果凹凸属性是靠模型来表现，那么材质的制作过程就会复杂很多。此外，凹凸属性所产生的三维凹凸效果对物体的边缘是不会产生效果的，如图1-11所示。

图1-10

图1-11

1.3.2 光影的魅力

　　自然界的光是具有智慧的，它像一个魔法师，能够把世界变得缤纷绚丽，甚至光怪陆离。而渲染程序中的光就显得笨拙多了，渲染程序虽然提供了足够多的光源类型来让用户模拟真实世界的光源，但就其本质来说，这些光源类型仅仅解决了光源直接照射的问题，而真实世界中的照明并非如此简单，它还存在着再次反射的现象，也就是平常所说的光能传递，现在将其称为全局照明。图1-12所示是一个典型的全局光照明效果，各材质在全局光下显得非常真实。

图1-12

　　光影对人的视觉功能的发挥起着极为重要的作用，因为没有光的作用，就没有明暗和色彩的变化，肉眼也观察不到周围的一切。光的魅力体现在它的反射质量和折射质量上，这个质量并不是指渲染图像的质量或光线追踪的正确与否，而是指能否自动完成与光线的反射和折射相关的所有效果。焦散曲线特效的产生是高级渲染程序的一个重要标志。焦散曲线是一种光学特效，通常出现在具有反射属性和折射属性的物体上，比如透明的圆球、凸透镜、镜子、水面等物体，包括聚焦和散焦两方面的效果。就目前的情况来说，一个渲染程序里的光源是否有魅力，不是以它的光源类型有多丰富来衡量的。这是因为所有的渲染程序都能很好地解决直接照明的问题，因此，光的魅力与直接照明没有任何关系，而与光源的间接照明有密切的关系。无论是天空光还是全局照明，或者是焦散曲线特效，它们都不是光源直接照射到物体上所产生的效果，而是光线的漫反射、辐射、反射和折射所产生的结果。图1-13所示就是在各种不同光的影响下所产生的绚丽光影效果。

　　在光影的魅力之下，人和物体会产生明暗界面和阴影层次的变化，并在视觉上产生立体感。改变光源的光谱成分、光通量、光线强弱、投射位置和方向，还可以产生色调、明暗、浓淡、虚实和轮廓界面的各种变化，这是运用光照渲染环境氛围和烘托人物性格的重要手段。

图1-13

1.3.3 渲染的艺术

渲染就是根据所指定的材质、所使用的灯光，以及诸如背景与大气等环境的设置，将在场景中创建的几何体实体化显示出来。通过渲染场景对话框来创建渲染并将它们保存到文件中，渲染的结果还能够通过虚拟帧缓存器显示在屏幕内。图1-14中的材质渲染效果除了利用基本的材质外，还配合灯光的照明和反射环境设置，以及重点使用的渲染器全局照明效果，才让整个渲染效果如此绚丽。

图1-14

渲染效果是基于一套完整的程序所计算出来的结果，硬件设备只会影响渲染的速度，而不会改变渲染的结果。影响结果的因素主要是看它是基于什么程序来进行渲染的，比如是光影追踪或是光能传递。

渲染的基本过程

3ds Max渲染的基本过程可以分为摄像机定位、物体的摆放、光源的设置、阴影的制作以及材质纹理的选择五个部分。

1. 摄像机定位

3ds Max中的摄像机定位和真实的摄影是一样，3ds Max中有顶视图、正视图、侧视图和透视图四种默认的摄像机，在大多数渲染的时候，所使用到的是透视图而不是其他视图。这样，在视图中所看到的渲染结果才会和真实的三维世界一样有立体感。

2. 物体的摆放

为了体现空间感，渲染程序要决定哪些物体在后面、哪些物体被遮挡以及哪些物体在前面等。当然，除了物体的摆放以外，空间感和光源的衰减、景深效果、环境雾都是有着密切联系的。

3. 光源的设置

为了让物体看起来和真实世界的一样，光源的设置这一过程很重要。3ds Max有默认的光源，否则我们是看不到透视图中的着色效果的。在三维物体中，有的光源只照射某个物体，而有的光源则会照射所有的物体，所以光源的设置比较复杂。

4. 阴影的制作

有了光源，场景中的物体就会有明暗之分。使用哪种阴影方式，往往取决于场景中是否使用了透明材质的物体来计算光源投射出来的阴影。

5. 材质纹理的选择

材质纹理必须要与光源结合起来，材质类型、属性和纹理的不同都会产生出各种不同的效果。而且这个结果不是独立存在的，它必须和前面所提到的光源结合起来。

1.3.4 环境的表现

环境的概念比较广泛，包括制作各种背景、烟雾特效、体积光和火焰，不过需要与其他功能配合才能发挥作用。例如，背景要和材质编辑器共同编辑，烟雾特效和摄影机的范围相关，体积光和灯光属性相连，火焰必须借助大气装置才能产生效果。对于背景的合成工作，一般更倾向于使用后期合成软件，除非遇到一些特殊的反射、折射材质需要与背景配合时，才运用三维软件进行合成。因为运用后期软件进行合成会更加灵活，用户不必为了更换一张背景图而重新对整个材质进行渲染。图1-15中的场景环境就是一种三维结合后期处理而制作的背景效果。

图1-15

第 **2** 章

深入了解3ds Max材质

本章内容
- ◆ 了解材质
- ◆ 材质和贴图介绍
- ◆ 漫游材质编辑器
- ◆ 材质的照明概述

2.1 了解材质

材质，简单地说就是指物体看起来的质地，它可以看成是材料和质感的结合。在渲染程序中，材质是物体表面各种可视属性的结合，这些可视属性是指物体表面的色彩、纹理、光滑度、透明度、反射率、折射率和发光度等。有了这些可视属性，我们就可以简单明了地识别出三维中的模型是由什么制作而成的，并且可以给物体的表面或数个面指定特性，从而决定这些平面在着色时以什么特定的方式出现。

在三维世界中，材质是画面的重要组成部分，有了材质质感，画面的细节才能更加真实和生动，比较常见的材质类型有玻璃材质、金属材质、车漆材质、陶瓷材质、水果材质、生物材质、塑料材质、石材材质等。在3ds Max中，需要使用其材质库所提供的材质来实现这些材质效果，也可以使用其他渲染工具所提供的材质来完成。

3ds Max中默认（mental ray渲染器提供的材质除外）提供了十多种材质。材质的分类方法有很多种，在这里我们可以将材质简单地分为单质材质和复合材质两种。单质材质主要包含高级照明覆盖、建筑、卡通、无光/投影、光线跟踪、壳材质和标准；复合材质包含的材质有混合、合成、双面、变形器、多维/子对象、虫漆和顶/底等材质，如图2-1所示。

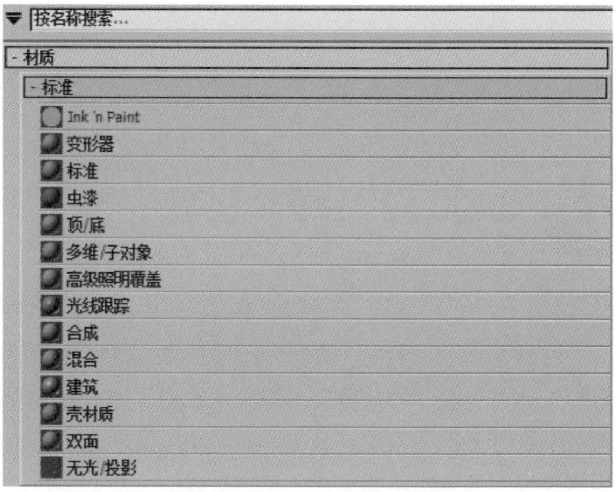

图2-1

标准材质：它是3ds Max中的默认材质，也是我们平常使用频率最高的材质，任何其他材质类型都是以标准材质为基础的。在现实生活中，物体表面的外观取决于它如何反射光线。在3ds Max中，标准材质模拟表面的反射属性，如果不使用贴图，标准材质会对场景提供单一的颜色，如图2-2所示。

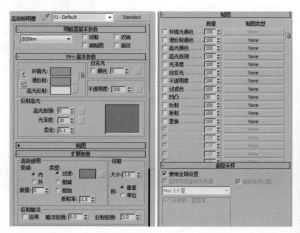

图2-2

光线跟踪材质：它是高级表面着色材质，通常用于创建水面、玻璃、金属、塑料等表面具有反射性质的物体。除了表现这些效果外，光线跟踪材质还支持雾气、颜色密度、透明度、荧光以及其他特殊效果。当然，由于其功能比较强大，因此其参数设置也相对复杂一些，如图2-3所示。

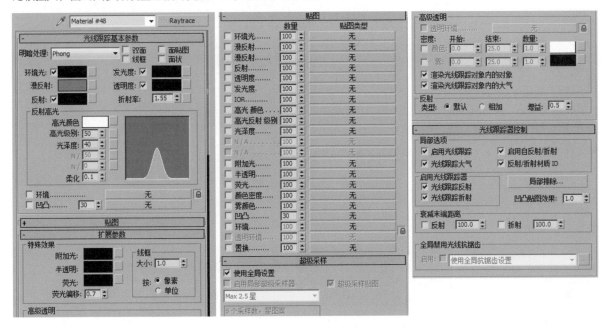

图2-3

混合材质：它能够在物体表面上将两种材质进行混合。混合具有可设置动画的混合量参数，该参数可以用来绘制材质变形功能曲线，以控制随时间混合两个材质。这种材质的最大优点在于：它可以控制在同一对象的具体位置上实现截然不同的两种质感效果，如图2-4所示。

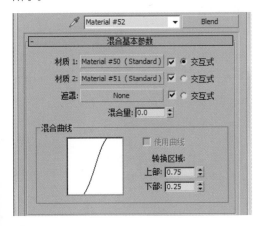

图2-4

多维/子对象材质：它可以采用几何体的子对象级别来分配不同的材质。如果要使用该材质，首先需要为物体指定材质ID，关于指定ID的内容可以参考高级建模部分，如图2-5所示。

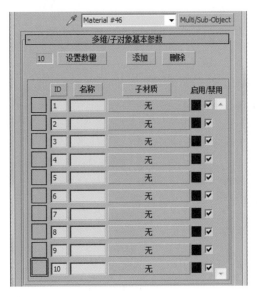

图2-5

双面材质：当对场景中的一个对象被赋予了材质后，系统将自动在对象的两个面上都运用相同的材质。但是，真实世界中的事物并不都是由相同的材质组成的，也有很多内部和外部由不同的材质组成的事物，如图2-6所示。

图2-6

建筑材质：它的设置改变的是物理属性，因此当与光度学灯和光能传递一起使用时，将能够提供逼真的效果。借助这种功能组合，可以创建接近真实场景的三维效果图，如图2-7所示。

图2-7

卡通材质：它主要创建一些与卡通相关的效果，通常利用这种材质制作一些动画片。和其他的大多数材质提供的三维真实效果不同，该材质提供带有墨水边缘的平面效果。卡通材质主要由基本材质扩展、绘制控制、墨水控制等卷展栏组成，如图2-8所示。

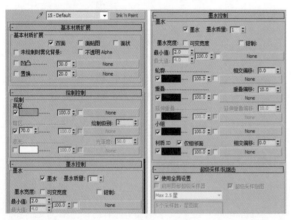

图2-8

无光/投影材质：该材质比较特殊，当为场景中的物体施加这种材质后，物体自身完全透明，但是却可以遮挡住场景中位于它后面的物体，并且可以形成投影。利用无光/投影材质的投射阴影、反射和隐藏自身的功能，结合Alpha通道，可以在动画中或者高精度场景渲染中提高渲染速度，如图2-9所示。

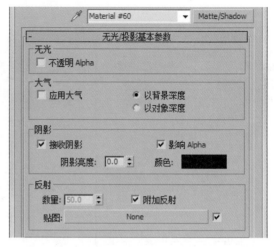

图2-9

高级照明覆盖材质：该材质用于配合高级光照进行使用。在使用3ds Max的高级光照功能时，这种材质并不是必须使用的。但是使用了高级照明覆盖材质后可以进行一些高级灯光的校正，使之得到更好的效果。在对材质进行高级灯光的参数调节时，并不影响基本材质本身，只是在基本的属性上附加了一些加强的功能。所以当使用高级光照时，可以选择不使用高级照明覆盖材质，如图2-10所示。

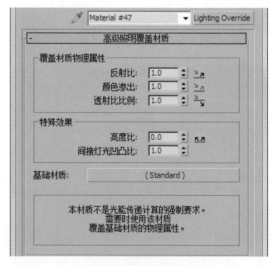

图2-10

壳材质：该材质类型是为了与渲染纹理功能配合使用才引入的。它专门配合渲染到贴图命令使用，作用是将渲染到贴图命令产生的贴图再贴回物体造型中，在复杂的场景渲染中可光照计算占用的时间，如图2-11所示。

图2-11

合成材质：它与混合材质是不同的，可以将10种不同的材质混合起来。它可以从上到下的顺序将10种材质按照不同的透明属性叠加。该材质在实际应用中会非常耗费计算资源，但是也可以获得非常丰富且复杂的材质效果，如图2-12所示。

图2-12

变形器材质：这种材质类型主要用于创建角色表情动画。例如，需要创建一个角色在脸红害羞时的材质动画效果，或有时需要创造当角色抬高眉弓时前额出现的皱纹，我们都可以通过利用这种材质来创造出非常逼真的与表情动画结合的动画材质效果，如图2-13所示。

虫漆材质：它是将两种不同材质的颜色混合在一起的叠加效果。它比较适合制作漆制物品，具有多层高光层级混合的效果，如图2-14所示。

顶/底材质：它可以为物体的顶部和底部赋予不同的材质，中间交界处可以产生过渡的效果，它们所占据的比例可以调节。而物体上顶部和底部的区分主要靠空间坐标系的z坐标的方向来决定，如图2-15所示。

图2-13

图2-14

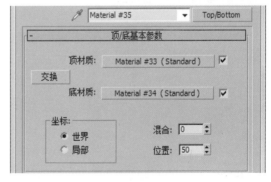

图2-15

2.2 漫游材质编辑器

材质编辑器是3ds Max中功能强大的模块，是制作材质、赋予贴图及生成多种特技的地方。虽然材质的制作可在材质编辑器中完成，但必须指定到特定场景中的物体上才起作用。

从3ds Max 2011版本后，3ds Max的材质编辑器便有了两个界面：精简材质编辑器和板岩材质编辑器。两个材质编辑器的界面可以到菜单栏的模式菜单下进行切换，如图2-16所示。

图2-16

精简材质编辑器是3ds Max默认的材质编辑界面。它是一个相当小的编辑窗口，其中包含各种材质的快速预览和傻瓜式的参数调节方式，这种方式适合初学者。对于有经验的设计师，它是一个非常实用的界面，如图2-17所示。

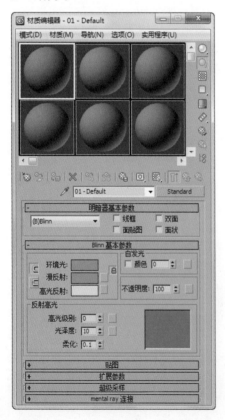

图2-17

板岩材质编辑器为3ds Max 2011新增的材质编辑工具，其操作方法与以往的材质编辑器有很大的区别。它是一个比较大的操作窗口，操作更灵活，它在编辑材质时使用节点和关联以图形方式显示材质的结构。板岩界面是具有多个元素的图形界面，最突出的是材质/贴图浏览器，可以在其中浏览材质、贴图以及基础材质和贴图类型；当前活动视图，可以在其中组合材质和贴图；以及参数编辑器，可以在其中更改材质和贴图设置，如图2-18所示。

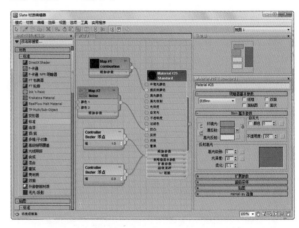

图2-18

本书主要使用的是精简材质编辑器。该材质编辑器分为两大部分：上半部分是菜单栏、材质示例窗及功能区，包括示例显示、材质效果和垂直的工具列与水平的工具行一系列功能按钮；下半部分为可变区，对材质的具体编辑工作主要在这一部分进行，其状态随操作和材质层级的更改而改变，在基本参数栏中包括了各种参数卷展栏。在3ds Max中，材质与贴图的编辑过程主要是在材质编辑器中进行的。

2.2.1 菜单栏

菜单栏位于材质编辑器的顶端，可以从中调用各种材质编辑工具。菜单栏主要控制的是材质编辑器的材质、导航、自定义、渲染材质和运用材质选择等功能，由模式、材质、导航、选项和实用程序5个菜单项组成，如图2-19所示。

图2-19

（1）材质菜单

材质菜单包含有15个命令，主要用于进行材质的编辑，其中大部分命令与工具栏中的按钮功能相同，如图2-20所示。

图2-20

（2）导航菜单

导航菜单包含有3个命令，主要用于在材质层级之间进行切换操作，如图2-21所示。

材质层级：材质与贴图是一个复杂的编辑系统，可以对它分层分级地进行叠加、嵌套和混合，使其构成一个层级结构的贴图材质系统。这个贴图材质系统即为材质的层级。

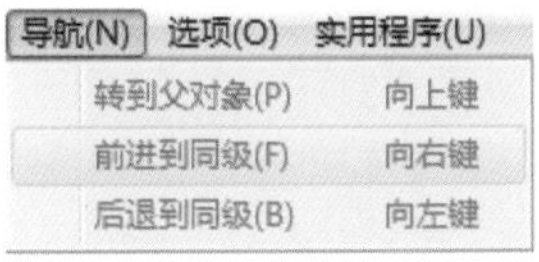

图2-21

（3）选项菜单

选项菜单包含有8个命令，提供了一些附加工具及一些显示选项。主要用于更新材质，显示背景、背景光，切换样本窗的显示模式，设置材质编辑器的基本选项等，如图2-22所示。

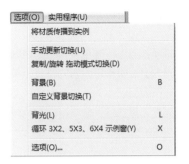

图2-22

（4）实用程序菜单

实用程序菜单主要包含有4个命令，主要用于渲染当前材质层级的贴图，通过材质选择视图中的物体、清除多重材质和关联复制的材质等，如图2-23所示。

图2-23

2.2.2　工具栏

材质编辑器的工具栏有两个：垂直工具栏和水平工具栏，分别位于样本槽区域的右侧和下方。工具栏内有多个按钮，集合了改变各种材质和贴图的命令，它们可用来控制样本槽的外观，以及材质的获取、分配等。垂直工具栏包含了改变"示例窗"显示效果的命令；而水平工具栏则包含了材质的指定、存储和在不同层级材质间相互转换等命令，如图2-24所示。

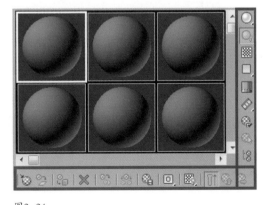

图2-24

2.2.3　材质编辑区域

　　材质编辑区域是对材质参数进行编辑设置的工作区域，包括多个卷展栏，其内容取决于所编辑的材质（单击材质的示例窗可使其处于编辑状态）。每个卷展栏都包含基本参数，如下拉列表、复选框、带有微调器的数值字段和色样，如图2-25所示。

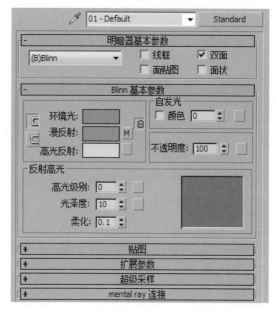

图2-25

2.3　材质和贴图介绍

　　一般来说，材质是指给对象建模之后在对象的表面覆盖颜色或者图片的过程。把制作好的材质赋予建模数据的过程称为贴图。狭义的贴图是指将图案附着在物体的表面，使物体表面出现花纹或色泽。而材质的概念则要广阔得多，材质的直接意思是一个物体由什么样的物质构造而成，它不仅包括表面的纹理，还包括物体对光的属性，如反光强度、反光方式、反光区域、透明度、折射率以及表面的凹痕和起伏等一系列的属性。贴图只是体现材质属性的一个基本方式，而一个完整的材质是由一系列的贴图和其他参数才能构成的。

　　3ds Max的标准贴图方式大概包括环境光颜色贴图、漫反射颜色贴图、高光颜色贴图、高光级别贴图、光泽度贴图、自发光贴图、不透明度贴图、过渡色贴图、凹凸贴图、反射贴图、折射贴图和置换贴图等，如图2-26所示。

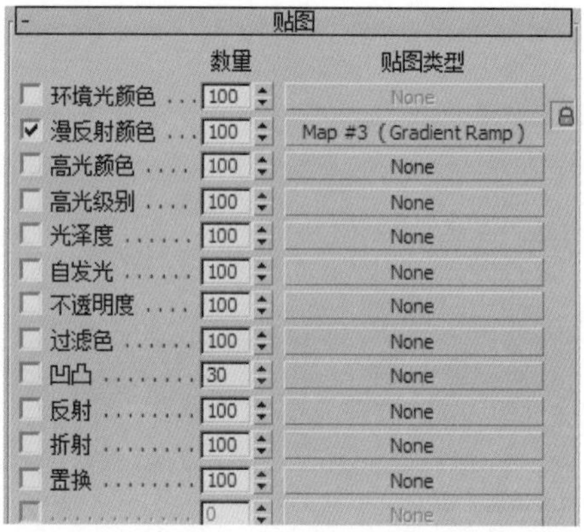

图2-26

2.3.1　材质和贴图的区别

　　材质与贴图不是同一个概念，一般来说，材质用来指定物体的表面或数个面的特性，它决定着这些平面在着色时的特性，如颜色、光亮程度、自发亮度及不透明度等；而贴图反映的是物体表面千变万化的纹理效果，不但可以改善材质的外观和真实感，还可以模拟纹理、应用的设计、反射、折射以及其他一些效果。贴图和材质一起使用，可以为对象几何体添加一些细节而不会增加它的复杂度。

贴图和材质的编辑方式有着明显的不同，材质可以直接指定到场景中的对象上，通过参数的设置可以模拟出真实世界中的大多数材质；贴图是将一幅图像依据指定的投影方向直接投射到对象的表面。贴图只能依附于材质，作为材质的有机组成部分，被指定到场景中的对象上。物体可以没有贴图，但一定有一种材质。

可以带贴图然后调一些参数，前提是一个元素只能附一个材质，贴图也算是一种材质。

2.3.3 材质和贴图的使用

3ds Max中的材质与贴图的创建与编辑是通过材质编辑器来完成的，并且通过最后的渲染把它们表现出来，使模型物体表面显示出不同的质地、色彩与纹理。合理使用材质与贴图，不但可以真实地模拟物体表面的特性，还可以减少模型的复杂度并弥补模型存在的错误和不足。总的来说，材质和贴图的使用可以使3ds Max场景更加逼真、更加生动、更富于变化。

2.3.2 材质和贴图的关系

简单地说，贴图是材质的一部分，是描述材质外观的一个属性，两者之间是从属关系。3ds Max的材质可以只是一个贴图；也可以只是一些参数而不带贴图；也

2.4 材质的照明概述

照明在渲染过程中起着至关重要的作用，物体的质感要通过照明才得以体现，光线的强弱、颜色、投射方式等都可以明显地影响到场景的空间感染力。对于一般的渲染场景，通常采用三点式照明，三点式照明是最基本的照明方式。该照明方式使用了三种光源，即主光源、背光源和辅光源。主光源用来照亮大部分的场景，常用于投射阴影；背光源用来将对象从背景中分离出来，用于展现场景的层次感，一般其强度等于或小于主光源；辅光源用来照亮主光源没有照射到的阴暗区域，辅光源亮度可以产生均衡的照明效果，而暗的辅光源可以增加对比度。图2-27所示是三种光源的照明应用效果。

材质的照明包括三种方式，分别是HDRI贴图照明、灯光照明和材质照明。

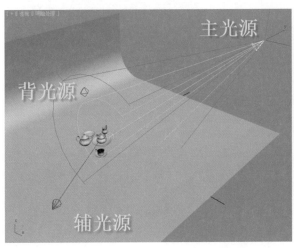

图2-27

2.4.1 HDRI照明

HDRI就是高动态范围图片（High Dynamic Range Image），在3D设计软件里是作为一种发光贴图来使用的。使用HDRI贴图意味着结合光能传递技术可以获得非常真实自然的光照条件。它所产生的反射效果也是非常真实的，在物体表面所产生的反射效果要明显好于普通纹理所产生的反射效果。HDRI中的动态范围是指场景中最明亮部分与最阴暗部分的比差，HDRI图片比普通图片具有更广阔的动态范围。HDRI图片的像素值与场景的照明强度

成比例，因此，HDRI格式的优点是它可以储存场景中的照明信息，而普通图片只能影响场景的颜色值。

由此可见，HDRI贴图照明一方面可以产生出真实的反射效果，另一方面也可以当作照明系统来使用。在使用HDRI贴图时，场景中不需要设置灯光，因为HDRI贴图可以产生光照，而且不同的HDRI图片能产生不同的光照效果。此外，场景中也不需要设置反射的物体，因为HDRI贴图可以实现环型反射。图2-28所示是到环境背景中添加HDRI贴图来照明场景所得到的材质效果。

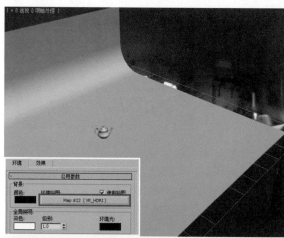

图2-28

2.4.2 灯光照明

灯光作为在3ds Max 场景中穿梭的使者，是3ds Max用来表现照明效果的最为重要的手段。灯光是3ds Max中的一种特殊对象，它模拟的往往不是自然光源或人造光源本身，而是模拟它们的光照效果。在渲染时，3ds Max中的灯光作为一种特殊物体，它本身是不可

见的，可见的只是光照效果。如果场景中没有一盏灯光（包括隐含的灯光），那么所有的物体都是不可见的。但3ds Max场景中有两盏默认的灯光，其中一盏位于场景的左上方，另一盏则位于场景的右下方。在一般情况下，它们在场景中是不可见的，但它们仍会起到照亮场景的作用。一旦场景中建立了新的光源，默认的灯光将会自动关闭。

在3ds Max中有5种基本类型的灯光，分别是泛光灯、目标聚光灯、自由聚光灯、目标平行光和自由平行光。此外，在创建面板中的系统下，还有日光照明系统，它其实是平行光的另一种形式，一般在制作室外建筑效果图时用于模拟日光。在渲染/环境设置对话框中，还可以设置一种环境光，环境光没有方向，也没有光源，一般用来模拟光线的漫反射现象。环境光的亮度不宜过高，否则会冲淡场景，造成因对比度过低而使场景黯然失色的后果。图2-29所示是利用灯光照明所得到的材质效果。

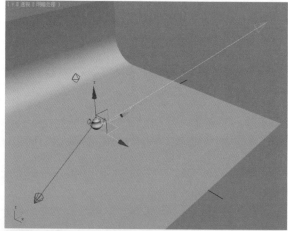

图2-29

2.4.3 材质照明

在3ds Max中，并非所有的发光效果都是由灯光来完成的。对于光源来说，也可以是经由材质或视频后期处理特效甚至是大气环境来模拟发光效果。材质照明就是一种自发光的材质通过设置不同的倍增值后在场景中所产生的不同明暗效果，它可以用来制作物体的自发光效果，如灯带、电视机屏幕、灯箱等，尤其是萤火虫尾部的发光效果，用自发光材质来进行模拟是最为恰当的。用大气环境中的燃烧装置来模拟火箭发射时尾部的火焰效果也是不错的。如果要模拟夜晚的霓虹灯特效，使用视频后期处理中的发光特效则是最佳选择。图2-30所示是给环境元素指定了一个发光材质，使其发光来照明场景所得到的材质效果。

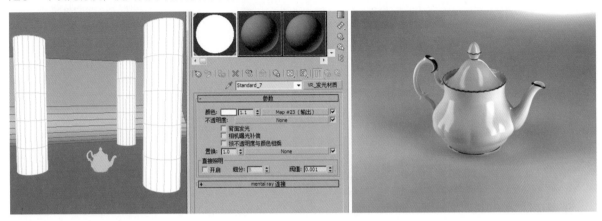

图2-30

第 3 章

深入了解3ds Max渲染

3.1　了解渲染

在现实工作中，我们往往要把模型或者场景输出成图像文件、视频信号或者电影胶片，这就必须经过渲染程序。三维创作中渲染是经常要做的一项工作，在场景中制作所得的材质与贴图、灯光的作用、环境反射等效果，都是在经过渲染后才能更好地表达出来的。渲染是基于模型的材质和灯光的位置，以摄像机的角度利用计算机计算每一个像素着色位置的全过程。

3.2　渲染工作流程

渲染工作流程中的第一步是必须定位三维场景中的摄像机；接着，为了体现空间感，渲染程序要决定哪些物体在前面、哪些物体在后面和哪些物体被遮挡等。渲染程序通过摄像机获取了需要渲染的范围后，就要计算光源对物体的影响了。和真实世界中的光源不同的是，渲染程序往往还需要计算大量的辅助光源。在这之后，就要考虑是使用深度贴图阴影还是使用光线追踪阴影，这往往取决于场景中是否使用了透明材质的物体来计算光源投射出来的阴影。另外，使用了面积光源之后，渲染程序还要计算软阴影（只能使用光线追踪）。如果场景中的光源使用了光源特效，渲染程序还将花费更多的系统资源来计算特效的结果。最后，渲染程序还要根据物体的材质来计算物体表面的颜色、材质类型、属性、纹理等，这些属性的不同都可以产生出各种不同的效果。而且这个结果不是独立存在的，它必须和前面的光源结合起来。

3.3　渲染器介绍

随着CG技术的不断发展，对于建模和渲染的要求也越来越高，经过建模后的模型需要通过渲染来将其质感表现出来，因此渲染器扮演着重要的角色。2001年，3ds Max软件推出了几款功能强大的高级渲染器，如mental ray、finalRender、V-Ray、Brazil、Maxman等。这些渲染器不但为3ds Max带来了许多新的技术，而且使3ds Max渲染的真实性得到了很大的提高。

3.3.1 3ds Max自带的默认渲染器

3ds Max自带的默认渲染器为扫描线渲染器，扫描线渲染是一行一行进行线扫描计算的一项技术和算法集。所有待渲染的多边形首先按照顶点坐标出现的顺序进行排序，然后使用扫描线与列表中前面多边形的交点计算图像的每行或者每条扫描线，在活动扫描线逐步沿图像向下计算的时候更新列表，丢弃不可见的多边形。

这种渲染器的一个优点是不必将主内存中的所有顶点都转到工作内存，只有与当前扫描线相交边界的约束顶点才需要读取工作内存，并且每个顶点数据只需读取一次。主内存的速度通常远远低于中央处理单元或者高速缓存，避免多次访问主内存中的顶点数据，可以大幅度地提升运算速度。这类渲染器算法可以很容易地与Phong reflection model、Z-buffer算法，以及其他图形技术集成到一起。默认扫描线渲染器的渲染面板如图3-1所示。

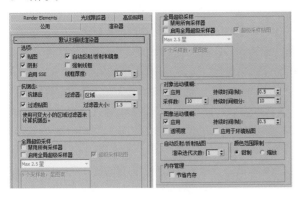

图3-1

3.3.2 mental ray渲染器

mental ray（又简称MR）渲染器是德国Mental Images公司开发的多用途渲染器，是早期出现的两个重量级的渲染器之一，它是除了Pixar Renderman之外拥有最广泛用户的电影渲染工具。mental ray渲染器是一款将光线追踪算法推向极致的渲染器，利用这一渲染器，我们可以实现反射、折射、焦散、全局光照明等其他渲染器很难实现的效果。随着3ds Max在动漫产业的发展及普及，从3ds Max 7.0开始，mental ray就已经与Max集成起来了。

mental ray是一个专业的3D渲染器，它可以生成令人难以置信的高质量真实感图像。现在它在电影领域已经得到了广泛的应用和认可，被认为是市场上最高级的三维渲染解决方案之一。大名鼎鼎的德国渲染器mental ray，是一个将光线追踪算法推向极致的产品，从Max 9.0开始，Autodesk更新和优化了mental ray的许多方面，一直到现在的最新Max版本，可以看到它在不断的升级，这使得mental ray在各方面的应用都得到了很大的提升，相信这以后会给mental ray带来崭新的时代。mental ray渲染器的渲染面板如图3-2所示。

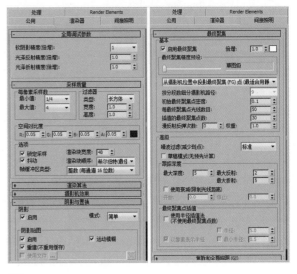

图3-2

3.3.3 V-Ray渲染器

V-Ray（又简称VR）渲染器是Chaos Group和Asgvis公司出品的一款高质量渲染软件，是目前动漫业界最受欢迎的渲染引擎。V-Ray是一款结合了光线跟踪和全局照明的高级渲染器，功能强大的次表面散射、光迹追踪、焦散、全局照明，真实的光线计算均可以创建专业级照明效果，它被广泛用于影视包装、动画、建筑、展示设计等诸多领域。

V-Ray渲染器提供了一种特殊的材质——VRayMtl。在场景中使用该材质能够获得更加准确的物理照明（光能分布），更快的渲染，反射和折射参数调节更方便。使用VRayMtl，你可以应用不同的纹理贴图，控制其反射和折射，增加凹凸贴图和置换贴图，强制直接全局照明计算，选择用于材质的BRDF。V-Ray渲染器的渲染面板如图3-3所示。

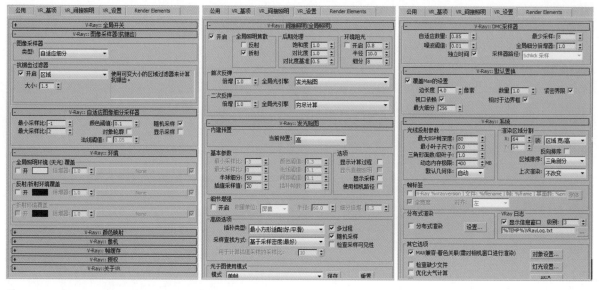

图3-3

3.3.4 finalRender渲染器

finalRender（又简称FR）渲染器是德国Cebas公司2001年推出的产品。它是当今最为完美、最为强大的渲染器之一，融合了当前所有渲染器的最新成果，而且它拥有自己的核心技术，是一款万能渲染器，这款渲染器还可以在Maya/Cinema4D等多个平台上运行。FR是市面上第一个提供加强版次表面光线分散效果（Sub-Surface Light Scattering Effects，3S）的渲染器，它能让内部的物体在外部的物体上产生真实的阴影效果，尤其是在制作类似皮肤、玉器、水果、蜡烛等半透明的效果上，堪称一绝。对室内的材质表现，专门设有材质过滤器补丁，使其材质表现能力非常强大，尤其是绸料的表现。对于一个既注重气氛和艺术的表现，又要有全局照明和焦散效果的3D场景来说，finalRender确实是最好的选择。

FR相对其他渲染器来说，设置比较多些，在开始入门的时候可能觉得比较难理解。但其可调性和可控性非常好，可以调节很多不同的细节，渲染出更加绚丽的效果。finalRender渲染器的渲染面板如图3-4所示。

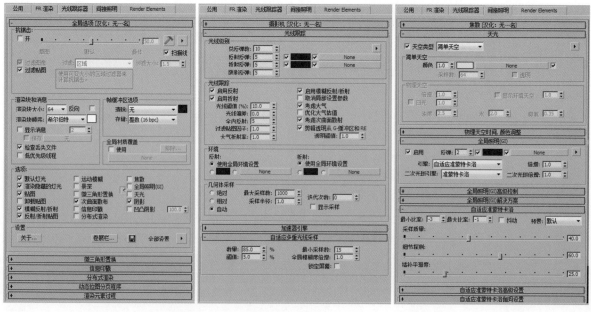

图3-4

第4章

抛光金属材质

本章内容
- ◆ 材质分析
- ◆ 制作抛光黄铜材质
- ◆ 制作真实不锈钢材质

4.1 材质分析

本章主要介绍两种抛光类金属材质，分别是抛光黄铜材质和真实不锈钢材质。两种材质的效果如图4-1所示。

材质共性：耐腐蚀性强、表面光滑、有较强的反射效果。

材质区别：反射的强度、光泽感和色泽感不同。

图4-1

4.2　制作抛光黄铜材质

　　抛光黄铜材质是一种耐腐蚀性强的材质，它色泽鲜亮，外表看起来像是覆盖了一层金色膜。该抛光材质和呈高强度镜面反射的抛光不锈钢质感有着较大的区别，虽然抛光黄铜材质的反射强度没有不锈钢的高，但其表面的光泽度、色泽感都比不锈钢强，再加上其厚重的颜色和极强的硬度，使得它常被应用在影视包装中，它一般用来表现厚重、大气的视觉主体元素，例如舞台、标识、奖杯、定版元素等，从而表现出时尚、华丽的现代感和厚重感，如图4-2所示。

图4-2

STEP 01 导入模型到场景中，该模型是一个由舞台和标识组合而成的模型，如图4-3所示。

图4-3

STEP 02 到渲染面板中，指定渲染器为V-Ray Adv；再到材质编辑器中将新材质球指定为一个VRayMtl材

质；然后到反射栏中将反射颜色设为铜红色，让材质的颜色有一个偏铜的色调。如图4-4所示。

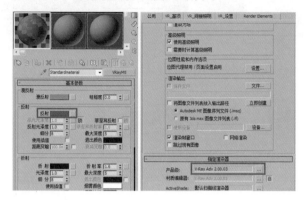

图4-4

STEP 03 渲染一帧，此时可以看到材质的颜色是呈灰色调的，并没有想要的那种铜红质感，如图4-5所示。

图4-5

STEP 04 到材质编辑器中将漫反射颜色也设为铜红色，经过渲染后可以看到材质球的颜色明显发生变化了。从渲染效果图中可以看到材质的颜色已经呈现出来了，如图4-6所示。

STEP 05 此时材质的反射效果有点过于凌乱了，因此下面要对材质的质感进行深入的调节。到反射栏下勾选菲涅耳反射选项，以此来降低材质的反射强度。此时，材质的反射效果已经没那么凌乱了，但反射的强度却太低了，如图4-7所示。

STEP 06 调整材质的反射质感。单击菲涅耳反射选项旁边的锁按钮，启用菲涅耳折射选项，并将菲涅耳折射率设为50。这样，材质的反射强度便提高了，如图4-8所示。

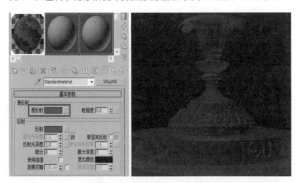

图4-6

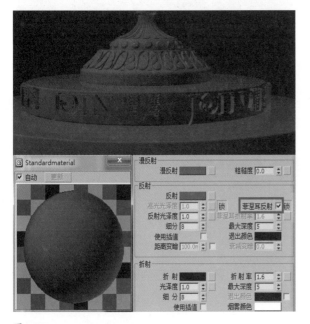

图4-7

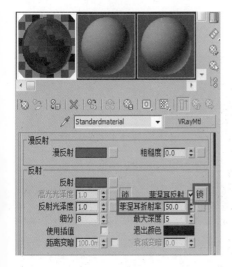

图4-8

STEP 07 从效果图中可以看出：无论有无勾选菲涅耳反射选项，模型材质都具有较强的反射效果，但勾选了菲涅耳反射选项后的材质反射效果没有勾选该项前的反射效果那么凌乱。没有勾选菲涅耳反射和勾选了菲涅耳反射后的材质对比效果如图4-9所示。

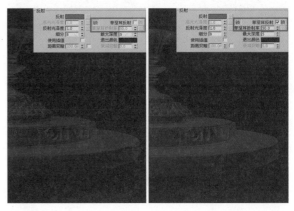

图4-9

STEP 08 调整材质的光泽度。到反射栏下单击高光光泽度右边的锁按钮，启用材质的高光效果。将高光光泽度的值设为0.7，这样，材质便会出现高光效果了，并且材质的质感看起来更像是黄铜材质了，如图4-10所示。

图4-10

注意： 在材质的反射部分颜色曝光过度了（颜色过于浓烈），这会导致材质的反射效果比较凌乱。

STEP 09 调整反射部分的颜色曝光问题。到反射栏下将反射光泽度的值设为0.96，让材质的反射部分产生微弱的模糊效果，如图4-11所示。

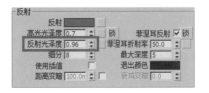

图4-11

STEP 10 渲染一帧，此时可以看到一个基本的黄铜材质效果已经渲染出来了，但它的质感看起来还缺少抛光效果，如图4-12所示。

图4-12

STEP 11 给材质添加环境效果，因为只有让材质置身于环境中，才能让质感体现得更加淋漓尽致。到渲染面板的间接照明面板中勾选开启项，并到发光贴图面板将当前预置设为高，如图4-13所示。

图4-13

STEP 12 渲染一帧，此时会发现渲染出来的效果呈现出一片黑色，看不见任何东西，如图4-14所示。

STEP 13 到VR_基本面板的环境栏下给反射/折射环境覆盖添加一个VR_HDRI贴图，并将该贴图拖到材质编辑器中。给该VR_HDRI贴图指定一个合适的hdr贴图；再到贴图栏下将贴图类型设为球体，让环境贴图呈球体状环绕在场景的周围，如图4-15所示。

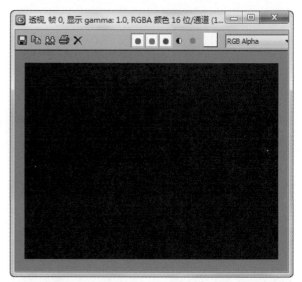

图4-14

图4-15

STEP 14 再渲染一帧，此时可以看到在环境贴图反射到材质表面上后，只有较亮的部分被渲染出来了，却看不到较暗的部分，如图4-16所示。

图4-16

STEP 15 对渲染效果的亮度进行调整。到渲染面板的颜色映射栏下将伽玛值设为2.2，该值可以提高渲染效果的整体亮度。伽玛值上面的亮倍增和暗倍增分别用于调节画面的亮部效果和暗部效果，此时的图像采样器类型设置为自适应细分，如图4-17所示。

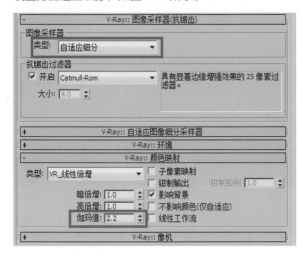

图4-17

注意： 颜色映射栏是控制渲染画面的明暗调节器，也是一种曝光控制的手法。它有多种处理画面的类型，常用的线性倍增类型处理出来的画面的对比度和饱和度都较高。

STEP 16 渲染一帧，此时可以看到一个具有高反射效果的黄铜质感已经呈现出来了，但此时的材质却没有了光泽感，如图4-18所示。

STEP 17 将图像采样器的类型设置为自适应DMC，渲染一帧，从渲染效果可以看出该类型的效果和自适应细分类型的效果差不多，但是它的渲染速度要比自适应细分的渲染速度快一些。因此，根据不同的场景

来选择合适的采样器可以提高材质制作的效率，如图4-19所示。

STEP 18 给场景添加光源，提高材质的光泽度。在场景正前方的上空位置添加一盏泛光灯，并让灯光保持默认设置，如图4-20所示。

图4-18

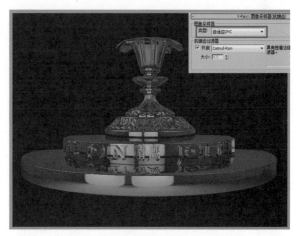

图4-19

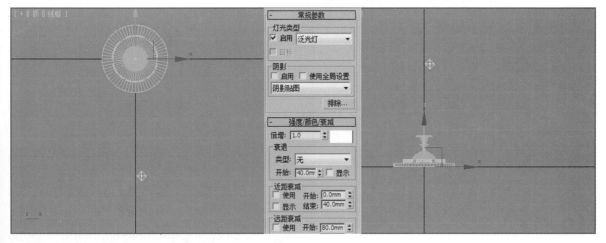

图4-20

STEP 19 渲染一帧，此时可以发现材质变得非常光亮了，如图4-21所示。

图4-21

STEP 20 下面通过调节材质表面的颜色来控制材质的亮度。这里将材质的漫反射颜色设为黑色，渲染后得到的效果如图4-22所示。

图4-22

STEP 21 继续调整材质的光泽感。在场景的右前方位置添加一处VR光源，并让灯光的参数保持默认值，如图4-23所示。

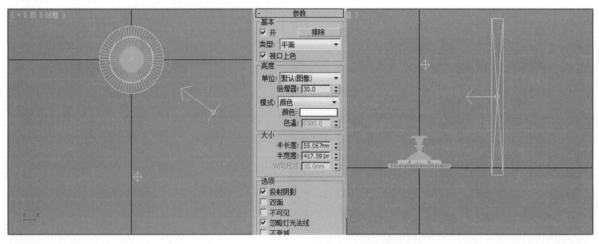

图4-23

STEP 22 再次渲染，此时可以看到材质有了强烈的光泽感，并且灯光也被反射到材质的表面了，如图4-24所示。

图4-24

STEP 23 到VR光源的选项栏下取消勾选影响反射选项，如图4-25所示。

选项
- ☑ 投射阴影
- ☐ 双面
- ☐ 不可见
- ☑ 忽略灯光法线
- ☐ 不衰减
- ☐ 天光入口　☐ 简单
- ☐ 存储在发光贴图中
- ☑ 影响漫反射
- ☑ 影响高光
- ☐ 影响反射

图4-25

STEP 24 渲染一帧，此时可以看到材质的表面没有灯光的反射了，如图4-26所示。

图4-26

STEP 25 至此，抛光的黄铜材质就制作完成了。这是一个具有灯光反射效果的材质，最终效果如图4-27所示。

图4-27

4.3 制作真实不锈钢材质

　　下面将讲解如何制作一种真实的不锈钢材质。不锈钢材质是抛光材质中最具代表性的一种材质。它是一种呈银白色的耐腐蚀材质，表面是高反射的或者无光泽的，也可以是光面的、抛光的或压花的；有时还可以根据需要对其进行拉丝或磨砂处理，但它的硬度和强度都偏低。该材质除了有酷炫的外表质感以外，制作起来也是非常简单的，因此，影视包装中很多绚丽的质感都是从不锈钢材质中衍生出来的。真实的不锈钢材质效果如图4-28所示。

STEP 01 导入模型到场景中，在该场景中，给鱼模型指定一个不锈钢材质；把圆盘和底座设置成一个纯黑色材质，背景设成一个灰色材质，如图4-29所示。

图4-28

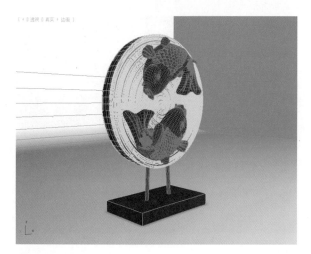

图4-29

STEP 02 将渲染器设为V-Ray Adv渲染器,并给鱼模型指定一个VRayMtl材质。将漫反射颜色设为黑色;到反射栏下将反射颜色设为淡灰色,并将反射光泽度的值设为0.96;勾选菲涅耳反射选项,并单击该选项右边的锁按钮,激活菲涅耳折射率项;把菲涅耳折射率设为50,如图4-30所示。

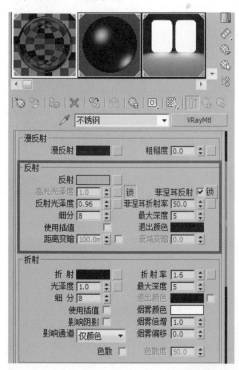

图4-30

STEP 03 到渲染面板的V-Ray渲染栏的反射/折射环境覆盖栏下勾选开选项,并指定1个VR_HDRI贴图。到间接照明(全局照明)面板下勾选开启选项,并到发光贴图面板下将当前预置设为自定义,如图4-31所示。

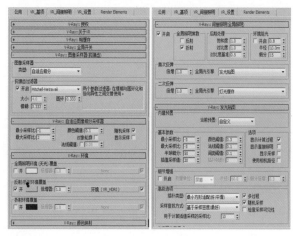

图4-31

STEP 04 给场景添加光源。在模型正前方45°角的上空位置添加一处VR光源,并使灯光的照射方向与模型呈45°;再到灯光的参数面板中将倍增器的值设为5,如图4-32所示。

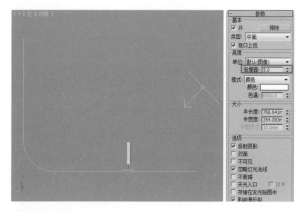

图4-32

STEP 05 至此,一个简单酷炫的真实不锈钢材质便制作完成了。最后渲染场景,得到的最终效果如图4-33所示。

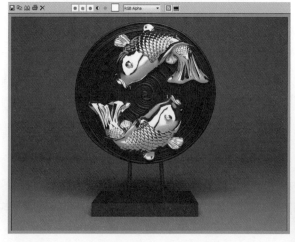

图4-33

第5章

粗糙金属材质

本章内容
- ◆ 材质分析
- ◆ 制作污垢金属材质
- ◆ 制作磨砂金属
- ◆ 制作亚光磨砂铜材质

5.1 材质分析

本章主要介绍三种粗糙类金属材质，分别是磨砂金属材质、污垢金属材质和亚光磨砂铜材质。这三种材质的效果如图5-1所示。

材质共性：材质表面粗糙、反射模糊、光泽感和色泽感比较柔和、粗糙表面都是使用贴图进行制作。

材质区别：材质表面的粗糙纹理的大小和粗糙纹理的制作方法不同。

图5-1

5.2 制作磨砂金属

磨砂金属是一种经过磨砂处理的金属材质，磨砂金属表面有很多细小的颗粒，其表面的反射强度非常低。制作磨砂金属的方法是先将材质处理成不锈钢的质感，然后给表面添加凹凸贴图，让表面有一种柔和的光泽感，如图

5-2所示。

图5-2

STEP 01 导入模型到场景中，其中模型的圆盘底座和背景是同样的一个黑色材质。这里的制作重点是给圆盘上的鱼模型制作一个磨砂材质，如图5-3所示。

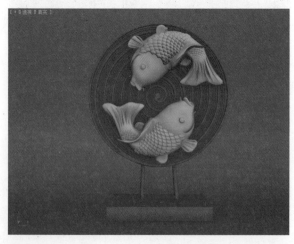

图5-3

STEP 02 该场景的背景是由一根线挤出来的面，这根线把背景和地面连接起来了。这种地面和背景连在一起的效果能够更加突出场景中的主体，如图5-4所示。

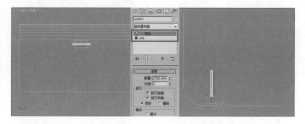

图5-4

STEP 03 给圆盘底座和背景指定一个标准材质球，并将材质的颜色设为黑色。由于背景是由一根线挤出来的，而背景上的面只会单面显示，因此这里需要到明暗器基本参数栏下勾选双面选项。到反射高光组下设置一个微弱的高光，让黑色材质有一点光泽感，而不仅仅只呈现出一片黑色，如图5-5所示。

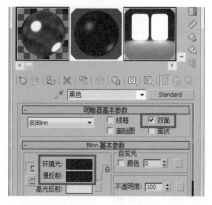

图5-5

STEP 04 到渲染面板中将渲染器设置为V-Ray Adv渲染器，如图5-6所示。

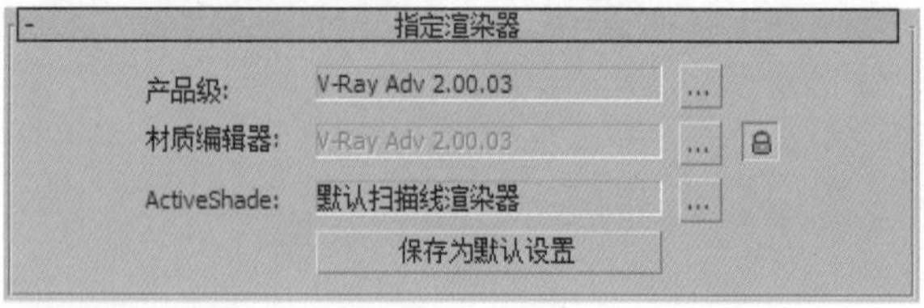

图5-6

STEP 05 保持默认的参数设置不变，对场景进行渲染，得到的渲染效果如图5-7所示。

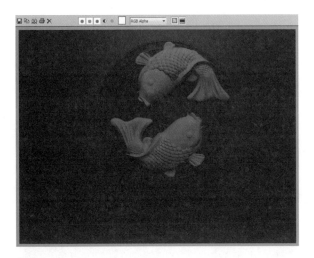

图5-7

STEP 06 给鱼模型制作一个磨砂材质。先给鱼模型指定一个VRayMtl材质；再到反射组下将反射颜色设为淡灰色。从渲染效果中可以看到鱼模型的材质效果显得灰蒙蒙的，这是因为此时的环境是一片黑色所造成的，如图5-8所示。

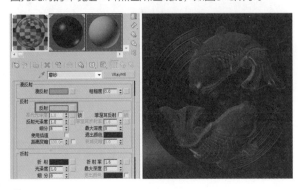

图5-8

STEP 07 给环境添加一个HDR贴图。到V-Ray环境卷展栏的反射/折射环境覆盖组下给环境添加一个VR_HDRI贴图；再将该贴图拖到材质编辑器中，为材质球指定一张HDR贴图，并将贴图类型设为球体，如图5-9所示。

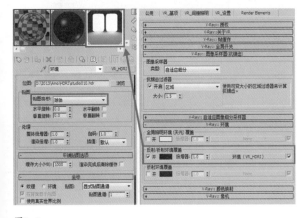

图5-9

STEP 08 渲染一帧，此时可以看到材质有一个强烈的反射效果了，该材质看起来有点像不锈钢的质感。接下来要在该材质的基础上对其进行打磨处理，让其具有磨砂质感，如图5-10所示。

图5-10

STEP 09 到反射组下将反射光泽度的值设为0.85，让材质表面产生模糊的效果，如图5-11所示。

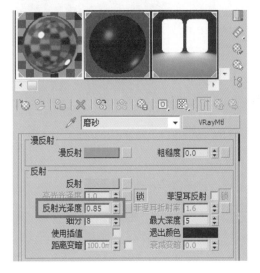

图5-11

STEP 10 渲染一帧，此时可以看到材质表面产生模糊的效果了，但其仍然有一个强烈的反射效果，如图5-12所示。

STEP 11 到反射组下勾选菲涅耳反射选项，降低材质的反射强度，如图5-13所示。

图5-12

图5-15

图5-13

STEP 12 单击菲涅耳反射项后面的锁按钮，并将菲涅耳折射率设为50，如图5-14所示。

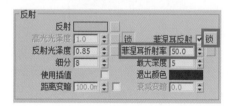

图5-14

STEP 13 再次渲染，此时可以看到材质表面又出现强烈的反射效果了。虽然此时的反射效果与之前的相比有了一些细微的区别，但它的磨砂质感还是不够明显，如图5-15所示。

STEP 14 到贴图栏给凹凸项添加一个噪波贴图，并到噪波参数栏下将大小值设为1，如图5-16所示。

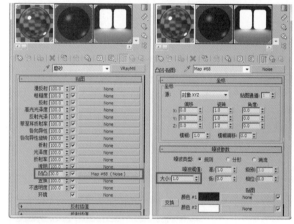

图5-16

STEP 15 此时，可以看到材质的表面产生了许多细小的凹凸纹理。这样虽然可以解决反射效果过于强烈的问题，但其视觉效果并不美观，如图5-17所示。

图5-17

STEP 16 将凹凸值降低为3，可以发现得到的材质效果要比之前的好了一些，但此时磨砂的质感仍然不是很明显，如图5-18所示。

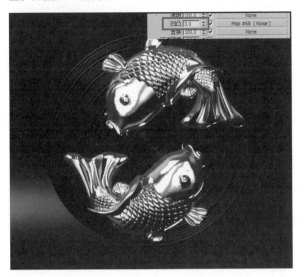

图5-18

STEP 17 到BRDF-双向反射分布功能栏的下拉列表中选择Ward【沃德】，将该材质指定给场景中位于上方的那条鱼模型。此时可以看到上下两条鱼模型的材质有了明显的区别，位于上方位置的鱼模型的强反射效果没有了，如图5-19所示。

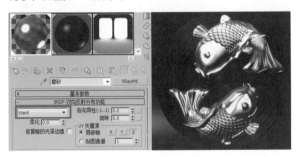

图5-19

STEP 18 通过观察效果图可以发现，Ward【沃德】模式下的渲染效果更接近磨砂的质感。BRDF栏中的两种分布模式所渲染出来的材质效果对比如图5-20所示。

STEP 19 将凹凸值设为30，并到噪波参数栏下将大小值降低到0.1。这样，在材质的表面就会产生更细小的凹凸纹理，如图5-21所示。

STEP 20 渲染一帧，此时可以看到一个漂亮的磨砂材质效果已经呈现出来了，如图5-22所示。

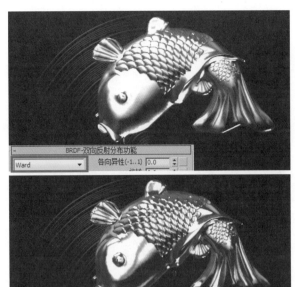

图5-20

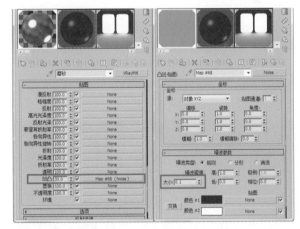

图5-21

图5-22

STEP 21 由于此时材质的表面多了很多细小的凹凸纹理，如果选择自适应细分图像采样器类型，渲染速度会有点慢，因此这里要将图像采样器的类型设置成自适应DMC，如图5-23所示。

图5-23

STEP 22 将材质的凹凸值恢复到3，并把噪波的大小值也恢复到1。渲染一帧后可以看到材质表面也出现了磨砂的颗粒效果，但此时材质的明暗关系过于凌乱，亮部也出现了曝光过度的现象，如图5-24所示。

图5-24

STEP 23 下面通过修改环境的照明来解决这种不和谐明暗对比效果的问题。到间接照明栏下勾选开启选项，开启全局照明效果；将发光贴图栏下的当前预置设为高，这样便可得到较精细的全局照明效果，如图5-25所示。

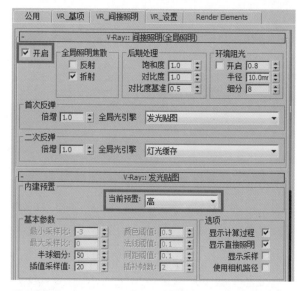

图5-25

STEP 24 渲染一帧，此时可以看到材质表面的明暗关系变得更加柔和了，但其整体看起来还是会显得比较暗，如图5-26所示。

图5-26

STEP 25 到渲染面板的颜色映射栏下将伽玛值设为2.2，以此来提高材质的整体亮度，如图5-27所示。

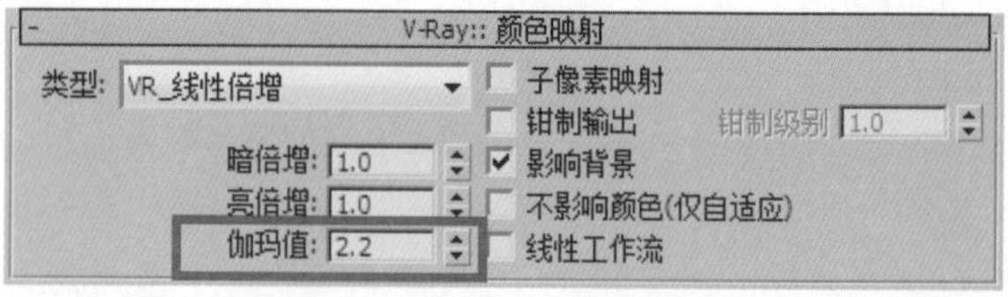

图5-27

注意： 伽玛值的大小对渲染速度的影响不大。

STEP 26 再次渲染，此时可以看到鱼模型已经有一个漂亮的磨砂质感了。但由于此时场景中没有任何的灯光照明，因此背景会显得非常黑，如图5-28所示。

STEP 27 在场景正前方呈45°角的上空位置处添加一处VR光源，并将灯光的亮度倍增器设为3，如图5-29所示。

图5-28

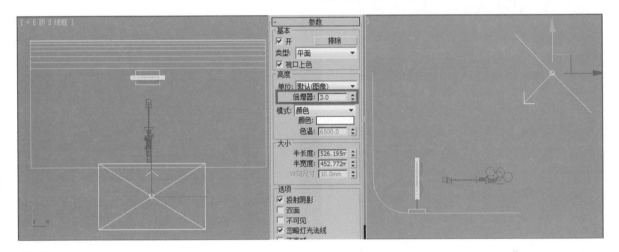

图5-29

STEP 28 渲染一帧后可以看到，在添加照明后，场景变亮了。此时，鱼模型的材质效果也被整体提亮了，而且磨砂材质的明暗层次关系也明显减弱了，如图5-30所示。

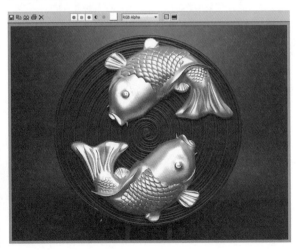

图5-30

STEP 29 到基本参数栏下将磨砂材质的漫反射颜色设为黑色。这样，材质在受到灯光照明后，其表面的颜色便不会被提亮了，如图5-31所示。

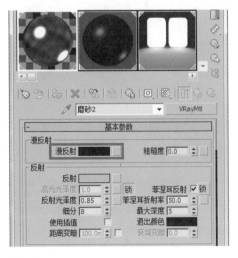

图5-31

STEP 30 至此，一个漂亮的磨砂材质便制作完成了，最终的材质渲染效果如图5-32所示。

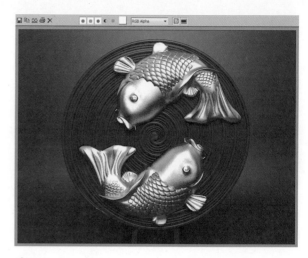

图5-32

5.3 制作污垢金属材质

污垢金属材质是指表面很脏的材质，它和锈迹材质有所区别，锈迹材质是一种通过化学作用使表面氧化腐浊的材质；而污垢金属材质则是指金属表面涂抹或积聚了一些脏东西的材质。污垢材质不会改变金属的基本质感；但锈迹材质则是在本质上改变了金属的质感。本节要介绍的污垢金属是一种在金属表面上涂抹了东西的材质效果，这种效果主要应用于一些比较酷炫或有个性的影视包装作品中。该材质主要是用一种混合材质来把几种材质混合到一起，然后将污垢层附着到该金属的表面。本实例重点讲解的是污垢质感的表现，而该污垢金属的基本金属质感所涉及的是上一节介绍的磨砂金属，因此这里不再对它的制作方法进行讲解。本节实例的污垢金属材质效果如图5-33所示。

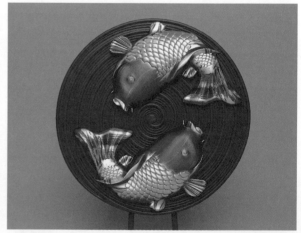

图5-33

STEP 01 打开上一节制作的磨砂金属文件，重新指定一个VR_混合材质作为污垢金属材质，并将该材质赋予鱼模型。渲染一帧后会发现鱼模型并不在渲染结构中，这是因为该混合材质还没有指定任何的材质，如图5-34所示。

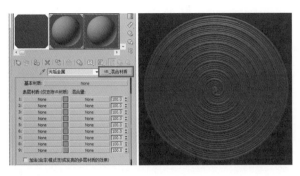

图5-34

STEP 02 进入混合材质的基本材质设置面板，为其指定一个VRayMtl材质。到漫反射组下将漫反射颜色设为黑色，并到反射组下将反射光泽度设为0.72，如图5-35所示。

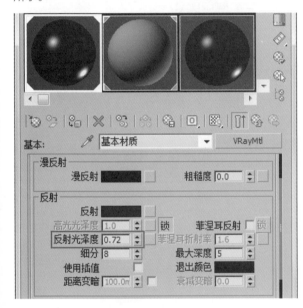

图5-35

STEP 03 到颜色选择器将反射颜色设置成一个亮度值为17的黑色材质，这样，该材质的表面就会有一个微弱的反射效果，如图5-36所示。

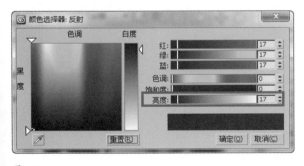

图5-36

STEP 04 到反射组下勾选菲涅耳反射选项，并单击该项后面的锁按钮，激活菲涅耳折射率；并把菲涅耳折射率设为20，如图5-37所示。

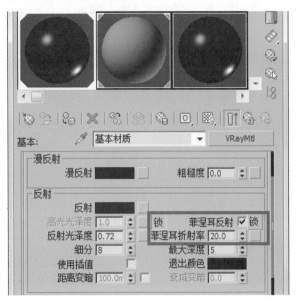

图5-37

STEP 05 渲染一帧后可以看到，一个有微弱反射效果的黑色磨砂材质便制作完成了。污垢材质的基本材质效果如图5-38所示。

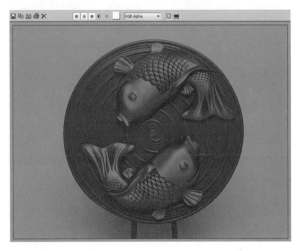

图5-38

STEP 06 给污垢金属的表层设置一个磨砂材质。将上一节制作好的磨砂金属材质拖到第一个表层材质上，如图5-39所示。

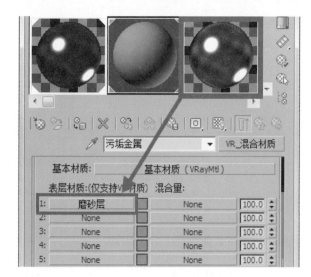

图5-39

STEP 07 污垢材质和磨砂材质都设置完成后，进行渲染。但从渲染效果中还是看不到任何的污垢材质效果，其整体仍然只是一个磨砂质感的材质，如图5-40所示。

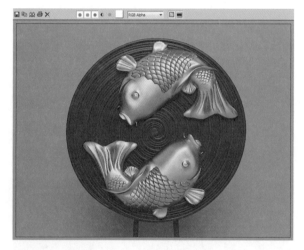

图5-40

STEP 08 下面要将污垢材质和磨砂材质混合在一起，让污垢附着在磨砂金属的表面上。到VR_混合材质面板的混合量下给污垢指定一个VR_污垢贴图，如图5-41所示。

注意： 该混合量下只能指定贴图，不能指定材质。所指定的贴图的作用是作为一个遮罩，将底层的基本材质从表层材质中显露出来。

STEP 09 再次渲染一帧，此时可以发现鱼模型的表面依然没有任何的变化，如图5-42所示。

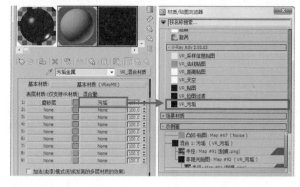

图5-41

图5-42

STEP 10 下面对污垢贴图进行设置。到污垢参数栏下勾选反转法线选项，如图5-43所示。

图5-43

STEP 11 此时可以看到磨砂金属的表面（鱼鳞部分）显露出了底层的黑色污垢材质，如图5-44所示。

STEP 12 由于鱼鳞的结构比较零碎，不利于污垢效果的体现，因此需要对污垢效果进行调整，让污垢出现在鱼鳞以外的其他部分。到污垢参数栏下，将阻光颜色的白色与非阻光颜色的黑色进行交换，如图5-45所示。

图5-44

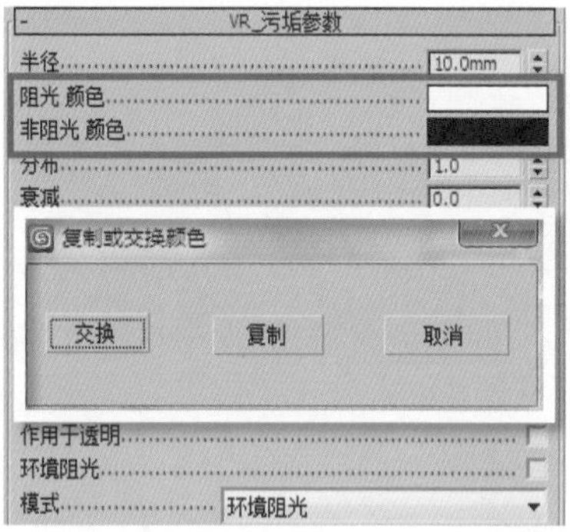

图5-45

STEP 13 渲染一帧后可以看到，除了鱼鳞以外的鱼模型其他部分都变成黑色了，如图5-46所示。

图5-46

STEP 14 由于此时的黑色部分看起来并不像是涂抹的污垢效果，因此下面要调整污垢的细节。到污垢参数栏下

给贴图半径指定一张纹理贴图，该贴图是用来模拟材质表面的污垢效果的。保持贴图的参数为默认设置，如图5-47所示。

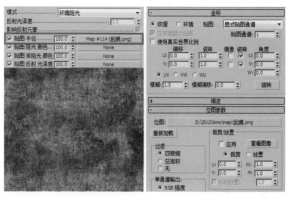

图5-47

STEP 15 再次渲染一帧后可以看到，鱼模型的黑色部分出现了一些凌乱的纹理效果，看起来有点像不均匀的笔刷效果。但此时的纹理效果还是不够明显，如图5-48所示。

图5-48

STEP 16 加强鱼模型黑色部分的纹理效果。到污垢参数栏下将半径值加大到25mm，如图5-49所示。

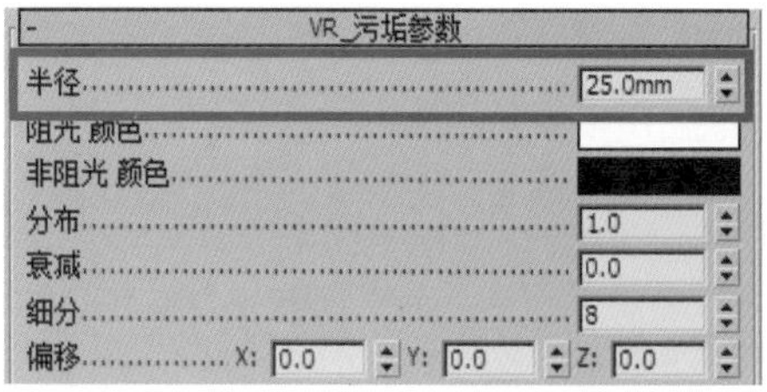

图5-49

STEP 17 通过观察可以发现鱼模型黑色部分的纹理效果被放大了很多，但鱼模型头部的纹理效果还是不够明显，如图5-50所示。

图5-50

STEP 18 继续加强污垢的纹理效果。回到VR_混合材质的参数面板下，在混合量的污垢贴图上单击鼠标右键，在弹出的菜单中选择复制，如图5-51所示。

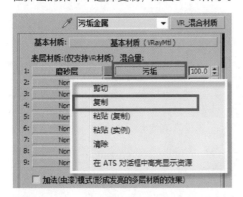

图5-51

STEP 19 进入污垢贴图的参数面板，在贴图的非阻光颜色上单击鼠标右键，在弹出的右键菜单中选择粘贴（复制）。这样，污垢材质便重复使用了2次污垢贴图，如图5-52所示。

STEP 20 通过观察两次使用污垢贴图后的效果，可以发现在第二次使用污垢贴图后，污垢的纹理效果已经加强了，但效果还是不够明显，如图5-53所示。

注意： 如果觉得使用一次、两次污垢贴图后纹理效果还是不够明显，那么可以再重复使用多次，或者更换其他更合适的纹理贴图。

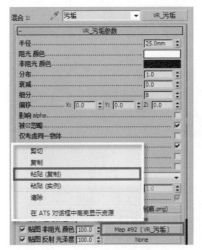

图5-52

图5-53

STEP 21 重复使用了4次污垢贴图后所得到的最终污垢材质效果如图5-54所示。

图5-54

5.4 制作亚光磨砂铜材质

　　根据前面两节介绍的两种粗糙类材质的制作方法，下面来制作一种亚光磨砂铜材质。该材质是在第4章介绍的抛光黄铜材质的基础上，对其进行磨砂处理，让黄铜材质的表面有一个粗糙的纹理效果。这种材质表面的反射效果不太强，而且色泽度也比较柔和。亚光磨砂铜材质的效果如图5-55所示。

图5-55

STEP 01 打开第4章制作的抛光黄铜文件，将其导入到场景中。重新指定一个VRayMtl材质给场景中的模型，如图5-56所示。

图5-56

STEP 02 对亚光磨砂铜材质进行设置。首先将漫反射颜色设为黑色，反射颜色设为铜红色；再把高光光泽度设为0.7，反射光泽度设为0.96，并勾选菲涅耳反射选项，让铜材质的表面有一个模糊的反射效果；然后到贴图栏给凹凸项添加一个细胞贴图，并将凹凸值设为-20。这样，材质表面的凹凸纹理便往内凹进去了，如图5-57所示。

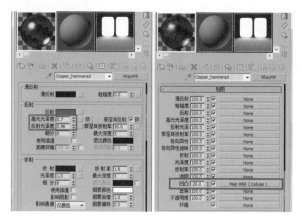

图5-57

STEP 03 对细胞贴图的参数进行设置。这里将细胞的大小值减小为0.5，这样，材质表面的凹凸纹理就有更明显的磨砂效果了，如图5-58所示。

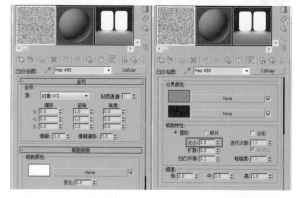

图5-58

STEP 04 至此，一个简单的亚光磨砂铜材质便制作完成了，最终效果如图5-59所示。

图5-59

第 **6** 章

车漆材质

本章内容
- ◆ 材质分析
- ◆ 制作车漆材质
- ◆ 制作彩色车漆材质

6.1 材质分析

本章主要介绍两种车漆材质，分别是普通车漆材质和彩色车漆材质，材质的效果如图6-1所示。

材质共性：材质表面光滑、反射强度较高、光泽感和色泽感强、漆质中有细小的金属粉颗粒、都是使用VR_车漆材质制作而成。

材质区别：材质的颜色不同、光泽度和色泽感的呈现不一样。

 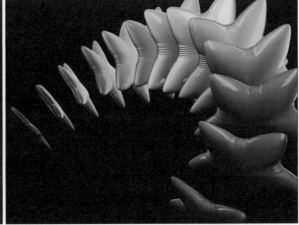

图6-1

6.2 制作车漆材质

车漆材质实际上是一种在现实生活中常见的抛光并上蜡的汽车金属漆材质，具有非常平整且光滑的表面质感，能够很好地反射出周围的环境。它和普通漆质感的区别是普通漆的颜色通常比较纯正，虽然它有一种很强的反射效果，但其漆面本身的光泽会表现得比较平淡。金属漆的内部有一种让质感更加闪亮动人的粉末颗粒，这种颗粒在光线的照射下会使材质显得更加丰富、通透且有光泽感，同时还能给人一种愉悦、轻快、新颖的感觉，因此在影视包装中该材质的应用非常普遍，如图6-2所示。

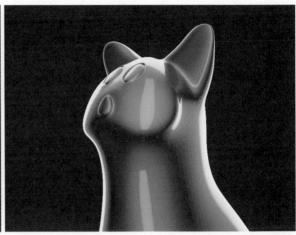

图6-2

STEP 01 导入模型到场景中，并创建一根呈直角的圆角路径；再给路径添加一个挤出修改器，到参数栏下将挤出的数量值设为80。这样，便得到一个背景与地面相连接的曲面了，如图6-3所示。

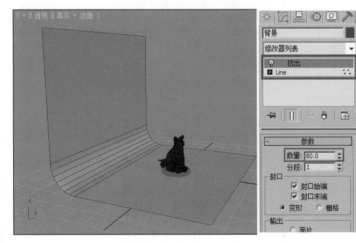

图6-3

STEP 02 将渲染器类型指定为V-Ray渲染器，如图6-4所示。

图6-4

STEP 03 将一个新材质球指定为VR_车漆材质，并将该材质赋予给场景中的模型，如图6-5所示。

图6-5

STEP 04 此时，材质的表面出现了一些闪亮的鳞片元素。到鳞片层参数栏下设置相关的材质参数，如图6-6所示。

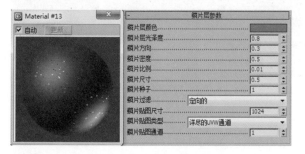

图6-6

STEP 05 这里不需要这些鳞片效果，但在鳞片层参数栏下并没有对应的鳞片显示开关。如果要取消鳞片的显示，只需将鳞片尺寸值设为0即可，如图6-7所示。

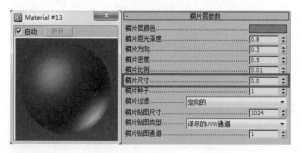

图6-7

STEP 06 到材质编辑器的右侧单击背景按钮，启用材质球的背景模式，也就是将多颜色的方格背景添加到材质球窗口中。这样可以更方便、准确地观察材质球的最终效果。启用背景后的车漆材质效果和启用前的效果是完全不一样的，如图6-8所示。

图6-8

STEP 07 车漆材质的设置暂时到这里，下面给场景模型的底座设置一个具有模糊反射效果的深色VRayMtl材质。这里要到反射栏下勾选菲涅耳反射选项，并将菲涅耳折射率设为3，如图6-9所示。

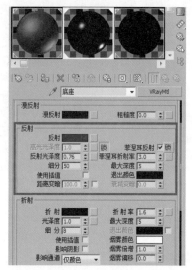

图6-9

STEP 08 此时，背景是一个环境光颜色和漫反射颜色都为黑色的标准材质，如图6-10所示。

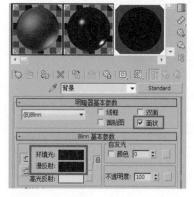

图6-10

注意： 这里要到明暗器基本参数栏下勾选双面选项，因为此时的背景只显示了背部的颜色，但背部的面的前方是没有面的。

STEP 09 场景中的元素材质已经基本设置完成了，下面开始设置渲染器。到渲染面板的图像采样器（抗锯齿）栏下将图像采样器的类型设为自适应DMC；再将抗锯齿过滤器设为Mitchell-Netravali【滤器】，这是一种可以制作出平滑边缘效果的过滤器，如图6-11所示。

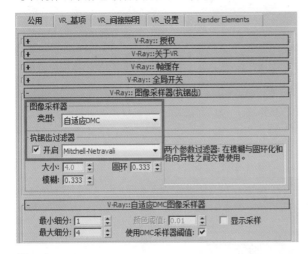

图6-11

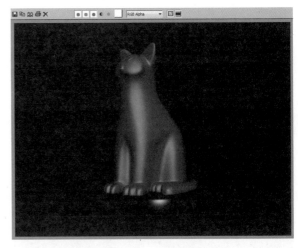

图6-12

STEP 10 渲染一帧，可以看到此时的材质非常暗淡且没有任何的反射效果，如图6-12所示。

STEP 11 到渲染面板的环境栏下给反射/折射环境覆盖添加一个VR_HDRI贴图，并将该贴图拖到材质编辑器中；再指定一个HDR贴图；然后到贴图栏下将贴图类型设为球体，并将水平旋转设为90。设置旋转贴图的目的是为了让其能更完美地反射到材质上，贴图的效果如图6-13所示。

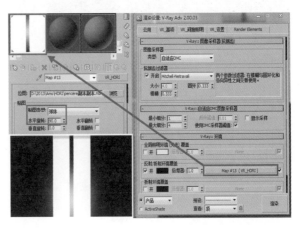

图6-13

STEP 12 给场景添加一处狭长的VR_光源，将其放置在模型的正前方位置，让光源倾斜30°角照射下来，如图6-14所示。

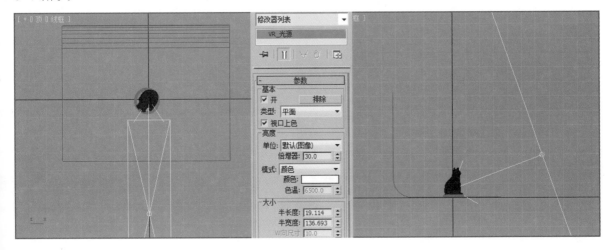

图6-14

STEP 13 再次渲染一帧，可以发现车漆材质曝光过度了，而且材质的颜色也显得非常惨白，如图6-15所示。

图6-15

STEP 14 调整材质的颜色。到车漆材质的底层参数栏下，将底层反射值设为1，也就是让材质的底层完全反射，如图6-16所示。

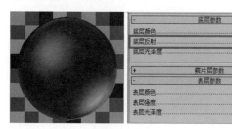

图6-16

注意：底层完全反射并不代表整个材质会完全反射，因为车漆材质还有一个表层，底层参数不能控制材质表层的颜色和强度等参数。

STEP 15 从此时的渲染效果中可以看到，车漆材质的底层完全反射了环境的黑色，这导致材质更加暗淡无光了，而且仅仅只能被看见的高光部分也显得非常惨白，如图6-17所示。

STEP 16 到底层参数栏下将车漆材质的底层反射设为0，此时，整个材质就会显得非常白亮。因为整个材质就只有表层产生了反射，而底层只显示材质的基本颜色，这种材质效果看起来就像是陶土上了釉后的瓷器质感，如图6-18所示。

图6-17

图6-18

STEP 17 到场景中的模型的背后添加一处VR_光源，让其照亮模型的边缘。由于灯光在模型的背后是会被渲染出来的，因此这里需要勾选不可见选项，如图6-19所示。

STEP 18 此时可以看到模型的边缘被照亮了，但整个材质曝光过度的问题仍然没有得到解决，如图6-20所示。

STEP 19 到场景中选中两处灯光，到参数栏下将它们的倍增器值降低为15，即降低灯光的亮度，如图6-21所示。

STEP 20 渲染一帧，可以看到材质的曝光效果减弱了很多，但材质表面反射出来的灯光还是显得过于生硬了，如图6-22所示。

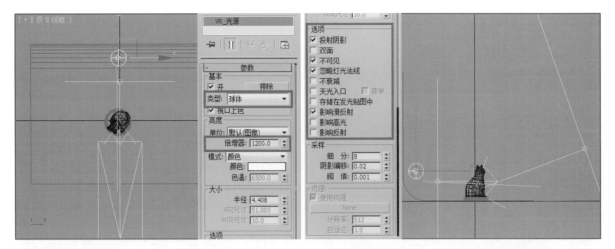

图6-19

图6-20

图6-21

图6-22

STEP 21 调整材质表面生硬的灯光反射效果。到灯光参数的纹理栏下勾选使用纹理选项，并给其指定一个坡度渐变贴图；将渐变坡度参数栏下的渐变颜色设置为从中心向四周呈白到黑的渐变效果。这样，灯光反射到材质的表面时便不会留下生硬的边缘了，如图6-23所示。

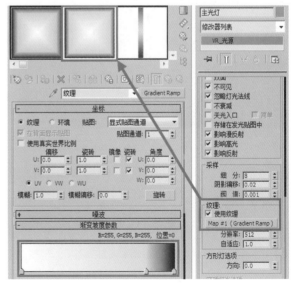

图6-23

STEP 22 再次渲染一帧，发现材质又出现曝光问题了，如图6-24所示。

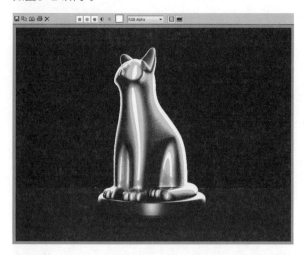

图6-24

STEP 23 此时不能再降低灯光的亮度了，否则材质表面的暗部会变得更加暗。下面利用VR_物理像机来对场景的整体亮度进行调节，到场景的正前方创建一个VR_物理像机，如图6-25所示。

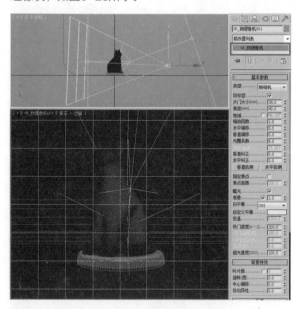

图6-25

STEP 24 暂时保持VR_物理像机的参数为默认设置，渲染一帧后会发现整个场景都变暗了，如图6-26所示。

STEP 25 回到VR_物理像机参数栏下，将快门速度设为20，也就是1/20s的快门速度默认为1/200s的快门速度。这样，快门速度降低了以后，像机的进光量便会增多了，也就是场景的亮度提高了，如图6-27所示。

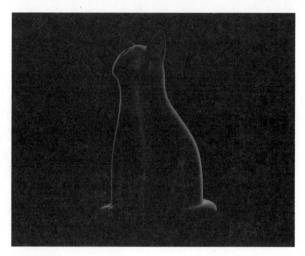

图6-26

图6-27

注意： 了解摄像原理的人会更容易控制VR_物理像机。

STEP 26 再次渲染一帧，此时可以发现材质的曝光效果减弱了很多，但场景的整体亮度却变暗了一些，如图6-28所示。

图6-28

STEP 27 到渲染面板的颜色映射栏下将伽玛值加大到2.2，提亮场景的整体亮度，如图6-29所示。

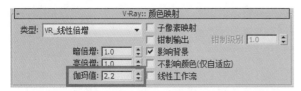

图6-29

STEP 28 从渲染效果图中可以看到此时的材质变得明亮了很多，但是材质表面所反射出来的白色灯光部分依然过于白亮了，如图6-30所示。

图6-30

STEP 29 重新回到渲染面板的颜色映射栏下，将类型设为VR_指数。这样，所有过于白亮的部分都得到减弱了，此时，车漆材质的大概效果就出来了，如图6-31所示。

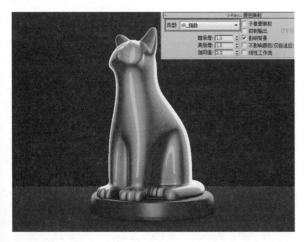

图6-31

STEP 30 调整车漆材质的细节。到车漆材质的表层参数栏下，将表层强度设为0.04，表层光泽度设为0.95。这样，表层材质所反射出来的灯光部分就会产生模糊的效果了，如图6-32所示。

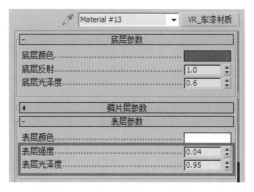

图6-32

STEP 31 渲染一帧，可以看到具有金属车漆质感的材质效果就基本制作完成了，如图6-33所示。

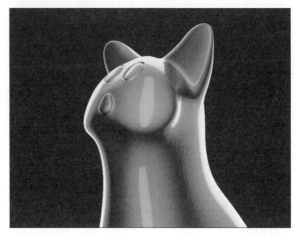

图6-33

STEP 32 到选项栏下将车漆质感的细分值设为16，让材质表面的杂点（金属粉）更加细腻一点，如图6-34所示。

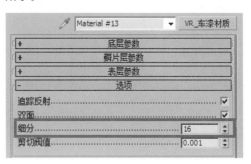

图6-34

STEP 33 再次渲染，此时可以看到一个漂亮的金属车漆材质制作完成了，如图6-35所示。

STEP 34 由于此时的背景是黑色的，因此这里要到模型的背后添加一处VR_光源。这里将灯光类型设为球体，亮度的倍增器值加大到1200；再到选项栏下取消影响高光选项和影响反射选项的勾选。这样，这盏灯光便只会影响背景的亮度，而不会影响到前面的模型的质感，如图6-36所示。

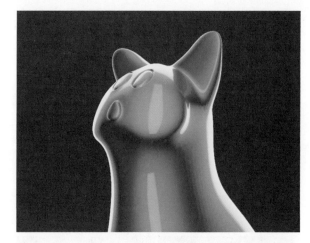

图6-35

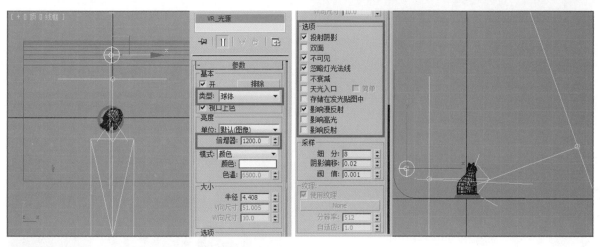

图6-36

STEP 35 最终的材质效果如图6-37所示。

图6-37

STEP 36 将场景中的模型替换为五角星模型，并让五角星呈圆形排列；再将制作好的车漆材质球复制多个，分别将复制后的车漆材质球的底层颜色设为其他不同的颜色，如图6-38所示。

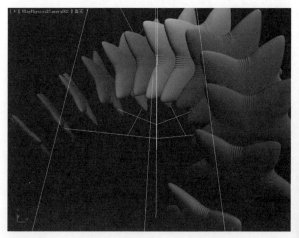

图6-38

STEP 37 给场景再添加两盏辅助灯光，分别将它们放置在主光灯的左右位置，如图6-39所示。

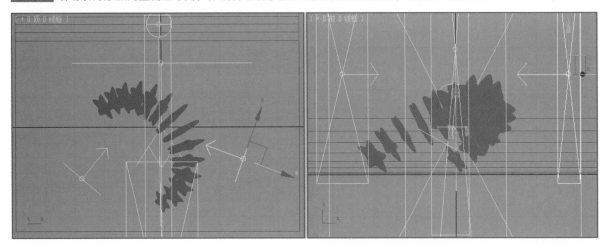

图6-39

STEP 38 渲染场景，得到的最终彩色五角星效果如图6-40所示。

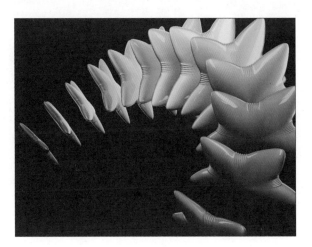

图6-40

6.3 制作彩色车漆材质

　　彩色车漆材质是建立在车漆材质的基础上的，通过给车漆的底层颜色指定一个丰富的渐变色彩，可以得到一个色彩丰富、色泽柔和的彩色车漆材质，其效果如图6-41所示。

图6-41

STEP 01 导入模型到场景中。该模型是一个抽象的人偶模型，它属于曲面结构，能充分地体现出材质的质感，如图6-42所示。

STEP 02 给人偶模型创建一个背景。到顶视图中创建一个切角圆柱体，相关设置如图6-43所示。

图6-42

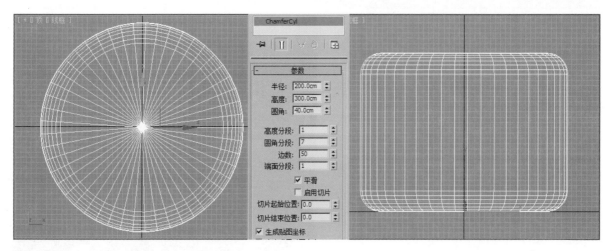

图6-43

STEP 03 到参数栏下勾选启用切片选项，将切片起始位置的值设为180，让圆柱体呈一个半圆柱的形状，如图6-44所示。

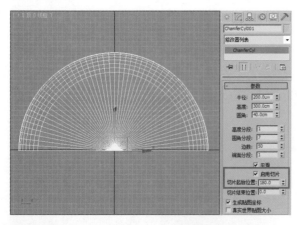

图6-44

STEP 04 到修改器面板中，给半圆柱添加一个编辑多边形修改器。在面编辑模式下选中半圆柱的横切面和顶部

的面，并将其删除，如图6-45所示。

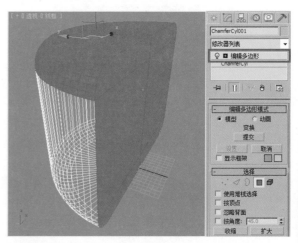

图6-45

STEP 05 这样便得到一个呈半圆形环绕的背景空间了。将人偶模型置于半圆柱的底面中心位置，如图6-46所示。

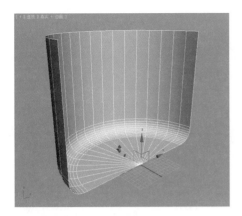

图6-46

STEP 06 给背景设置一个浅灰色的双面材质。因为背景空间是位于半圆柱的内部的，其内部的面是不会被渲染出来的，所以这里需要给其指定一个双面材质或将面的法线反转过来。这样，背景空间才可以被渲染出来，如图6-47所示。

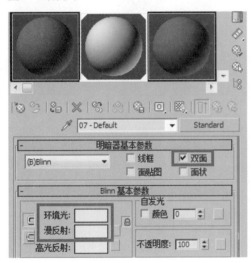

图6-47

STEP 07 制作彩色车漆材质。给人偶模型指定一个VR_车漆材质，再到鳞片层参数栏下将鳞片尺寸值设为0，不让车漆表面产生闪烁的鳞片效果，如图6-48所示。

注意： 该VR_车漆材质是一种多层次的材质，它由三个层组合而成，分别是底层材质、鳞片层材质和表层材质。由于它具有丰富的层次感，因此它能很真实、快速地表现出车漆质感。

STEP 08 渲染一帧，可以看到此时的材质具有磨砂质感且带有反射效果，但却没有金属的质感。此时的高光显得比较柔和，材质表面的高光是由底层的光泽度参数表现出来的，如图6-49所示。

注意： 磨砂效果是由底层材质体现出来的，而反射效果是由表层材质反映出来的。因此反射效果是附着在磨砂质感的表面的，这两个效果可以单独进行处理。

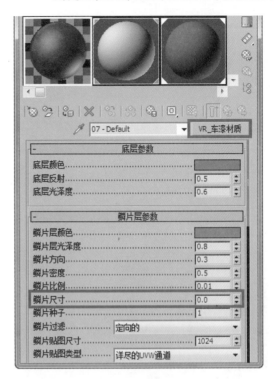

图6-48

图6-49

STEP 09 调整高光效果，让其更锐利一点。到底层参数栏下将底层光泽度设为0.7，该值越大，材质的高光就会越尖锐，高光面积就会越小；当该值设为1时，高光面积便会缩小为0，即看不到高光效果了，如图6-50所示。

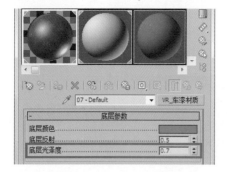

图6-50

STEP 10 再次渲染一帧，此时可以看到材质表面有一种厚重的金属感了。下面开始调整材质的细节，让其更接近车漆质感，如图6-51所示。

图6-51

STEP 11 调整车漆材质的颜色。到贴图栏下给底层颜色指定一个衰减贴图，如图6-52所示。

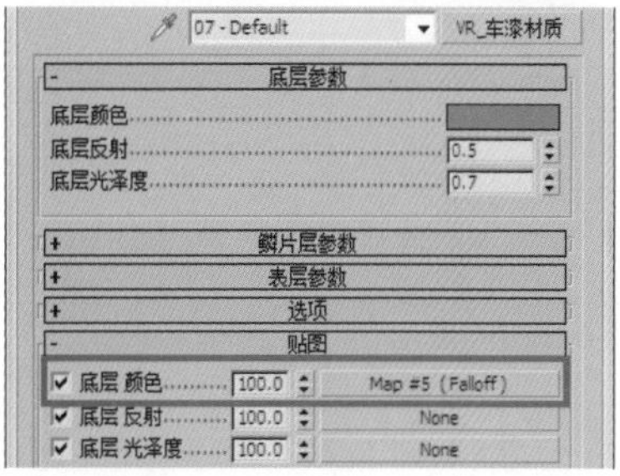

图6-52

STEP 12 到衰减参数栏下，将前：侧下面的两个颜色分别设为紫红色和朱红色，也就是让材质的颜色从紫红色衰减到朱红色。再调整衰减的混合曲线，让曲线成为向上凸起的弧线。这样，材质便会以朱红色作为材质的主色调了，如图6-53所示。

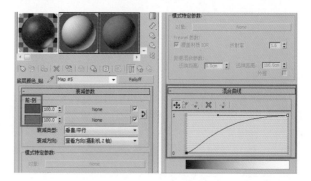

图6-53

STEP 13 渲染一帧，此时可以发现模型正对镜头的前面小部分面积是呈紫红色的，其周围大部分的面积则是呈朱红色的，不过此时的材质整体看起来有一点偏暗了，如图6-54所示。

图6-54

STEP 14 如果将混合曲线调成向内凹下去的弧线，那么材质正对镜头前面的大部分面积是呈紫红色的，模型的边缘则有很少的面积隐约带有一点朱红色，如图6-55所示。

图6-55

STEP 15 给场景添加灯光，提高材质的亮度。在模型的两端位置创建两处大小不一的VR_光源，并把灯光参数的设置保持为默认值，如图6-56所示。

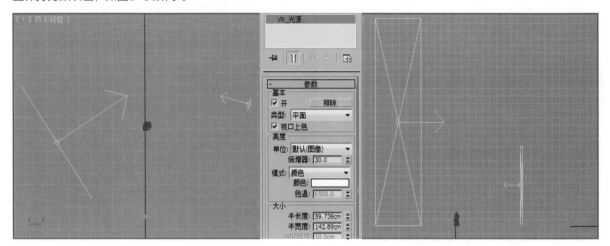

图6-56

STEP 16 再次渲染一帧，可以看到材质因为受到灯光的照射而产生了曝光现象，这说明此时的灯光过亮了，如图6-57所示。

图6-57

STEP 17 降低模型左边的主光灯的倍增器值到15，模型右边的辅助灯则可以根据具体情况进行调整，如图6-58所示。

图6-58

STEP 18 此时，从渲染效果中可以看到灯光的亮度虽然降低了，但VR_光源却很生硬地反射到材质的表面了，如图6-59所示。

图6-59

STEP 19 调整光源的亮度。因为光源的亮度在灯光参数里是没有直接的参数设置的，所以这里需要通过给光源指定一张贴图来降低光源的亮度。这里给光源指定一个混合贴图，如图6-60所示。

STEP 20 分别给混合贴图的颜色#2和混合量添加一个坡度渐变贴图，让颜色#2的渐变类型保持为默认的线性渐变，并将混合量的渐变类型设置为长方体渐变类型，再把渐变色设置为如图6-61所示。

STEP 21 这样，通过一个线性渐变和一个长方体渐变的混合，便得到一个新的渐变贴图效果了。整个渐变贴图的黑色部分是透明的，只有亮色部分才会被渲染出来，如图6-62所示。

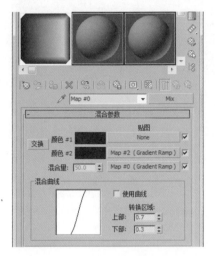

图6-60

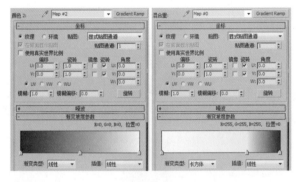

图6-61

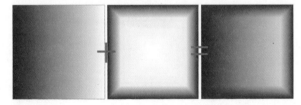

图6-62

STEP 22 将设置好的混合贴图拖到灯光参数栏的纹理中。这样，光源部分便会产生虚实的过渡效果了，如图6-63所示。

STEP 23 从渲染效果中可以看到材质的效果已经变好了，而且材质表面所反射出来的白色光源也产生丰富的虚实变化效果了。不过此时的材质整体显得有点过暗了，如图6-64所示。

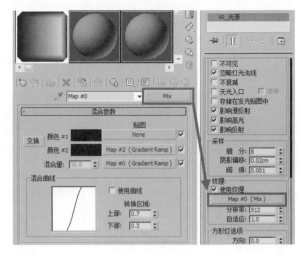

图6-63

图6-64

STEP 24 调整材质的亮度。到渲染面板中的V-Ray颜色映射栏下，将类型设为VR_指数，伽玛值设为2.2，如图6-65所示。

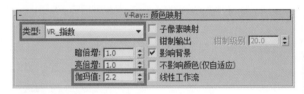

图6-65

STEP 25 再次渲染，此时可以看到材质整体被提亮了许多，而且提亮后的白色部分也不会显得过于刺眼，这是因为颜色映射栏下的VR_指数类型对材质的亮度进行了控制，如图6-66所示。

图6-66

图6-68

STEP 26 到VR_间接照明渲染面板中，勾选全局照明栏下的开启选项；再到发光贴图栏下将当前预置设为高，如图6-67所示。

图6-67

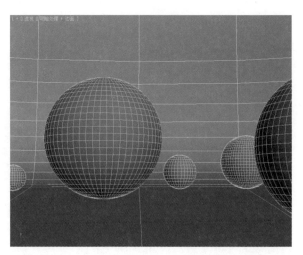

图6-69

STEP 27 至此，一个漂亮的彩色车漆材质便制作完成了。最后对场景进行渲染，得到的效果如图6-68所示。

STEP 28 将场景中的模型换成球体，让它们随机分布在场景中，如图6-69所示。

图6-70

STEP 29 将人偶模型的彩色材质指定给球体，便得到一个绚丽的彩色车漆质感球体了，如图6-70所示。

第 7 章

玻璃材质

本章内容
◆ 材质分析
◆ 制作真实玻璃杯材质
◆ 制作裂纹玻璃材质

7.1 材质分析

本章主要介绍两种玻璃材质，分别是真实玻璃材质和裂纹玻璃材质，如图7-1所示。

材质共性：材质比较透明、光泽度比较强、表面都有纹理贴图、都是使用VR_混合贴图材质制作而成。

材质区别：材质的折射强度和表面的光滑程度不同、具有不同的纹理贴图。

图7-1

7.2 制作真实玻璃杯材质

本节介绍的真实玻璃材质是指通透的玻璃杯表面在被手指触摸过后，留下了一层指纹效果的玻璃材质。其最大的特点是玻璃的通透性非常强，其表面加上了若隐若现的指纹贴图后，玻璃材质显得更加真实了，效果如图7-2所示。

作为酒杯的玻璃透明材质；再将漫反射颜色设为黑色，反射颜色和折射颜色都设为淡灰色，如图7-6所示。

图7-4

图7-2

STEP 01 导入酒杯模型到场景中，如图7-3所示。

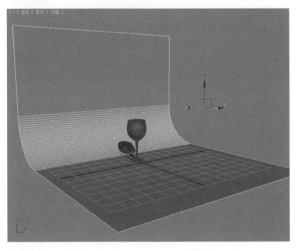

图7-3

STEP 02 将渲染器类型设为VR渲染器；再到VR_基项面板的图像采样器栏下，将类型设为自适应DMC，如图7-4所示。

STEP 03 打开材质编辑器，指定一个材质球为VR_混合材质，如图7-5所示。

STEP 04 下面让一个污迹指纹材质附着在玻璃材质上。进入混合材质的基本材质设置面板，指定一个VRayMtl材质

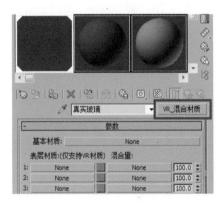

图7-5

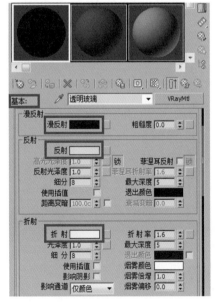

图7-6

STEP 05 渲染一帧，此时可以发现玻璃材质的反射效果非常强烈，从而导致材质的质感很凌乱，如图7-7所示。

图7-7

STEP 06 调整材质的反射效果。首先到基本材质的反射栏下给玻璃材质设置一个高光效果，单击高光光泽度右边的锁按钮，并将高光光泽度设为0.85；再将反射光泽度设为0.98，让反射有一点模糊的效果。这样，反射效果就不会那么强烈了。勾选菲涅耳反射项，减弱反射的强度，并让反射有一个衰减的效果，如图7-8所示。

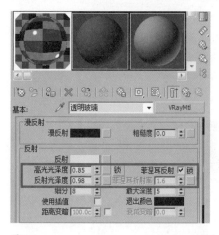

图7-8

STEP 07 再次渲染一帧，可以看到玻璃材质变得通透了很多。这样，一个基本的玻璃材质就渲染出来了，如图7-9所示。

STEP 08 进入VR_混合材质的表层1材质设置面板，给它指定一个VRayMtl材质，并将其作为附着在玻璃材质表面的污迹材质，分别将反射颜色和折射颜色设为淡灰色，其中反射颜色略淡于折射颜色，如图7-10所示。

STEP 09 渲染玻璃杯，可以发现玻璃材质的表面又出现强烈的反射效果了，但此时的反射效果并没有影响到玻璃材质的丰富折射效果，如图7-11所示。

图7-9

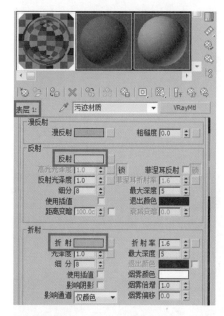

图7-10

图7-11

STEP 10 降低表层1材质的反射强度，并到反射栏下单击高光光泽度右边的锁按钮，开启表层材质的高光效果；再勾选菲涅耳反射项，降低表层材质的反射强度，如图7-12所示。

图7-12

STEP 11 虽然基本材质和表层材质都已基本制作完成，但这两个材质的效果几乎是一样的。下面要继续深入调节表层材质，只让其以污迹纹理贴图的形式附着在材质纹理的表面，而且不要让它有强烈的反射效果和折射效果。从图7-13所示的玻璃指纹图中可以看到指纹的纹路是很模糊的，这是因为留在玻璃上的指纹大多是由非常细小的灰尘所构成的。

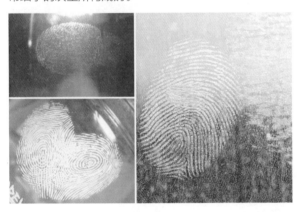

图7-13

STEP 12 调整表层1的材质，让其产生模糊的效果。到表层1材质设置面板中，将折射的光泽度调整为0，让其完全模糊。这样，在基本材质上便会有一层朦胧的磨砂效果，如图7-14所示。

STEP 13 此时可以发现完全模糊后的表层材质的渲染速度会有点慢，这是因为表层材质是用来表现细小的指纹

的，而指纹材质不需要有过多的反射细节和折射细节，所以这里要将它的反射最大深度和折射最大深度都降低为2，如图7-15所示。

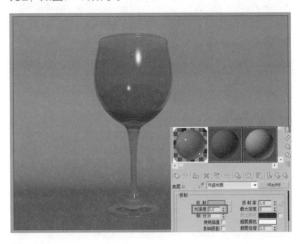

图7-14

图7-15

STEP 14 给表面材质的混合量指定一张污迹贴图，并将其作为表面材质的遮罩。污迹贴图的设置如图7-16所示。

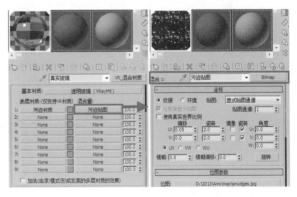

图7-16

STEP 15 该污迹贴图实际上是一张布满凌乱指纹的黑白图，如图7-17所示。

图7-17

STEP 16 此时得到的表层材质实际上是由表层1的模糊污迹材质和指纹污迹贴图混合而成的，其混合的原理是黑白指纹贴图作为遮罩覆盖在模糊的污迹材质上，其中贴图的白色部分会显示为模糊污迹材质，而黑色部分则会变成透明的。这样，表层材质便制作完成了，如图7-18所示。

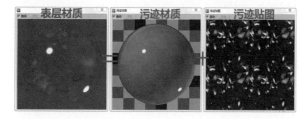

图7-18

STEP 17 表层材质调节完成后，整个真实玻璃的材质也就制作好了，它是由基本的玻璃透明材质和表层材质组合而成的，而且表层材质是附着在玻璃材质的表面上的，如图7-19所示。

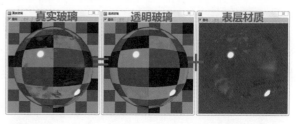

图7-19

STEP 18 渲染一帧，此时可以发现玻璃材质的表面有一层黑黑的污迹效果，但指纹的纹路不是很明显，如图7-20所示。

图7-20

STEP 19 给场景添加一处狭长的VR_光源，并把灯光放置在玻璃杯的正前方，如图7-21所示。

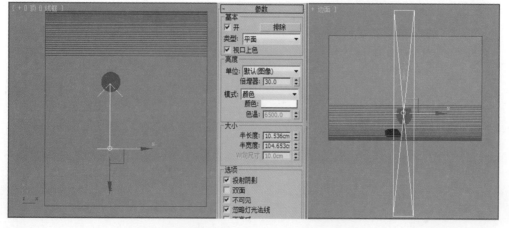

图7-21

STEP 20 再次渲染一帧，可以看到玻璃杯上的有些指纹被照亮了，而且整个玻璃杯也显得通透了许多；但由于受到阴影的影响，玻璃有些部分显得比较黑。此时的问题是玻璃杯上的指纹和反射出来的光源都曝光过度了，如图7-22所示。

图7-22

STEP 21 这里不通过调节灯光来控制场景的亮度，而是到渲染面板的V-Ray颜色映射栏下将类型设为VR_指数，并将伽玛值设为2，如图7-23所示。

图7-23

STEP 22 渲染一帧，可以看到不仅场景被提亮了，而且之前曝光过度的问题也得到解决了。这样，玻璃的质感就显得更加真实了，如图7-24所示。

图7-24

STEP 23 给环境添加反光板，增加材质反射效果的细节。这里分别在玻璃杯的两旁创建一个平面，如图7-25所示。

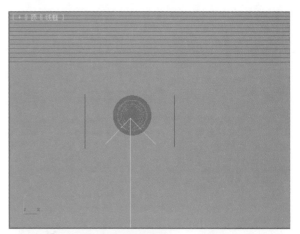

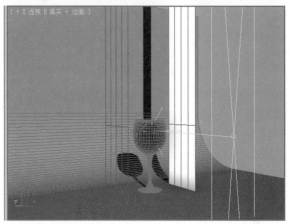

图7-25

STEP 24 给反光板指定一个白色的发光材质。为了不让反光板快速且生硬地反射到玻璃杯上，这里给发光材质的不透明度添加一个坡度渐变贴图，让反光板有一个透明度的衰减变化效果，如图7-26所示。

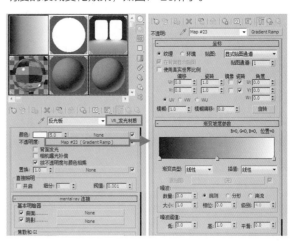

图7-26

STEP 25 再次渲染一帧，这样，一个真实漂亮的玻璃杯质感就制作完成了，如图7-27所示。

图7-27

STEP 26 除了通过给场景添加反光板来增强材质的细节以外，还可以给环境指定一个HDR贴图。到渲染面板的环境栏下给反射/折射覆盖指定一个HDRI贴图，并将该贴图拖到材质编辑器中，对其进行设置。在贴图参数栏下可以添加任何的HDR贴图，再把贴图类型设为球体。如果觉得这种贴图类型对材质效果没有帮助，那么可以将其设置成其他类型，如图7-28所示。

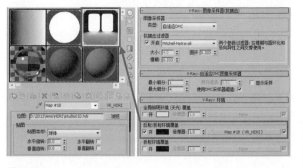

图7-28

STEP 27 至此，真实玻璃的材质就制作完成了。最后将图像采样器类型设为自适应细分，并输出一个较高质量的材质效果，最终的玻璃材质效果如图7-29所示。

图7-29

7.3 制作裂纹玻璃材质

本节介绍的裂纹玻璃材质是一种在通透玻璃的表面添加了一个裂纹效果的玻璃材质，它的表面有一层朦胧的磨砂质感，该磨砂效果非常弱，仅可以柔化生硬的裂纹效果，让裂纹隐隐地嵌于玻璃材质的表层中，如图7-30所示。

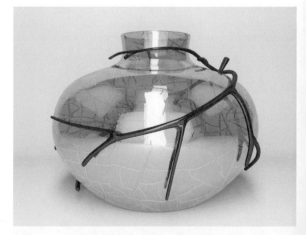

图7-30

STEP 01 导入模型到场景中，它是一个被铜条包裹的花瓶模型，这里要表现的是花瓶的玻璃材质，如图7-31所示。

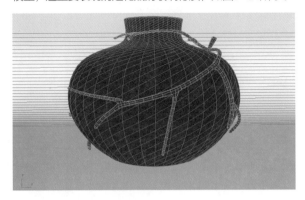

图7-31

STEP 02 该花瓶是一个有厚度的模型，它的厚度是由路径勾勒出来的。这里先利用车削修改器将路径旋转，让路径弯曲成为一个实体模型，如图7-32所示。

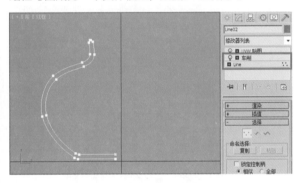

图7-32

STEP 03 将渲染器类型指定为VR渲染器，并提前给环境指定一个HDRI贴图，这样便可以较早地观察到材质效果的变化。到渲染面板的环境栏下给反射/折射覆盖添加一个VR_HDRI贴图，再将该贴图拖到材质编辑器面板中；为其添加一张HDR贴图，并将贴图类型设为球体。如图7-33所示。

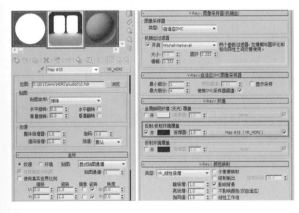

图7-33

STEP 04 下面设置裂纹玻璃的基本质感。首先将漫反射颜色设为黑色，反射颜色和折射颜色都设为淡灰色；再到反射栏中单击高光光泽度旁边的锁按钮，并将高光光泽度设为0.92，让玻璃有一个较尖锐的高光效果；接着勾选菲涅耳反射项，并单击菲涅耳反射项右边的锁按钮，启用菲涅耳折射率；然后将菲涅耳折射率设为3。如图7-34所示。

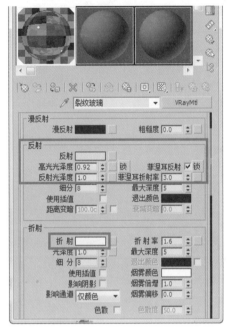

图7-34

STEP 05 渲染一帧，此时可以看到剔透的玻璃花瓶质感出来了，玻璃上的铜条是一个简单且略带一点反射效果的黑色材质，如图7-35所示。

图7-35

STEP 06 此时，玻璃花瓶的反射效果和折射效果都过于丰富了，这样不利于其表面的细小裂纹的表现。因此这里要将反射的最大深度和折射的最大深度都降为2。这样，玻璃的质感就会显得更加简单了，如图7-36所示。

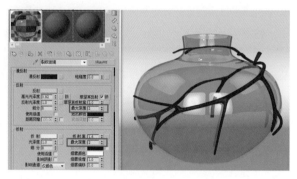

图7-36

STEP 07 制作玻璃上的裂纹效果。到贴图栏下给折射添加一个混合贴图，并到混合参数栏下分别将颜色#1和颜色#2设为绿色和白色，其中绿色作为裂纹部分的折射颜色，白色则作为整个花瓶的折射颜色，如图7-37所示。

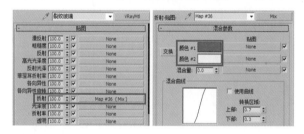

图7-37

STEP 08 渲染一帧，此时可以看到花瓶的质感变成黑色了，而且还可以隐约地看到一些折射效果。这是因为此时的折射效果是以默认混合贴图中的第一个颜色（绿色）来作为基本折射效果的颜色的，如图7-38所示。

图7-38

STEP 09 对混合贴图的设置进行调整。这里利用一个裂缝纹理将两种不同颜色的折射效果进行了混合，并到混合参数栏下给混合量指定一张裂纹细节贴图，如图7-39所示。

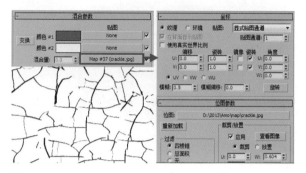

图7-39

STEP 10 再次渲染一帧，可以看到玻璃上的裂纹效果已经渲染出来了，但此时的裂纹只是作为贴图覆盖在玻璃的表面上，裂纹效果还是显得不够真实，如图7-40所示。

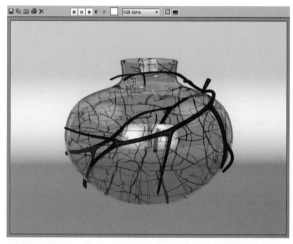

图7-40

STEP 11 在裂纹贴图上单击鼠标右键，在弹出的右键菜单中选择复制，将裂纹贴图复制一个，如图7-41所示。

STEP 12 到贴图栏下的凹凸贴图处单击鼠标右键，在弹出的右键菜单中选择粘贴（实例），并到贴图栏下将凹凸值设为80。这样，裂纹便产生凹凸效果了，如图7-42所示。

图7-41

图7-42

STEP 13 此时，裂纹玻璃质感的基本效果已经制作好了，但因为玻璃是透明的，所以可以从正面看到花瓶背部的裂纹，这导致整个玻璃裂纹的视觉效果会非常凌乱，如图7-43所示。

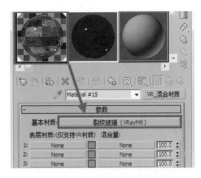

图7-43

STEP 14 深入调整裂纹玻璃材质，下面使用一个VR_混合材质来处理玻璃效果。给玻璃材质指定一个VR_混合材质，将前面制作好的裂纹玻璃材质拖到VR_混合材质的基本材质上，如图7-44所示。

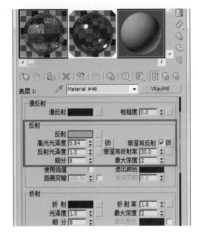

图7-44

STEP 15 下面给混合材质指定一个表层材质。进入表层1，给其指定一个VRayMtl材质。到设置面板将漫反射颜色设为黑色，反射颜色设为橙色；再将高光光泽度设为0.84，让其产生一个尖锐的高光效果。勾选菲涅耳反射项，并设置菲涅耳折射率为30；将反射的最大深度和折射的最大深度都设为2。如图7-45所示。

图7-45

注意： 表层材质的作用是让裂纹玻璃的表面蒙上一层磨砂质感，该磨砂效果不会影响到裂纹的清晰度，因此表层材质除了能降低整个玻璃的折射程度以外，还能让花瓶产生一种朦胧的效果。

STEP 16 渲染一帧，可以看到花瓶的玻璃材质变成一个金色的质感效果了，如图7-46所示。

STEP 17 继续设置表层1材质。到贴图栏中给凹凸添加一个噪波贴图，并将凹凸值设为5；再到凹凸贴图设置面板中设置噪波参数，将噪波类型设为湍流，大小值设为8。这样，玻璃的表层就会有一点磨砂效果，如图7-47所示。

图7-46

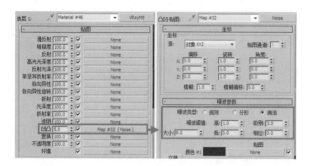

图7-47

STEP 18 回到VR_混合材质的设置面板，给表层1的混合量指定一个噪波贴图，该噪波贴图用于将基本材质和表层材质进行混合。到噪波参数栏下，将噪波类型设为分形，并将大小值设为24.1，噪波阈值的高设为0.771，低设为0.6，这是一个对比强烈的噪波效果，如图7-48所示。

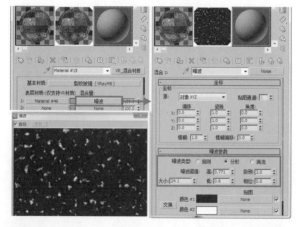

图7-48

STEP 19 渲染一帧，此时会发现花瓶材质又回到之前的裂纹玻璃材质效果了，如图7-49所示。

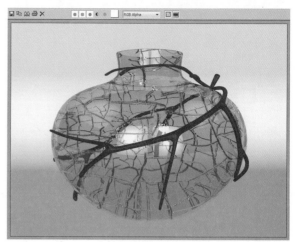

图7-49

STEP 20 从此时的材质对比效果图中可以看到两种材质效果是有区别的，也就是说在没有表层材质的情况下和有表层材质的情况下所得到的材质效果是有区别的，如图7-50所示。

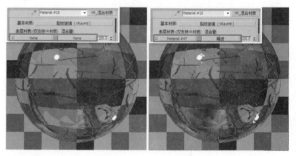

图7-50

STEP 21 将表层材质的混合量值降低到70，可以看到材质球表面的磨砂效果出来了，如图7-51所示。

图7-51

STEP 22 渲染一帧，可以看到花瓶的材质效果发生变化了，材质的颜色又恢复回金色色调了，而且材质的折射效果也稍微减弱了，如图7-52所示。

STEP 23 此时，虽然场景中的花瓶已经有一个环境光的反射效果，但其光泽感并不强烈。下面到场景中创建一处VR_光源，并将其放置在花瓶的正前方位置，如图7-53所示。

图7-52

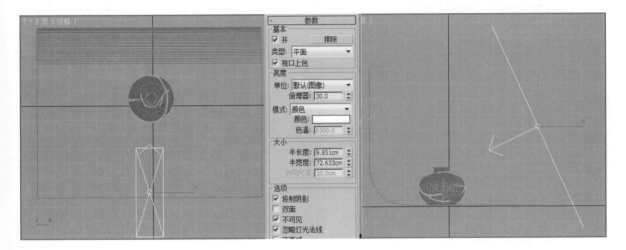

图7-53

STEP 24 渲染一帧，此时会发现花瓶的质感变得非常强烈了。在阴影的影响下，花瓶显得更加立体，但是玻璃材质的黑白对比效果过于强烈了，而且受光照影响的高光部分也曝光过度了，如图7-54所示。

图7-54

STEP 25 到渲染面板的颜色映射栏下将类型设为VR_指数，并将伽玛值设为2.2。渲染一帧，会发现上一步骤出现的问题已经得到解决了，如图7-55所示。

STEP 26 将表层材质的混合量值降低到30。最后渲染一帧，得到的最终效果如图7-56所示。

图7-55

图7-56

第**8**章

冰材质

本章内容

- ◆ 冰材质分析
- ◆ 制作冰的凹凸质感
- ◆ 制作冰的基本透明效果
- ◆ 处理环境

8.1 冰材质分析

冰有两种存在状态，一种是冷冻时的固态，表面干硬、粗糙；另一种是融化时的固液混合态，表面湿润、光滑透亮。本章介绍的冰材质是冷冻时的冰材质效果，该材质的透明度较低，表面的高光和玻璃材质的高光非常相似，但是表面的高光因受到粗糙表面的影响而导致它的高光外形是不规则的，如图8-1所示。

图8-1

8.2 制作冰的基本透明效果

冰的基本材质和玻璃材质很相似，但是由于冰的表面具有粗糙的凹凸纹理，因此其透明度和折射强度相对较弱。

STEP 01 到场景中创建一个平面和一个圆环体，并到参数栏下分别将圆环体的半径1和半径2设为8和2，如图8-2所示。

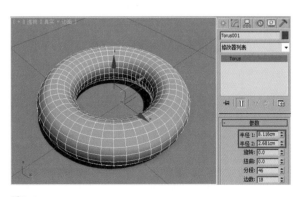

图8-2

STEP 02 将渲染器类型设为VR渲染器，暂时保持参数设置为默认值，如图8-3所示。

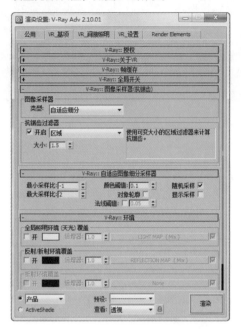

图8-3

STEP 03 制作圆环体的冰材质，并指定一个VRayMtl材质给圆环体。到设置面板将材质的漫反射颜色设为淡蓝色，反射颜色设为棕灰色，折射颜色设为白色，如图8-4所示。

图8-4

注意： 反射颜色没有设置得太亮是为了不让反射颜色过于强烈而影响冰块材质的折射效果。

STEP 04 此时的渲染效果还只是一个具有反射效果和折射效果的基本材质，如图8-5所示。

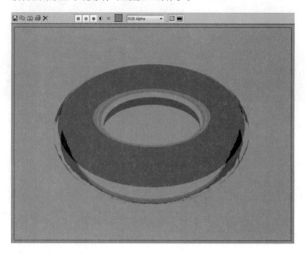

图8-5

STEP 05 下面分别对反射效果和折射效果进行深入的处理。到反射栏给反射添加一个衰减贴图；在衰减参数栏下，前：侧的默认颜色是从黑色到白色，也就是物体朝向镜头的面的反射效果是最强烈的，越到侧面，其反射效果越弱。这里将前：侧的上下两个颜色交换过来，让侧面的反射效果更强，而越到正面，反射效果越弱，如图8-6所示。

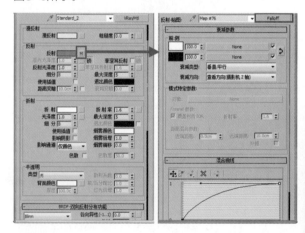

图8-6

STEP 06 从渲染效果中可以看到圆环体朝向镜头的面是黑色的，说明这部分的面反射效果是非常弱的，如图8-7所示。

STEP 07 从上面的渲染效果图中可以看到此时材质的折射颜色非常淡，下面到折射栏下给折射添加一个衰减贴图；再将衰减参数栏下前：侧的两个颜色交换一下，只让侧面部分有较强烈的折射效果。将衰减类型设为Fresnel【菲涅耳】，如图8-8所示。

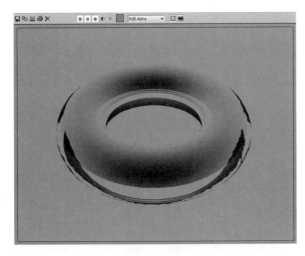

图8-7

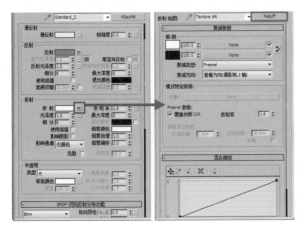

图8-8

STEP 08 渲染一帧，可以看到添加了折射衰减贴图的效果和没添加折射衰减贴图的效果似乎没有太大的区别。实际上，如果仔细观察，还是可以看到一些区别的，如图8-9所示。

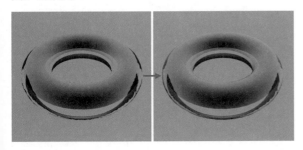

图8-9

STEP 09 再次对反射效果进行处理。由于冰块材质不是一种高反射材质，因此这里不需要让材质有很清晰的反射效果。到反射栏下将反射光泽度降低到0.75，并勾选

菲涅耳反射项，降低反射强度，如图8-10所示。

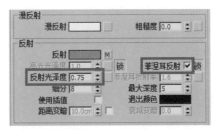

图8-10

STEP 10 再次渲染一帧，可以发现在圆环体材质上几乎看不到反射效果了，如图8-11所示。

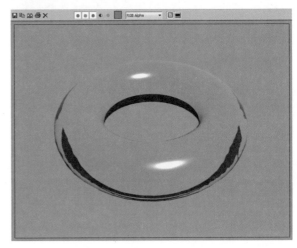

图8-11

注意： 实际上反射效果还是存在的，但由于此圆环体的结构过于简单，因此部分模糊反射效果不能很直观地被看到。

STEP 11 设置圆环体的颜色。给透明物体设置颜色的最好方法就是到折射栏下设置烟雾颜色，它是真正从物体的内部产生出来的一个颜色。这里将烟雾颜色设为淡蓝色，如图8-12所示。

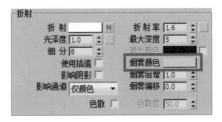

图8-12

STEP 12 渲染一帧，此时可以发现圆环体变成深蓝色了，如图8-13所示。

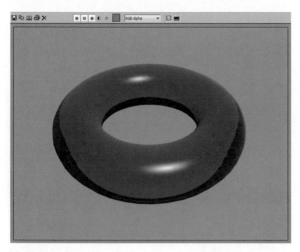

图8-13

注意： 如果觉得此时圆环体的颜色过于淡了，可以将烟雾倍增值稍微提高一点。

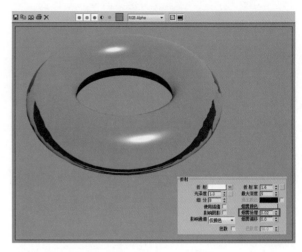

STEP 13 到折射栏下将烟雾倍增值降低为0.02；再次渲染，可以发现圆环体的颜色减淡了许多，如图8-14所示。

图8-14

8.3 制作冰的凹凸质感

粗糙的冰和融化的冰的一个最重要区别就是它们表面的光滑度不同，粗糙冰材质的表面易塑性强，容易出现较深且槽口锐利的凹痕，因此其表面的粗糙效果是本章重点要表现的部分。

STEP 01 由于冰块的表面是凹凸不平的，因此这里需要给圆环体的凹凸项添加一个混合贴图，即让两种不同的凹凸效果混合在一起。到混合参数栏下给混合贴图的颜色#1指定一个烟雾贴图，并到贴图设置中将烟雾的大小值设为50。再给混合贴图的颜色#2指定一个凹痕贴图，并到凹痕参数栏下将大小值设为20，强度设为5，迭代次数设为10；将凹痕的颜色#2设为棕灰色，让凹痕的凹凸对比效果减弱一点。然后将混合贴图的混合量设为30，让两个贴图混合在一起，如图8-15所示。

STEP 02 渲染一帧，可以看到圆环体材质的表面产生了凹凸不平的效果，而且材质的折射效果也因凹凸贴图而产生了紊乱的效果。仔细观察，可以发现在高光部分有一些细小的孔，这是由凹痕贴图所造成的，如图8-16所示。

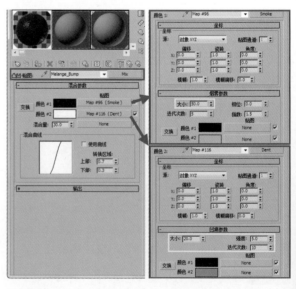

图8-15

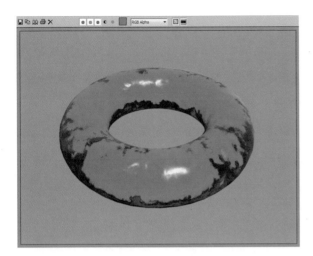

图8-16

注意： 冰块表面的凹凸效果是分两种情况的：一种是在冻结的情况下，冰块的表面会出现一些比较干硬的凹痕；另一种是冰块在融化过程中出现的，这种情况的冰块表面会显得较圆滑。

STEP 03 下面到圆环体表面制作一些干硬的凹痕。到贴图栏下给置换指定一个行星贴图，并到行星参数栏下设置行星表面的纹理效果，如图8-17所示。

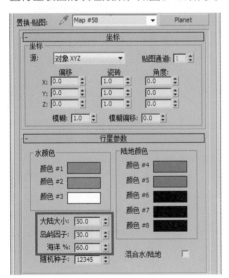

图8-17

STEP 04 渲染一帧，此时会发现圆环体产生了非常明显的置换效果，导致圆环体变得非常破碎，如图8-18所示。

STEP 05 到贴图栏下将置换值降低为1.5。这样，得到的效果就会好很多了，如图8-19所示。

STEP 06 到折射栏下将冰材质的折射率调整为1.3，得到的效果如图8-20所示。

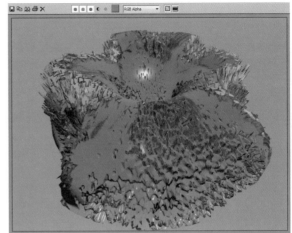

图8-18

注意： 冰的标准折射率为1.309。

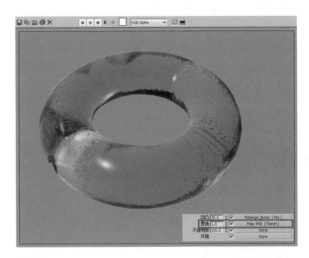

图8-19

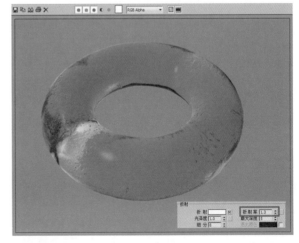

图8-20

STEP 07 在标准的冰块折射率设置下，圆环体的折射效果显得比较平淡。这里将折射率降低为0.7，这样，得到的冰块折射效果就会丰富很多，如图8-21所示。

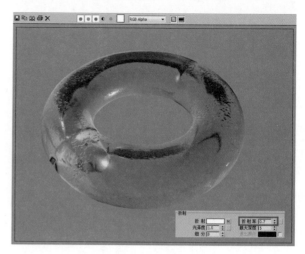

图8-21

8.4 处理环境

由于冰是一种具有折射效果的透明材质，因此它对环境的需求非常高，其光泽感和通透性都需要依靠环境和灯光来对其进行影响，这样，冰的质感才能淋漓尽致地展现出来。没有添加环境的冰材质效果和添加了环境后的冰材质效果的对比如图8-22所示。

图8-22

STEP 01 给场景添加一个环境贴图。按键盘上的数字键8，打开环境设置面板；到背景栏下给环境指定一个混合贴图。这里分别给混合贴图的颜色#1和颜色#2指定一个VR_HDRI贴图，并将混合量设为30，如图8-23所示。如果将混合量设为100，则混合贴图会完全显示为颜色#2的贴图。

STEP 02 下面分别对颜色#1和颜色#2的VR_HDRI贴图进行设置。虽然这两张图片是一样的，但它们的旋转角度和亮度都是不一样的，而且不同的设置所得到的环境照明效果也是不一样的。这里分别把两张HDRI贴图的整体倍增器值都加大到3以上，即提高环境的整体亮度，如图8-24所示。

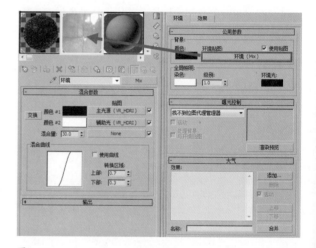

图8-23

注意： 该环境贴图的背景不是由一张图片组成的，而是由两张HDRI贴图所构成。

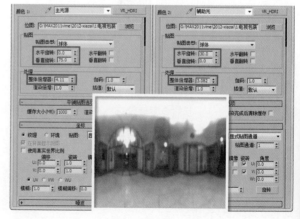

图8-24

STEP 03 从渲染效果中可以看到右图（添加了环境贴图后）的效果明显要比左图（添加了环境贴图前）的效果更明亮通透一些，如图8-25所示。

图8-25

STEP 04 继续调节冰块的整体纹理细节。到贴图栏下，给反射光泽度添加一个冰纹理贴图，并将贴图的参数设置保持为默认值，如图8-26所示。

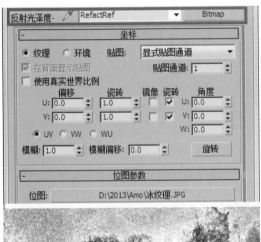

图8-26

STEP 05 渲染一帧，可以看到材质表面的光泽度发生了细微的变化，如图8-27所示。

STEP 06 调整冰材质的凹凸纹理，由于此时的冰块纹理过于平整了，下面要让它的表面纹理更加凹凸不平。到凹凸项的混合参数栏下，进入颜色#1的烟雾贴图参数面板中，将烟雾的大小值设为50，如图8-28所示。

图8-27

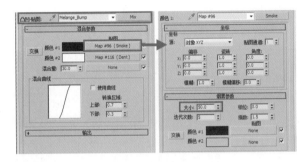

图8-28

STEP 07 此时可以看到冰材质的表面变得粗糙了很多，看起来更像干冰的质感了。但此时的场景中没有任何的灯光，因此材质会显得有点暗和脏，如图8-29所示。

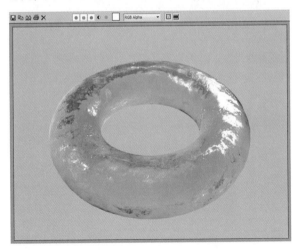

图8-29

STEP 08 到渲染面板的间接照明栏下勾选开启项，让场景产生全局光照的效果，如图8-30所示。

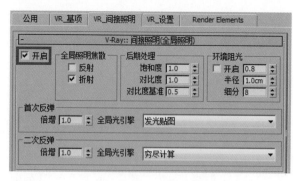

图8-30

图8-31

STEP 09 再渲染一帧，可以看到冰材质变得更加明亮干净了，但此时材质渲染的速度却慢了很多，如图8-31所示。

STEP 10 下面利用灯光来照亮场景。取消勾选间接照明项，到圆环体模型的四周分别创建三盏泛光灯，并保持三盏灯光的参数设置为默认值，如图8-32所示。

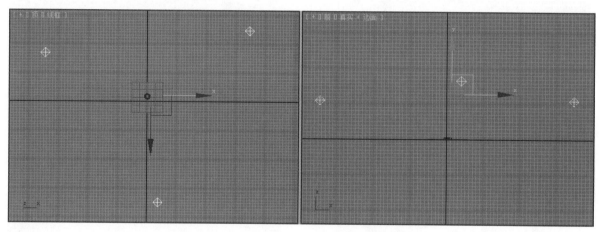

图8-32

STEP 11 此时，从渲染效果中可以看到冰材质比之前的效果更漂亮了，而且渲染速度也快了一些，如图8-33所示。

STEP 12 在圆环中间添加一个不同结构的茶壶模型，从渲染效果中可以发现茶壶盖的表面有大部分面积曝光过度了，如图8-34所示。

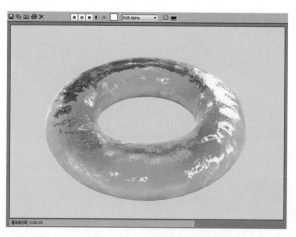

图8-33

图8-34

STEP 13 到环境贴图的混合贴图参数面板中，进入到颜色#1的VR_HDRI贴图参数面板，将整体倍增器值降低为2.31，如图8-35所示。

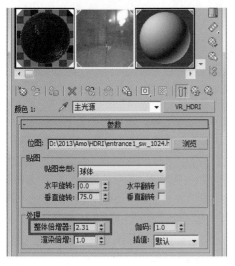

图8-35

图8-36

STEP 14 再次渲染，得到最终的冰材质效果，如图8-36所示。

STEP 15 将场景模型换成一座冰山，并将冰材质指定给冰山模型，同时根据冰山模型的结构来调整灯光的位置和大小，如图8-37所示。

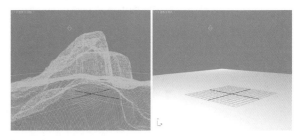

图8-37

STEP 16 最后渲染一帧，得到的冰山效果如图8-38所示。

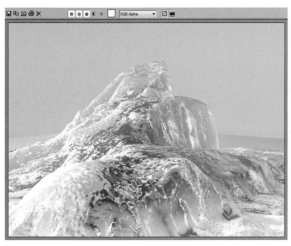

图8-38

第9章

水墨材质

本章内容
- ◆ 水墨材质分析
- ◆ 制作基本的水墨材质效果
- ◆ 处理水墨的细节

9.1 水墨材质分析

　　水墨是由墨色的焦、浓、重、淡、清所形成的丰富变化效果，可用于表现各种对象，有着独特的艺术效果。其特点是：明暗对比鲜明，墨色中有着微妙、丰富的变化效果，其画面的意境也非常丰富。水墨材质可由3ds Max的标准材质制作而成，这里主要利用衰减贴图来对水墨笔触进行处理。由于水墨笔触有着丰富的变化效果，因此在进行材质处理时，会使用到多层的衰减贴图来进行重叠处理。本章的水墨材质效果如图9-1所示。

图9-1

9.2 制作基本的水墨材质效果

　　处理水墨材质的第一步是将对象的基本明暗关系用黑白灰体现出来，再在黑白灰的各层次中分别对它们进行细节的处理，它不像水墨画那样只用笔触就可以将各种细节一步到位地描绘出来。具有基本明暗关系的水墨材质效果如图9-2所示。

图9-2

STEP 01 导入模型到场景中，该模型是一座水上荷花组模型，如图9-3所示。

图9-3

STEP 02 该荷花组模型是在一个半圆柱内部的水面上设置一个平面后编辑而来的（在平面上添加一个编辑多边形修改器）；再调整平面上的顶点，让平面有一个凹凸起伏的效果。如图9-4所示。

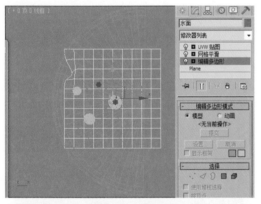

图9-4

STEP 03 设置水墨材质。指定一个标准材质球给所有模型；到基本参数栏下将自发光设为100；再到反射高光栏下给材质设置一个微弱的效果，将该栏下的高光级别设为19，光泽度设为17。此时，得到的材质效果过于灰白了，如图9-5所示。

图9-5

STEP 04 调整材质的颜色。给漫反射颜色添加一个衰减贴图，并到衰减贴图的混合曲线栏下调整曲线，让衰减颜色有一条较清晰的黑白界线；再分别给前、侧两个部分添加一个衰减贴图。此时，模型材质的颜色马上变深了很多，如图9-6所示。

图9-6

STEP 05 继续设置衰减贴图前部分的衰减参数。这里将衰减类型设为阴影/灯光项，并调整混合曲线的节点，让渐变的颜色产生丰富的层次效果，如图9-7所示。

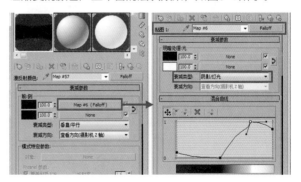

图9-7

注意： 混合曲线需要不断地结合渲染结果来进行具体的设置。

STEP 06 渲染一帧，此时可以看到材质的颜色渐变有一条较明确的分界线，整个画面黑白灰的层次效果也比较分明了，而且材质的边缘也有一个明显的黑边效果，但此时材质的暗部有点过多了，如图9-8所示。

图9-8

STEP 07 设置衰减贴图侧部的衰减效果，这里将其混合曲线也设置成一个黑白分界线较明显的衰减效果，如图9-9所示。

STEP 08 再次渲染一帧，可以看到材质的暗部整体都被提亮了，而且基本的水墨黑白效果也渲染出来了，如图9-10所示。

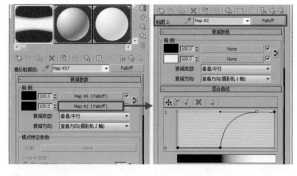

图9-9

图9-10

9.3 处理水墨的细节

水墨细节的处理是在基本明暗关系的基础上，利用衰减贴图对各个明暗层次进行细节的添加。这里利用多层的衰减贴图来进行重叠处理，并深入、细微地对水墨的细节进行描绘，如图9-11所示。

图9-11

STEP 01 下面对水墨效果进行细节处理，给材质的黑白部分增添一个水墨晕开的效果。进入前部分的衰减贴图设置面板，给黑色添加一个大理石贴图；再到大理石参数栏下将纹理的大小值设置为150，级别设为10，如图9-12所示。

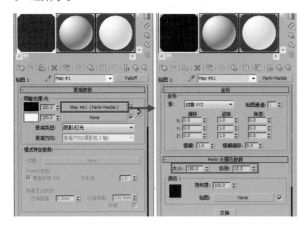

图9-12

STEP 02 渲染一帧，此时可以看到水墨材质的暗部出现晕染的效果了，这是由大理石纹理所导致的，如图9-13所示。

图9-13

STEP 03 给前部分衰减贴图的白色添加一个烟雾贴图，并到烟雾参数栏下将大小值设为40，让水墨材质的白色部分也产生丰富的细节变化效果，如图9-14所示。

STEP 04 再次渲染一帧，可以发现虽然水墨材质的白色部分增加了很多细节效果，但材质整体却变暗了很多，如图9-15所示。

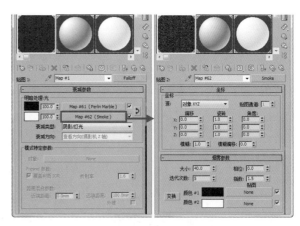

图9-14

图9-15

STEP 05 回到烟雾参数栏，将烟雾的黑色和白色交换一下。这样，水墨材质白色部分的效果就恢复到之前的亮度了，如图9-16所示。

图9-16

STEP 06 整体渲染一帧，可以看到虽然水墨材质的黑白部分有了一些细节的变化，但材质的整体效果还是过于平淡了，如图9-17所示。

图9-17

STEP 07 下面将黑白部分的细节对比效果加强。到贴图栏下，给凹凸项添加一个混合贴图，再给混合贴图的颜色#1添加一个大理石贴图，并到大理石参数栏下将大小值设为50，如图9-18所示。

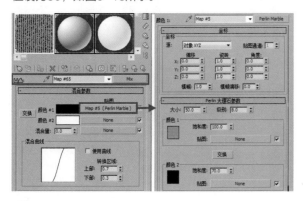

图9-18

STEP 08 此时，可以看到水墨材质的黑白部分变得清晰了，但黑白部分也出现了非常强烈的纹理效果，过于强烈的纹理会导致模型的边缘不够清晰，如图9-19所示。

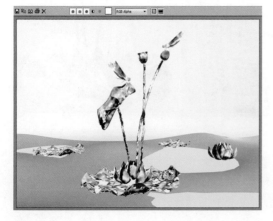

图9-19

STEP 09 到混合参数栏下给混合量添加一个混合贴图，让颜色#1的大理石贴图与颜色#2的白色有一个混合的效果，如图9-20所示。

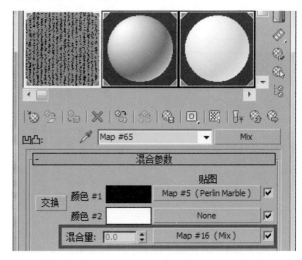

图9-20

STEP 10 此时的渲染效果和之前的效果是一样的，这是因为没有设置混合材质的混合量所导致的，如图9-21所示。

图9-21

STEP 11 进入混合参数栏，将混合量设为50，此时可以发现之前过于强烈的纹理效果已经减淡了许多。这样，水墨材质的细节便得到进一步的修饰了，如图9-22所示。

STEP 12 放大水墨材质的细节效果，此时可以看到虽然水墨效果有了较好的体现，但还是缺乏一定的真实感。水墨应该要有笔触效果的，因此下面还需要给水墨添加一个笔触效果，如图9-23所示。

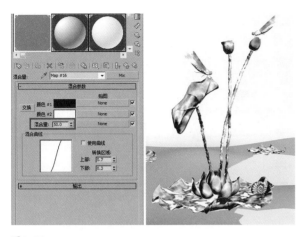

图9-22

图9-23

STEP 13 到混合量的混合参数栏下，给颜色#1添加一个噪波贴图。到坐标栏下将噪波x轴和y轴的瓷砖数值都设为0，并将z轴的角度值设为45°，再到噪波参数栏下将大小值设为1，如图9-24所示。

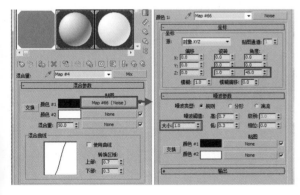

图9-24

STEP 14 渲染一帧，可以看到水墨材质的表面出现拉丝的效果了，也就是水墨材质表面的大理石纹理产生拉伸

的效果了，如图9-25所示。

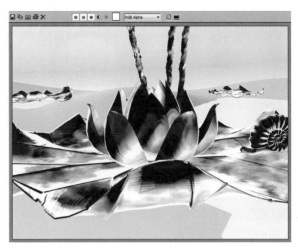

图9-25

STEP 15 给白色部分添加一个噪波效果，其相关参数的设置和黑色部分的噪波效果的设置是一样的，如图9-26所示。

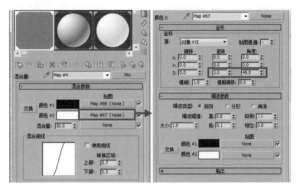

图9-26

STEP 16 再次渲染，可以看到水墨的笔触效果更强了。至此，水墨材质就已经基本制作完成了，如图9-27所示。

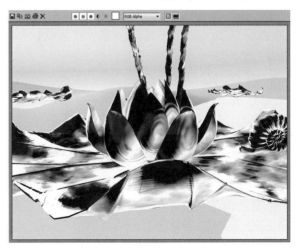

图9-27

STEP 17 下面给水墨水面也设置一个水墨材质。将水墨材质复制一个，如图9-28所示。

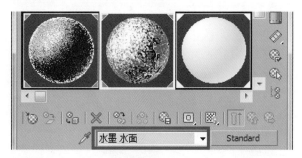

图9-28

STEP 18 调整复制后所得到的水墨材质，这里主要减少水墨的细节。进入漫反射颜色的衰减贴图设置面板，删除侧部的衰减贴图，再进入前景衰减贴图的设置面板，取消烟雾贴图明暗处理的勾选，如图9-29所示。

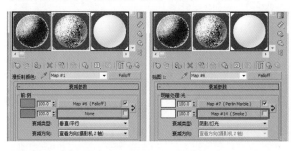

图9-29

STEP 19 进入大理石参数栏，将大理石的大小值设为1000（加大纹理的大小值可以减少材质的细节）。同时将大理石暗部的颜色1设为灰色，让水面的颜色整体偏亮，如图9-30所示。

图9-30

STEP 20 进入凹凸项的混合贴图设置面板，将颜色#1的大理石参数栏下的大小值设为200，如图9-31所示。

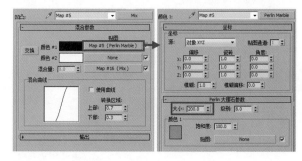

图9-31

STEP 21 再次进入混合贴图设置面板，分别将两个颜色的噪波贴图大小值设为100，如图9-32所示。

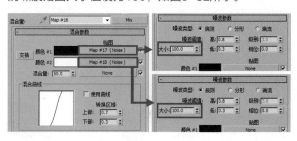

图9-32

STEP 22 最后，将水面材质的不透明度设为50，得到最终的水面水墨效果，如图9-33所示。

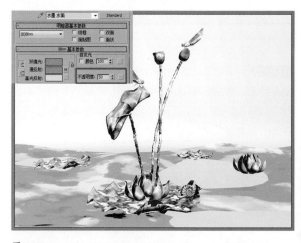

图9-33

至此，整个水墨材质就已经制作完成了。

第10章

素描材质

本章内容
- ◆ 素描材质分析
- ◆ 制作荷花的素描材质
- ◆ 制作水面的素描材质

10.1 素描材质分析

　　素描材质是一种以线条笔触为主的材质，在制作素描效果时，通常弱化亮部，加强暗部，并提高高光来细化出纹理效果。素描材质的制作方法有很多，可以用素描笔触贴图来模拟素描效果，但该效果的缺点是笔触贴图很难与模型结构相吻合；还可以直接在材质中调节笔触的效果来模拟出素描效果，该效果的制作难度是要分别对明暗部分的笔触进行处理，并且让笔触描绘出来的对象保持立体效果。本章重点对第二种制作方法进行介绍。本章的素描材质效果如图10-1所示。

图10-1

10.2 制作荷花的素描材质

　　荷花的素描材质的制作主要使用了3ds Max的标准材质，其制作方法是先将材质的基本明暗关系表现出来，再到材质表面添加颗粒效果，然后对颗粒感进行拉伸处理，使其产生线条的效果。如果想让最终的渲染效果更有素描的艺术氛围，可以在后期给画面设置一层真实素描的笔触效果，这样，荷花的素描效果会更加真实，如图10-2所示。

图10-2

STEP 01 导入上一章节中的水墨材质模型到场景中，如图10-3所示。

图10-3

STEP 02 给荷花组模型指定一个标准材质球，并将自发光颜色的数值设为100，让材质以一种单色效果呈现出来，如图10-4所示。

图10-4

STEP 03 给漫反射颜色添加一个衰减贴图，改变材质的

单色效果，让漫反射颜色有一个简单的明暗效果。将衰减类型设为阴影/灯光，并调整混合曲线，在曲线的中间添加一个节点，让其呈凸起的形状。这样，材质的整体效果就会偏亮一点，如图10-5所示。

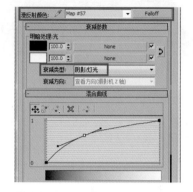

图10-5

STEP 04 渲染一帧，可以看到荷花组模型呈现出一个清淡的白膜质感效果，如图10-6所示。

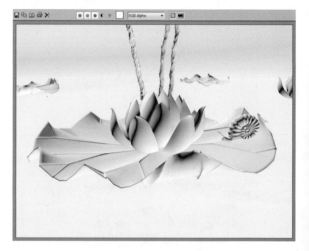

图10-6

STEP 05 调整材质的颜色细节。给衰减的暗部再添加一个衰减贴图，并将衰减贴图的前：侧下面的黑色和白色交换过来。再到混合曲线栏下调整混合曲线，稍微提亮一下暗部的颜色，如图10-7所示。

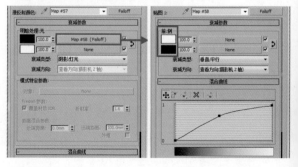

图10-7

STEP 06 再次渲染一帧，此时可以看到整个模型的材质变得非常白亮了，暗部也变得非常少了，但这样却导致材质的细节都看不到了，如图10-8所示。

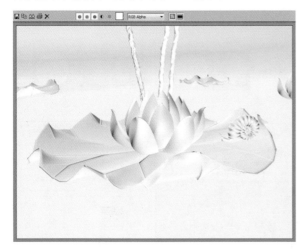

图10-8

STEP 07 进入暗部的贴图设置面板，到衰减参数栏下给前部分的白色添加一个衰减贴图，让之前过于白亮的材质效果多一点细节。再次调整混合曲线，保持材质的亮度，避免材质太暗了，如图10-9所示。

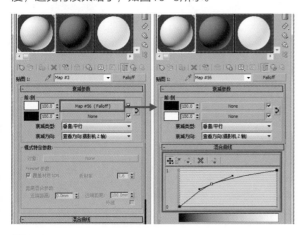

图10-9

STEP 08 渲染一帧，此时可以看到模型的阴影部分出现丰富的细节了。从蜗牛模型的渲染效果图中可以更清楚地看到阴影的细节变化，如图10-10所示。

STEP 09 回到漫反射颜色的衰减贴图设置面板，到衰减参数栏下给白色添加一个衰减贴图，暂时保持衰减贴图的参数值为默认设置，如图10-11所示。

STEP 10 此时可以看到材质的渲染效果显得非常的暗淡，如图10-12所示。

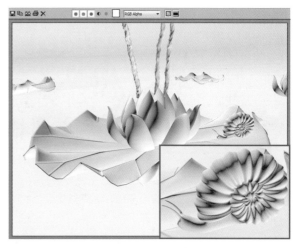

图10-10

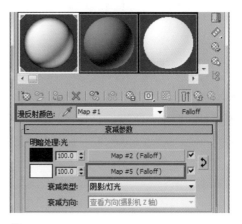

图10-11

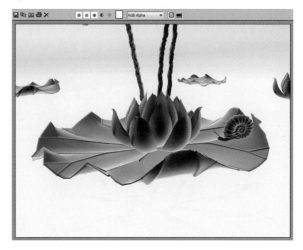

图10-12

STEP 11 进入白色衰减贴图的设置面板，将衰减参数栏下的黑色和白色交换过来。这样，材质的颜色就会显得更加明亮一点，但此时的亮度还不能达到理想的效果，如图10-13所示。

图10-13

STEP 12 调整衰减贴图的混合曲线，提高材质颜色的明暗对比关系至如图10-14所示。

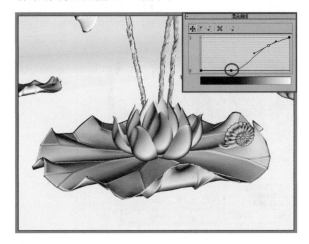

图10-14

STEP 13 将混合曲线的第二个节点往右移，直到曲线图表下方的颜色条出现黑白分明的分界线为止。此时，渲染效果中的黑白关系是非常生硬的，整体的画面效果会有点像版画效果，如图10-15所示。

图10-15

STEP 14 到白色衰减贴图的衰减参数栏下，给侧部分的黑色添加一个渐变贴图，并对渐变贴图的参数进行设置。将贴图的U、V轴上的瓷砖数值都设为450，再到渐变参数栏下将渐变类型设为径向。这样，整个渐变效果就会呈圆点状分布，如图10-16所示。

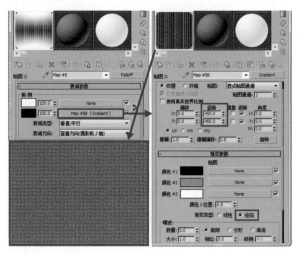

图10-16

STEP 15 渲染一帧，可以看到模型斜侧面部分的材质是呈点状效果的，看起来有点像是笔在有颗粒质感的纸上涂抹后的效果，但这种颗粒质感还不够强，如图10-17所示。

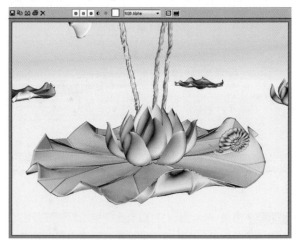

图10-17

STEP 16 到贴图栏下给凹凸项添加一个混合贴图，该贴图的作用主要是为了加深素描的线条以及让整体画面有一种像是在素描纸上的效果（素描纸的纸面粗糙且有细小的孔隙），如图10-18所示。

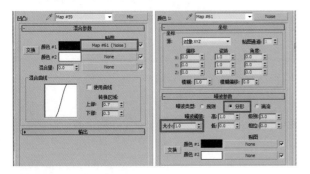

图10-18

STEP 17 进入凹凸贴图的设置面板，到混合参数栏下给颜色#1添加一个噪波贴图，并到噪波参数栏下将噪波类型设为分形，大小值设为1，如图10-19所示。

图10-19

STEP 18 从此时的渲染效果图中可以看到虽然材质的颗粒质感出来了，但线条感还是没有渲染出来，如图10-20所示。

图10-21

STEP 20 如果将x轴和y轴的瓷砖数值都设为0，那么模型材质就会产生很强硬的拉丝效果，如图10-22所示。这里建议不要采用此方法。

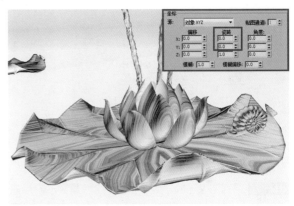

图10-22

STEP 21 调整线条的角度。到噪波贴图的坐标栏下将z轴的角度设值为45，此时可以看到线条效果减淡了，如图10-23所示。

图10-20

STEP 19 到噪波贴图的坐标栏下，将x轴的瓷砖数值设为0。这样，材质就会产生一种拉丝的效果，这种效果可以很好地模拟出笔触的感觉，如图10-21所示。

图10-23

STEP 22 此时，虽然画面的素描效果已经渲染出来了，但线条感还是不够强烈，这里需要继续调整素描效果。到混合参数栏下，将颜色#1中的噪波贴图复制给颜色#2，并将混合量设为50，如图10-24所示。

图10-24

STEP 23 由于颜色#2的噪波贴图和颜色#1的噪波效果是一样的，因此可以得知渲染效果中的两种颜色的噪波一定是重叠在一起了。这里将颜色#2噪波贴图的z轴角度值设为-45，让其与颜色#1中的噪波贴图交叉放置，并将y轴的瓷砖数值设为0，如图10-25所示。

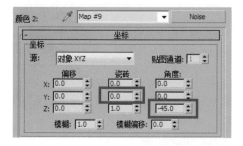

图10-25

STEP 24 再次渲染一帧，可以看到一个较真实的素描效果出来了，不过材质表面的线条有点过于明显了，如图10-26所示。

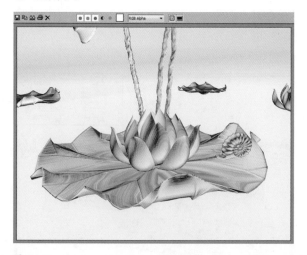

图10-26

STEP 25 到坐标栏下将第二个噪波的y轴瓷砖数值加大到0.05，稍微减弱噪波的拉丝效果的强度，得到的效果如图10-27所示。

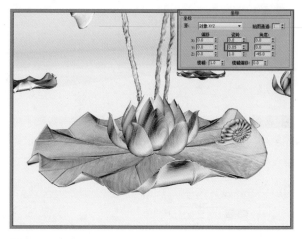

图10-27

STEP 26 回到贴图栏，将凹凸值减小到10，再次减弱线条的强度。此时，模型的整体效果显得更加真实漂亮了，如图10-28所示。

图10-28

10.3 制作水面的素描材质

　　水面的素描效果是在荷花材质的基础上进行处理而得来的，由于水面的结构比较平坦，因此其素描效果也显得比较轻柔，细节也没有那么丰富，但其整体的亮度较高，如图10-29所示。

图10-29

STEP 01 给水面也制作一个素描材质。这里要将水面处理成一种平静轻柔的效果。给水面指定一个标准材质，到基本参数栏下将自发光颜色设为100，再给漫反射颜色添加一个衰减贴图，如图10-30所示。

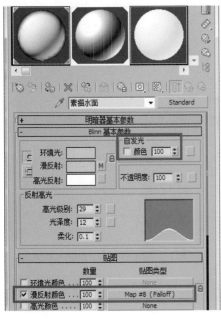

图10-30

注意： 水面的素描效果与荷花组模型的素描效果是不一样的，它没有荷花组模型那么多的细节要进行处理。

STEP 02 进入衰减参数栏，将侧部的白色改为深灰色，并将混合曲线调整为如图10-31所示。

图10-31

STEP 03 渲染一帧，可以发现水面部分变成了一片黑色，如图10-32所示。

图10-32

STEP 04 给漫反射颜色衰减贴图的前部分也添加一个衰减贴图，并到衰减参数栏下将衰减类型设为阴影/灯光，如图10-33所示。

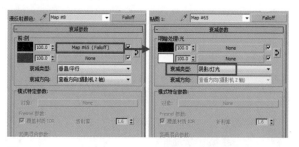

图10-33

STEP 05 进入第二次添加的衰减贴图的设置面板，给黑色添加一个大理石贴图。到大理石参数栏下将大小值设为200，并分别将两个颜色设为白色和浅灰色，如图10-34所示。

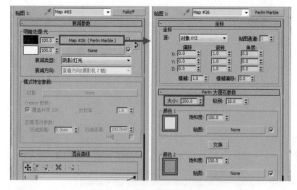

图10-34

STEP 06 再次渲染，可以看到水面变得非常白亮了，但此时的水面效果并没有素描效果的线条感，如图10-35所示。

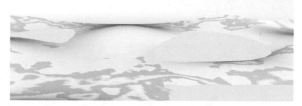

图10-35

STEP 07 处理素描的效果。分别给大理石的两个颜色添加一个渐变贴图；将U、V轴上的瓷砖数值都设为550，并到渐变参数栏下将渐变类型设为径向，如图10-36所示。

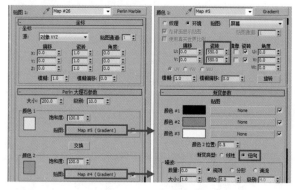

图10-36

STEP 08 从此时的渲染效果图中可以看到整个材质效果是呈圆点状分布的，完全没有素描效果该有的明亮关系，如图10-37所示。

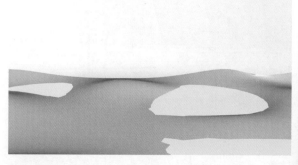

图10-37

STEP 09 将刚才设置好的漫反射颜色的衰减贴图复制给凹凸贴图，并将贴图栏下的凹凸值设为-15。这样，材质表面就会出现轻微的明亮效果，但从整体上看还是略微偏灰了，如图10-38所示。

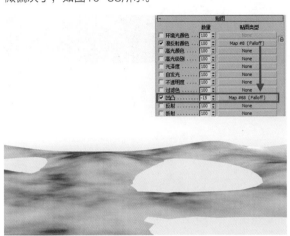

图10-38

STEP 10 将衰减贴图再复制给反射项，并将贴图栏下的反射值设为40。这样，一个清淡的水面素描效果就制作完成了，如图10-39所示。

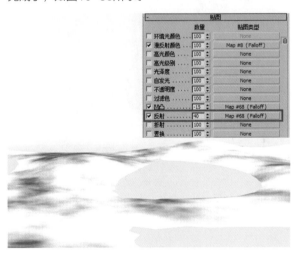

图10-39

STEP 11 最后进行渲染，最终得到的材质素描效果如图10-40所示。

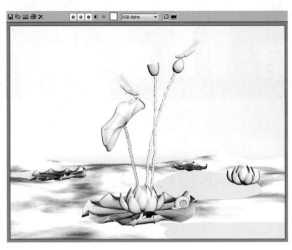

图10-40

第11章

水彩材质

本章内容
- ◆ 水彩材质分析
- ◆ 制作荷花的水彩材质
- ◆ 制作水面的水彩材质

11.1　水彩材质分析

　　水彩的质感和水墨质感很相似，但是水彩的笔触效果要比水墨的更加平滑柔和、色彩更丰富（本章中的水彩仅使用了一种色系来进行表现）、画面更清淡。水彩效果表现的重点是色彩与色彩之间的融合表现，这说明了水彩的透明度非常高。当色彩发生重叠时，下层的颜色会透射到上层，从而形成多种色彩融合的效果。因此，水彩材质具有很强的表现力，它能产生透明酣畅、淋漓清新、幻象多变的视觉效果。本章的水彩材质效果如图11-1所示。

图11-1

11.2　制作荷花的水彩材质

　　荷花的水彩材质是利用3ds Max的标准材质制作而成的，其制作方法是先使用衰减贴图调出材质的基本明暗关系，再分别给明暗部分添加纹理贴图，模拟色彩之间相互融合的效果。

STEP 01 导入模型到场景中，该模型和之前制作水墨材质、素描材质的模型是一样的，也是一个荷花组模型，如图11-2所示。

图11-2

STEP 02 指定一个标准材质球给场景元素，并到贴图栏下给漫反射颜色添加一个衰减贴图，再到衰减参数栏下将前：侧下面的两个颜色设为米黄色和黑色，如图11-3所示。

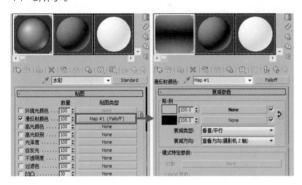

图11-3

STEP 03 渲染一帧，此时可以看到朝向镜头的面都是呈米黄色的，越往两侧的面越显黑色，如图11-4所示。

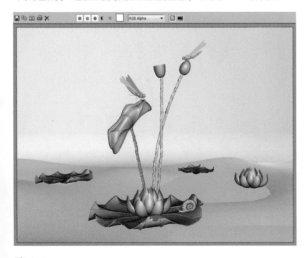

图11-4

STEP 04 调整材质的颜色。到衰减参数栏下给米黄色添加一个衰减贴图；再进入衰减贴图的设置面板，给黑色添加一个大理石贴图，然后到大理石参数栏下将大小值设为500，并分别将两个颜色设置成米黄色和橘红色，如图11-5所示。

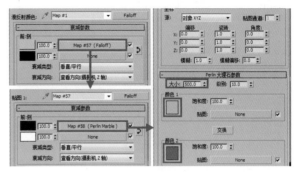

图11-5

STEP 05 再次渲染一帧，可以看到模型米黄色的部分掺杂了一些橘红色，而且两个颜色是相互随机地融合在一起的，整个颜色效果看起来非常融洽、舒服。但此时的暗色部分却显得比较黑，如图11-6所示。

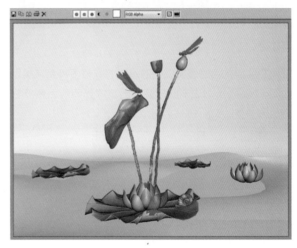

图11-6

STEP 06 调整暗色部分的颜色。到漫反射颜色衰减贴图的衰减参数栏下，给黑色添加一个衰减贴图，再到其参数栏下分别将衰减的两个颜色设为棕色和白色，如图11-7所示。

STEP 07 此时可以看到暗色部分被提亮了，但由于是在场景默认的灯光照射下，因此整体的画面显得比较灰，如图11-8所示。

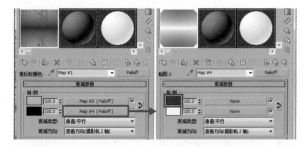

图11-7

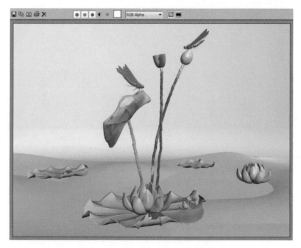

图11-10

图11-8

STEP 08 到黑色的衰减贴图的衰减参数栏下将衰减类型设为阴影/灯光,让该部分模拟出被灯光照射后所产生的阴影效果,如图11-9所示。

图11-9

STEP 09 渲染一帧,此时可以发现之前的灰色部分出现明暗层次感了,如图11-10所示。

STEP 10 调整整个漫反射颜色的色彩效果。到漫反射颜色衰减贴图的混合曲线栏下,将曲线形状调整成如图11-11所示。

STEP 11 此时,暗色部分会再次减少,而亮色部分的色彩则会稍微增多,如图11-12所示。

STEP 12 如果将混合曲线调整成与刚才相反方向的形状,会看到暗色部分增多了,相反地,彩色部分却减少了,如图11-13所示。

图11-11

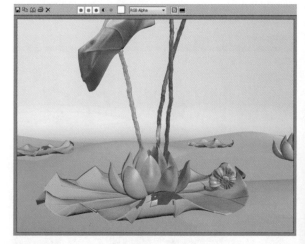

图11-12

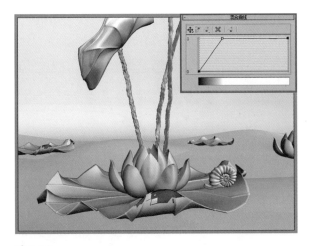

图11-13

STEP 13 给暗色部分添加一些色彩的变化效果。到贴图栏下给凹凸项添加一个混合贴图，再到混合贴图的混合参数栏下给颜色#1添加一个大理石贴图，如图11-14所示。

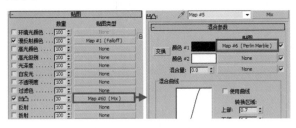

图11-14

STEP 14 保持大理石贴图的参数值为默认设置，可以看到模型的暗色部分出现了一些色彩的变化效果。但此时的色彩看起来比较脏，甚至影响了亮色部分的色彩，如图11-15所示。

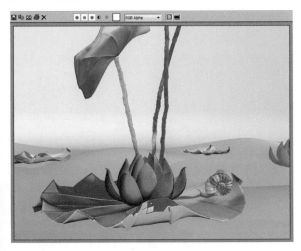

图11-15

STEP 15 减少大理石的纹理。到大理石参数栏下将大小

值设为50，并分别将两个颜色设置成米黄色和橘红色，如图11-16所示。

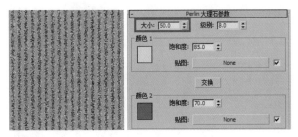

图11-16

STEP 16 再次渲染一帧，可以发现暗色部分出现了色彩的变化，但色彩中的大理石纹理显得比较生硬和凌乱，看起来有点像腐烂的效果，如图11-17所示。

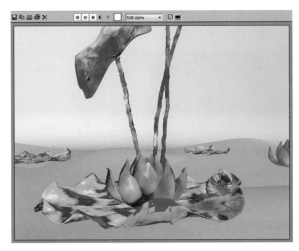

图11-17

STEP 17 继续调整暗色部分的色彩关系。到凹凸项的混合贴图的混合参数栏下，将混合量设为50。这样，颜色#1中的大理石纹理便会和颜色#2的白色进行混合了，如图11-18所示。

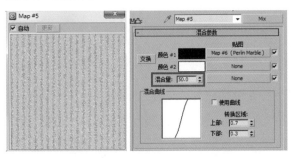

图11-18

STEP 18 从下面的混合对比效果图中可以看到，暗色部分的大理石纹理在进行混合后，效果变得更加明亮、清淡了一些，但其色彩感还是不够强，如图11-19所示。

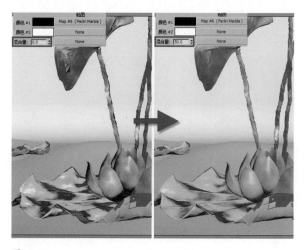

图11-19

STEP 19 到贴图栏下将漫反射颜色的衰减贴图复制给反射贴图，如图11-20所示。

图11-21

注意： 如果觉得暗部的色彩过于强烈，可以调整大理石的色彩，也可以加大混合量。这样，整个色彩就会变得更加白亮了。

图11-20

11.3 制作水面的水彩材质

水面的水彩材质是由荷花的水彩材质复制而来的，两者的区别是水面的水彩纹理比荷花的水彩纹理要更大、更清淡，如图11-22所示。

图11-22

STEP 01 将刚才的水彩材质指定给水面部分，此时会发现水面显得非常凌乱，如图11-23所示。

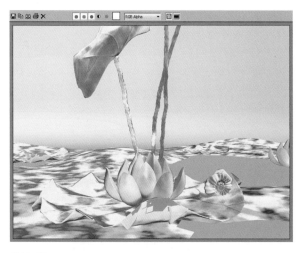

图11-23

STEP 02 下面调整水面部分的材质。将水彩材质复制一个；再到凹凸项的混合参数栏下调整颜色#1的大理石贴图。这里将大理石参数栏下的大小值设为250，如图11-24所示。

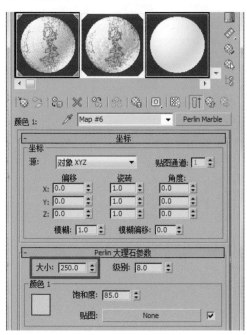

图11-24

STEP 03 再次渲染一帧，此时可以看到水面部分的纹理变得简洁了很多，但其颜色显得有点太深了，如图11-25所示。

图11-25

STEP 04 进入漫反射颜色衰减贴图的衰减参数栏，将其混合曲线上的第二个节点往右平移。这样，衰减贴图中黑色部分的衰减贴图的强度就会减弱了，如图11-26所示。

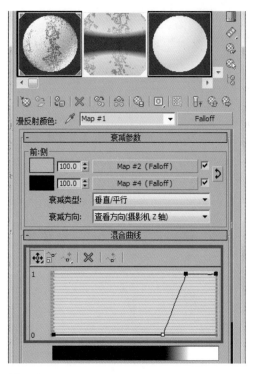

图11-26

STEP 05 从渲染效果图中可以看到水面的暗色部分确实已经减淡了，但此时水面的色彩仅仅是由两个颜色组成的，而且这两个颜色之间没有过渡效果，这样导致了水面的整体效果不够柔和，如图11-27所示。

图11-27

STEP 06 进入漫反射颜色衰减贴图的设置面板；再进入米黄色的衰减贴图大理石参数栏下，将黑色部分的大理石纹理的大小值加大到1000，如图11-28所示。

图11-28

STEP 07 此时，可以看到水面部分的色彩多了一些层次感，也就是说之前的两个色彩之间多了一个过渡色，它让水面的色彩效果变得更加柔和了，如图11-29所示。

图11-29

STEP 08 单独显示水面部分，可以发现水面的色彩是比较灰的，如图11-30所示。

图11-30

STEP 09 到漫反射颜色的衰减参数栏下调整黑色的衰减贴图，将该衰减贴图中的棕色调得更加鲜亮一点，如图11-31所示。

图11-31

STEP 10 再次渲染，可以看到水面部分的色彩变得更加柔和了，如图11-32所示。

图11-32

STEP 11 最后回到标准材质面板的基本参数栏，再次将整个水彩材质的不透明度降低到25。这样，水面部分的水彩效果就会更加准确漂亮了，如图11-33所示。

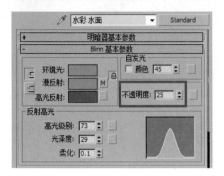

图11-33

STEP 12 至此，水彩材质便已经制作完成了。最终得到的水彩材质效果如图11-34所示。

图11-34

第 **12** 章

陶瓷材质

本章内容
- ◆ 材质分析
- ◆ 制作陶瓷材质

12.1　材质分析

本章主要介绍两种陶瓷材质的制作。这两种材质分别是粗陶材质和光亮陶瓷材质，如图12-1所示。

材质共性：都是由陶土炼制而成。

材质区别：表面的光滑度、反射强度和光泽感都有着较大的区别。

图12-1

12.2　制作陶瓷材质

陶瓷材质是一种上了釉的光亮陶瓷质感，其表面光滑无杂质，而且具有很强的反射效果。由于其表面覆盖了一层非常光亮的釉面材质，因此它比一般的陶瓷材质要更坚硬一点。由于该材质有着漂亮的外表，能给人一种更加明亮、舒服的感觉，因此它被广泛地应用于影视包装中，如图12-2所示。

图12-2

STEP 01 导入模型到场景中，这是一个人像雕塑模型，如图12-3所示。

图12-3

STEP 02 到渲染面板将渲染器类型设为VR渲染器，并让参数暂时保持为默认设置，如图12-4所示。

图12-4

STEP 03 到材质面板指定一个VRayMtl材质给人像雕塑；再到漫反射栏下将漫反射颜色设为淡淡的米黄色，并到反射栏下将反射颜色设为深灰色，如图12-5所示。

图12-5

STEP 04 为了让材质看起来有一点光泽感，这里到反射栏下单击高光光泽度右边的锁按钮，启用高光光泽度选项，并将高光光泽度设为0.8，如图12-6所示。

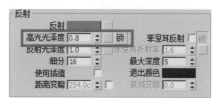

图12-6

STEP 05 渲染一帧，此时可以看到一个基本的反射光面材质已经渲染出来了，但该材质效果与我们想要的光亮陶瓷质感还有很大的区别，如图12-7所示。

图12-7

STEP 06 给材质设置颜色。材质颜色的设置有多种方法，这里介绍三种常用的方法，其中第一种方法是利用材质的漫反射颜色来设置材质的颜色。这里将漫反射栏下的漫反射颜色设置为绿色，如图12-8所示。

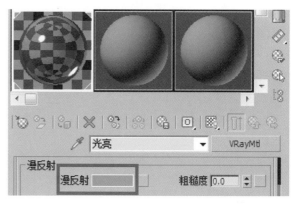

图12-8

STEP 07 渲染一帧，可以看到此时材质的绿色质感比之前的灰色质感漂亮了许多，如图12-9所示。

图12-9

STEP 08 第二种方法是利用反射颜色来设置材质的颜色。到反射栏下将反射颜色设置为绿色，此时会发现材质球的颜色显示为紫色了，这是由于此时材质的颜色除了受到反射颜色影响以外，还受到了漫反射颜色的影响，如图12-10所示。

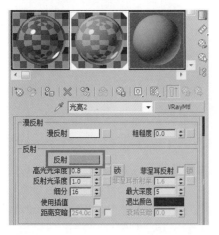

图12-10

STEP 09 这里将漫反射颜色设为黑色，可以看到刚才材质球上的紫色消失了，如图12-11所示。

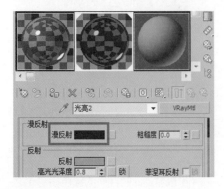

图12-11

STEP 10 此时渲染一帧，可以看到材质的颜色变成黑色了，只有反射部分为绿色调。这说明了利用第二种方法得到的材质颜色并不是很理想，如图12-12所示。

图12-12

STEP 11 第三种方法依然是利用漫反射颜色来影响材质表面的颜色，与第一种方法不同的是，这种方法是给漫反射指定一张贴图，通过贴图的颜色来影响材质的颜色。这种方法得到的颜色效果要比第一种方法得到的效果更加细腻、更有光泽感，如图12-13所示。

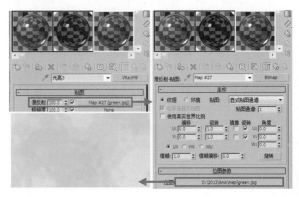

图12-13

STEP 12 渲染一帧，可以看到此时的材质质感似乎和用第一种方法得到的效果差不多，但通过仔细观察还是会发现它们之间是有细微的区别的，它们的区别会在后面进行对比介绍，如图12-14所示。

STEP 13 到贴图栏下给反射添加一个衰减贴图，让材质的反射有一个衰减效果。到衰减贴图设置面板的混合曲线栏下将曲线调节为向下凹的弧线，如图12-15所示。

STEP 14 再次渲染一帧，可以看到材质表面的反射效果减弱了很多，而且表面的高光随着反射效果的减弱也降低了一点，如图12-16所示。

图12-14

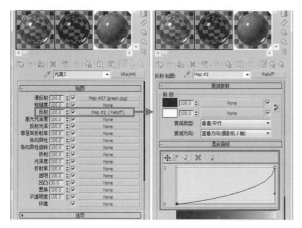

图12-15

图12-16

STEP 15 给场景添加灯光。这里分别在人像雕塑的两边各创建一处VR_光源，到选项栏下取消勾选左边的灯光的投射阴影选项，只让右边的灯光对人像雕塑产生阴影，如图12-17所示。

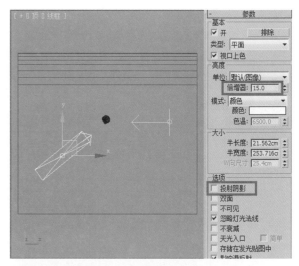

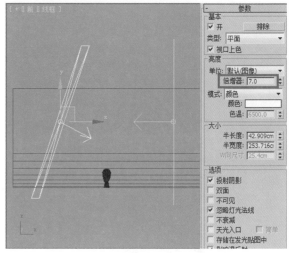

图12-17

STEP 16 此时，可以看到人像雕塑在灯光的GI全局照明的影响下变得更加有质感了，如图12-18所示。

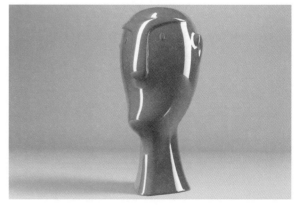

图12-18

STEP 17 给材质添加环境反射，让其表面的反射效果更加丰富。到渲染面板的环境栏下勾选开启反射/折射环境覆盖项，并给其添加一个VR_HDRI贴图；再将该HDRI贴图拖到材质编辑器中；然后指定一张HDR贴图来作为环境反射贴图，如图12-19所示。

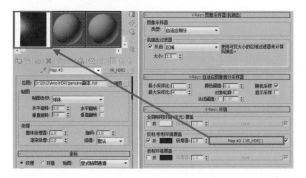

图12-19

STEP 18 渲染一帧，此时可以看到人像雕塑的表面有更丰富的环境反射效果了，如图12-20所示。

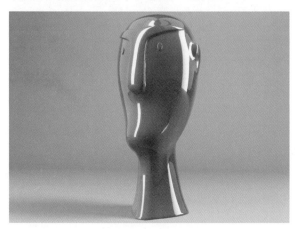

图12-20

STEP 19 到渲染面板的间接照明栏下勾选开启项，并到发光贴图栏下将当前预置设为低，如图12-21所示。

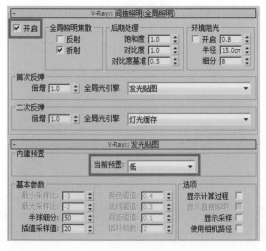

图12-21

STEP 20 下面分别使用两种不同的颜色设置方法来渲染材质，从得到的材质球效果来看，无论是颜色还是反射效果，两个材质球的效果几乎都是一样的，如图12-22所示。

使用漫反射颜色　　　　　使用漫反射贴图

图12-22

STEP 21 通过对比渲染结果，可以看到使用漫反射颜色得到的材质颜色有点过于饱和了，也就是说其颜色在过强的光照影响下，整体出现了色溢的现象；而使用反射颜色贴图所得到的材质颜色却显得很饱满，如图12-23所示。

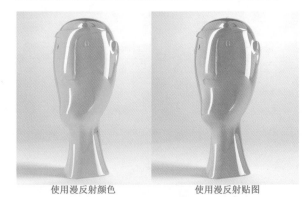

使用漫反射颜色　　　　　使用漫反射贴图

图12-23

STEP 22 此时，场景的亮度过于亮了。下面回到灯光参数面板，将左边的灯光的倍增器值降低到5，如图12-24所示。

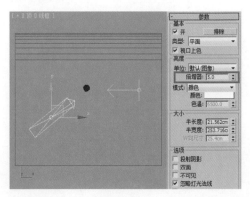

图12-24

STEP 23 此时得到的材质效果比之前的效果要稳重得多，但场景却变得有点暗了，如图12-25所示。

图12-25

STEP 24 到渲染面板的环境栏下将反射/折射环境覆盖的HDRI贴图复制给全局照明环境（天光）覆盖，如图12-26所示。

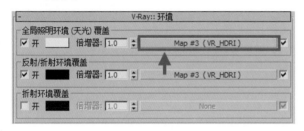

图12-26

注意： 全局照明环境（天光）覆盖栏中的贴图只有在开启了全局照明项的前提下才会对场景有影响。

STEP 25 最后渲染一帧，此时可以看到场景被大幅度地提亮了，但材质却没有因为环境光的影响而出现材质曝光的现象。这是因为天光是一种柔和的环境光，它不像灯光，灯光的照射范围具有局限性。这样，一个漂亮的光亮陶瓷质感便基本制作完成了，如图12-27所示。

STEP 26 给光亮陶瓷的表面添加一个贴图。到材质面板将漫反射贴图之前的纯绿色位图替换为一个带有图案的位图，如图12-28所示。

STEP 27 渲染一帧，得到的渲染效果如图12-29所示。

图12-27

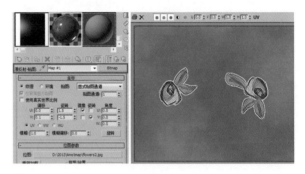

图12-28

图12-29

STEP 28 将场景中的元素替换为茶杯和茶壶，并给它们指定刚才制作好的光亮陶瓷材质。为了让材质的颜色更加丰富，这里需要将局部模型的颜色设为蓝色，如图12-30所示。

STEP 29 最后渲染一帧，得到的光亮陶瓷质感的茶具效果如图12-31所示。

图12-30

图12-31

本章内容
◆ 材质分析
◆ 制作粗糙大理石材质
◆ 制作抛光大理石材质

13.1　材质分析

本章主要介绍两种大理石材质的制作。这两种材质分别是粗糙大理石材质和抛光大理石材质，如图13-1所示。

材质共性：材质的纹理都是大理石纹理。

材质区别：材质的反射强度、光滑度和光泽感都不同。

图13-1

13.2　制作粗糙大理石材质

粗糙大理石的外观华美且非常实用，大理石材质与其他一般材质不同的是该种材质的纹理都是不同的，这种材质的纹理清晰可见，可以给人一种亮丽清新的感觉，其效果如图13-2所示。

图13-2

STEP 01 导入模型到场景中，这是一个结构比较复杂的雕塑模型，如图13-3所示。

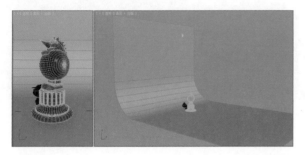

图13-3

STEP 02 到渲染面板将渲染器类型设为VR渲染器，并暂时让渲染器参数保持为默认设置，如图13-4所示。

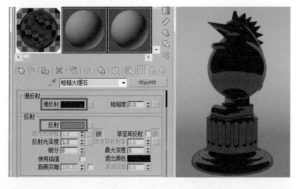

图13-4

STEP 03 制作粗糙大理石材质。到材质编辑器窗口指定一个VRayMtl材质给模型，再将漫反射颜色设为黑色，反射颜色设为棕灰色。此时从渲染结果中可以看到除反射部分的材质效果是环境的灰色以外，其他的部分均为黑色，如图13-5所示。

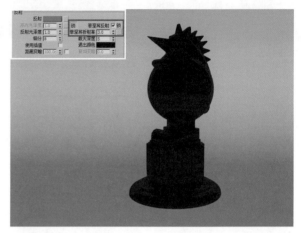

图13-5

STEP 04 因为粗糙大理石材质的反射效果是极其弱的，所以这里要减弱反射效果的强度。到反射栏下勾选菲涅耳反射项，并将菲涅耳折射率设为3。此时，可以看到材质的反射效果得到了减弱，不过整个材质却变得更黑了，如图13-6所示。

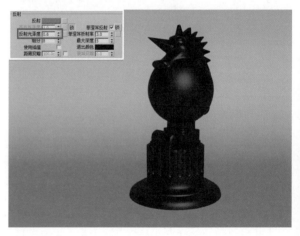

图13-6

STEP 05 给材质添加一些光泽感。到反射栏下将反射光泽度设为0.6，这样，黑色材质的反射效果就几乎看不到了，整个材质表面形成了一种亚光磨砂效果，如图13-7所示。

图13-7

STEP 06 到贴图栏下给材质的漫反射添加一个粗糙的大理石纹理贴图，再到贴图参数面板的坐标栏下将其U、V轴上的瓷砖数值都设为1.5，如图13-8所示。

STEP 07 渲染一帧，可以看到雕像材质披上一层大理石的外衣了。虽然该材质的贴图是一个粗糙的大理石纹理，但是此时材质表面的质感却还是光滑的。这样，材质就显得有点假了，如图13-9所示。

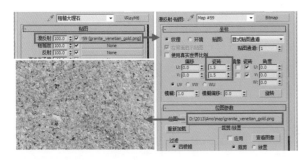

图13-8

图13-9

STEP 08 到贴图栏下给凹凸项添加一个和漫反射一样的贴图（也可以把漫反射的贴图复制到凹凸项），并将凹凸值设为60，如图13-10所示。

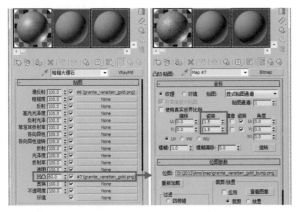

图13-10

STEP 09 为了让粗糙纹理贴图更准确地贴在模型的表面，也就是尽量不要让贴图出现拉伸变形的效果。这里到修改器面板中给模型添加一个UVW贴图修改器，

并到参数栏下将其UVW贴图的方式设为长方体，如图13-11所示。

图13-11

STEP 10 再次渲染一帧，此时可以看到一个比较粗糙的大理石效果已被渲染出来了，如图13-12所示。

图13-12

STEP 11 到场景中添加两处狭长的VR_光源，分别将它们放置在雕塑模型的两端。将左边的那盏灯作为辅助灯，并将其亮度的倍增器值设为3，取消勾选投射阴影项；将右边的那盏灯作为主光灯，并将其亮度的倍增器值设为10。如图13-13所示。

STEP 12 渲染一帧，此时可以看到一个简单的粗糙大理石质感已经制作出来了，如图13-14所示。

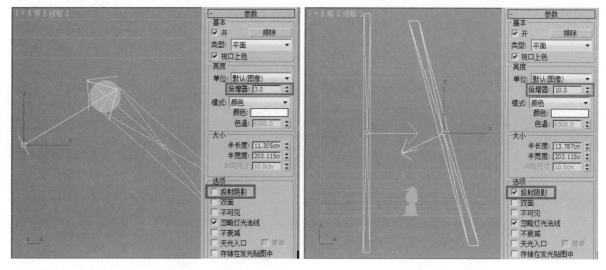

图13-13

图13-14

13.3　制作抛光大理石材质

下面介绍另一种抛光的大理石材质，它与前面介绍的抛光质感有所区别。这种抛光大理石的质感和抛光的汉白玉大理石很接近，其表面光滑细腻、纹理清晰，经过抛光处理后，它有着和玉石很接近的通透感。因此，该材质被广泛地应用于各种装饰品中，如图13-15所示。

图13-15

STEP 01 到材质面板指定一个材质球为VR_快速SSS2材质，该材质可用于制作各种半透明对象的质感，包括果酱、奶油等。该材质由三个层组成，三个层分别是漫反射层、子面散射层和高光层，也就是说物体内部的光线散射是具有各向异性的，通过该材质可以任意调节内部光线的散射方向，从而制作出各种半透明质感，如图13-16所示。

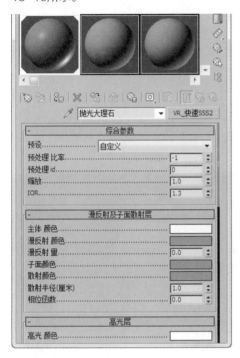

图13-16

STEP 02 在参数为默认设置的情况下渲染一帧，可以看到雕像模型呈一个毫无光泽的灰色质感效果，如图13-17所示。

图13-17

STEP 03 到材质面板的综合参数栏下，将预设设为大理石（白色）。这样，下面所有栏中的参数都将是以大理石的基本特性来进行设置的了，如图13-18所示。

图13-18

STEP 04 再次渲染一帧，此时可以看到一个基本的大理石质感被渲染出来了。通过仔细观察可以看到整个材质已经产生了一些透光的效果，但透光效果不太明显，如图13-19所示。

图13-19

STEP 05 此时，雕塑的材质是没有任何光泽感的。在高光层栏下有一个追踪反射项，该项用于控制是否开启全局照明。当勾选该项时，3ds Max默认的线性渲染器将计算材质球表面光线的反射效果；取消勾选这个选项的话，计算速度会加快。如图13-20所示。

STEP 06 图13-21所示是勾选了追踪反射项后的材质球效果，此时可以看到材质球的表面产生反射效果了。

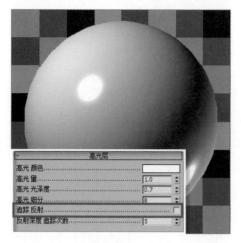

图13-20

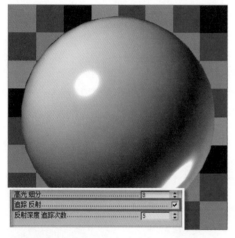

图13-21

STEP 07 渲染一帧，可以清晰地看到材质产生一种全局光照的效果了，而且由于产生了光线的多次散射，材质的表面变得通透了许多，如图13-22所示。

图13-22

STEP 08 到选项栏下将单层散射设为追踪（固体）。该项可以让光线在模型的内部进行跟踪，从而让材质产生高透明的效果，如图13-23所示。

图13-23

STEP 09 渲染一帧，可以看到此时的材质效果相比之前的材质效果变得白亮许多了，这是由于光线在模型的内部被跟踪了，如图13-24所示。

图13-24

STEP 10 单层散射分别为简单和追踪两种方式的渲染对比效果如图13-25所示。

图13-25

注意： 将单层散射设为简单时，其渲染效果比较暗，这是由于光线在材质内部的散射强度不够强，使得光线不能完全穿透材质，导致材质的透明度比较低。但是简单方式的渲染速度要比追踪方式快。

STEP 11 到贴图栏下给贴图总体颜色添加一张大理石纹理贴图，并让贴图的参数保持为默认设置，如图13-26所示。

图13-26

STEP 12 图13-27所示是一张白色大理石中带有黑色纹理的贴图。

图13-27

STEP 13 再次渲染一帧，此时可以看到一个漂亮且真实的大理石材质制作完成了，但此时材质的高光效果过于亮了，如图13-28所示。

图13-28

STEP 14 到高光层栏下将高光光泽度的值降低为0.8，如图13-29所示。

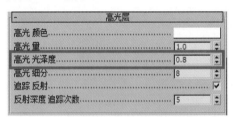

图13-29

STEP 15 最后渲染一帧，得到的抛光大理石质感如图13-30所示。

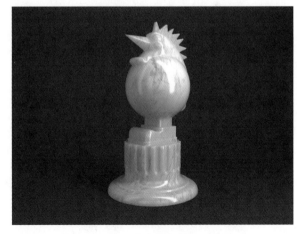

图13-30

第 14 章

皮革材质

本章内容
- ◆ 材质分析
- ◆ 制作凹凸纹理皮质
- ◆ 制作亚光磨砂皮质

14.1 材质分析

本章主要介绍两种皮质类材质，分别是凹凸纹理皮质和亚光磨砂皮质，如图14-1所示。

材质共性：反射比较弱、表面均由不同的纹理组成。

材质区别：光泽度的强弱和表面纹理的大小都不同。

图14-1

14.2　制作凹凸纹理皮质

凹凸纹理皮质是一种略带模糊反射效果的粗糙纹理材质，由于其凹凸纹理的粗糙程度比较深，加上其反射率极低，导致表面的光泽感很差，如图14-2所示。

图14-2

STEP 01 打开导入的场景模型，该模型是一个经过创意设计的花朵产品模型，如图14-3所示。

图14-3

STEP 02 到花朵模型的正前方位置创建一处VR_光源，下面就可以在足够光源照射的条件环境下进行更快捷、更准确的材质调节了，如图14-4所示。

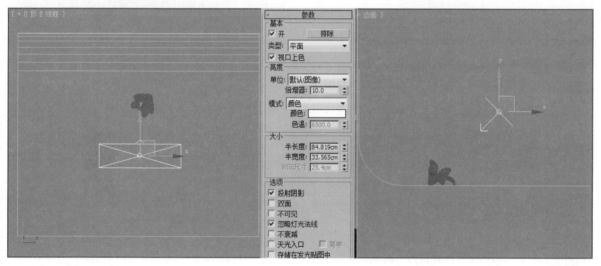

图14-4

注意： 这种提前创建灯光的方法只适合在简单场景的情况下使用。

STEP 03 将渲染器类型指定为V-Ray渲染器，如图14-5所示。

图14-5

STEP 04 下面给花朵模型设置材质。首先制作一个凹凸纹理皮质材质，并给花朵模型指定一个VRayMtl材质，再到反射栏下将反射颜色设为深灰色，让材质有一点微弱的反射效果，然后将反射光泽度设为0.76，让反射产生模糊的效果，如图14-6所示。

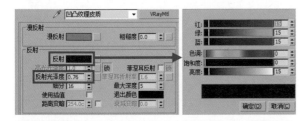

图14-6

STEP 05 渲染一帧，此时可以看到花朵模型的表面有一个磨砂皮质的质感效果了，如图14-7所示。

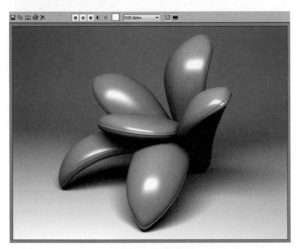

图14-7

STEP 06 给花朵模型添加凹凸纹理。到贴图栏下给漫反射添加一个类似鳄鱼纹理的位图，再到贴图的坐标栏下将U、V轴上的瓷砖数值都设为2，如图14-8所示。

图14-8

STEP 07 鳄鱼贴图的纹理效果如图14-9所示。

STEP 08 再次渲染一帧，可以看到虽然纹理贴图贴在了花朵模型上，但此时的模型看起来完全没有凹凸效果，而且模型整体的亮度还比较低，如图14-10所示。

STEP 09 再给场景添加一盏泛光灯，将其放置在花朵正前方的右侧位置，并保持灯光的参数值为默认设置，如图14-11所示。

图14-9

图14-10

图14-11

STEP 10 调整纹理贴图在模型表面上的状态，让其更准确地附着在模型上。到花朵模型的编辑修改器面板给其添加一个UVW贴图修改器，并激活UVW贴图的线框模式，调整UVW线框到如图14-12所示。

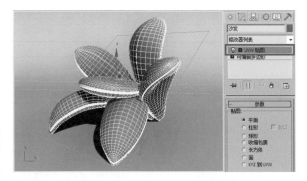

图14-12

STEP 11 此时，可以看到纹理贴图清晰、准确地贴在模型的表面上了，如图14-13所示。

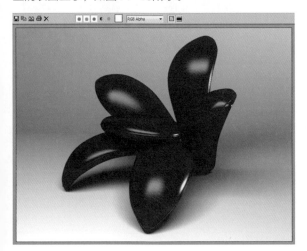

图14-13

STEP 12 设置凹凸纹理的质感。到贴图栏下给凹凸项添加一个鳄鱼纹理的黑白位图，并到坐标栏下将其U、V轴上的瓷砖数值都设为2，如图14-14所示。

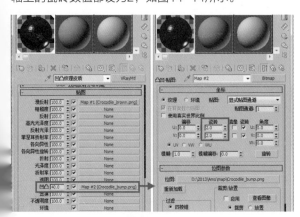

图14-14

STEP 13 黑白凹凸贴图的纹理效果如图14-15所示。

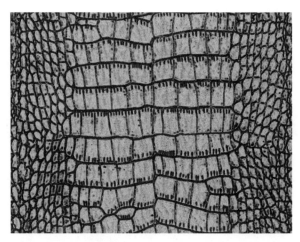

图14-15

注意： 制作材质的凹凸效果最好是指定一张黑白灰对比度比较鲜明的位图，这样得到的凹凸效果才会更加清晰准确。

STEP 14 最后渲染一帧，得到的凹凸纹理皮质效果如图14-16所示。

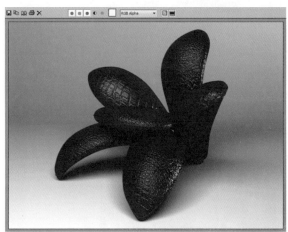

图14-16

14.3　制作亚光磨砂皮质

亚光磨砂皮质是一种表面反射效果较弱且带有些许发毛的材质，其磨砂效果就像毛玻璃的表面，没有眩光且不刺眼，给人以稳重素雅的感觉。磨砂皮的制作是在其表面添加一个细小纹理的皮质贴图，增加了纹理贴图的平铺次数后，就会形成一种较密集的亚光磨砂质感。为了模拟真实的皮质效果，这里还需要给其整体添加一个褶皱的效果，如图14-17所示。

图14-17

STEP 01 本节主要讲解如何制作一种亚光磨砂皮质。重新给材质球指定一个VRayMtl材质，到反射栏下将反射颜色设为浅灰色，并将反射光泽度设为0.65，让材质有一种比较强的模糊反射效果，如图14-18所示。

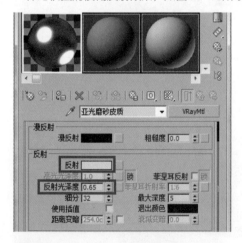

图14-18

STEP 02 渲染一帧，可以看到花朵模型有一个非常有质感的磨砂金属反射效果了，如图14-19所示。

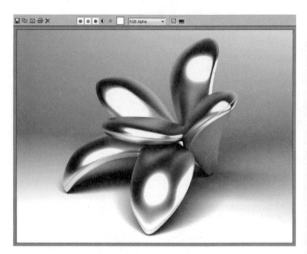

图14-19

STEP 03 调整反射效果。到反射栏下勾选菲涅耳反射项，并单击菲涅耳反射项右边的锁按钮，启用菲涅耳折射率；再将菲涅耳折射率设为4，如图14-20所示。

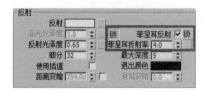

图14-20

STEP 04 再次渲染一帧，可以看到材质表面的反射效果减弱了许多，看起来有一点像皮质质感，但此时的皮质是一种非常光滑的效果，如图14-21所示。

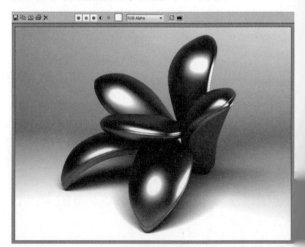

图14-21

STEP 05 下面开始制作皮质的亚光磨砂质感。到贴图栏下给反射项添加一个皮革贴图，再到皮革贴图的坐标栏下将U、V轴上的瓷砖数值都设为3，也就是加大皮革纹理的密度，如图14-22所示。

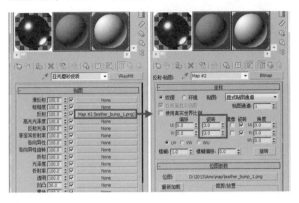

图14-22

STEP 06 皮革贴图的纹理效果如图14-23所示。

图14-23

STEP 07 从渲染效果图中可以看到虽然皮革纹理贴在花朵模型的表面上了，花朵模型看起来也更有皮质的质感了，但模型还是没有产生磨砂的效果，如图14-24所示。

STEP 08 到贴图栏下给凹凸项添加一个混合贴图；再到混合贴图的混合参数栏下给颜色#1添加一个皮革效果的黑白位图，该黑白位图实际上和反射项的皮革贴图是一样的，如图14-25所示。

STEP 09 渲染一帧，可以看到花朵模型的材质表面产生凹凸的皮革纹理效果了，这就是皮革最基本的磨砂质感效果，如图14-26所示。

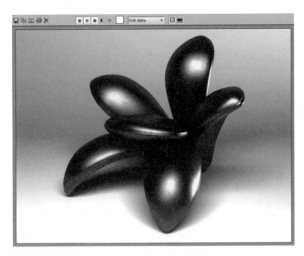

图14-24

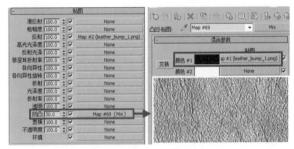

图14-25

图14-26

STEP 10 增强皮革的凹凸纹理质感。到凹凸贴图的混合参数栏下给颜色#2也添加一个表面很躁乱的灰度位图，再到该噪波位图的坐标栏下分别将U轴和V轴上的瓷砖数值设为4和3，然后将混合参数栏下的混合量值设为50，让皮革纹理和噪波位图混合在一起，如图14-27所示。

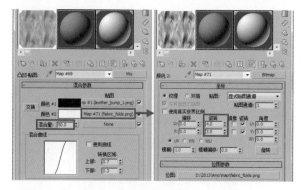

图14-27

STEP 11 图14-28所示是噪波位图的纹理效果，实际上是一种布纹的褶皱纹理效果。

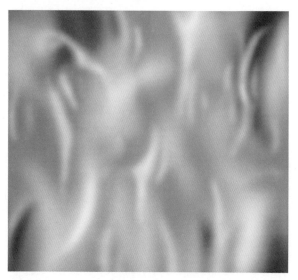

图14-28

STEP 12 再次渲染一帧，可以看到皮质的表面又增添了一些褶皱的细节。这样，一个真实的亚光磨砂皮革质感的材质便制作完成了，如图14-29所示。

图14-29

STEP 13 回到贴图栏，将凹凸值加大到100，让磨砂的质感更加强烈一点，如图14-30所示。

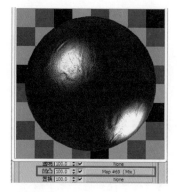

图14-30

STEP 14 最后渲染一帧，得到的最终亚光磨砂皮质的渲染效果如图14-31所示。

图14-31

第 15 章

珍珠材质

本章内容
◆ 材质分析
◆ 制作白色珍珠材质
◆ 制作黑色珍珠材质

15.1 材质分析

本章主要介绍两种珍珠材质的制作。这两种材质分别是白色珍珠材质和黑色珍珠材质，效果如图15-1所示。

材质共性：材质光滑圆润、质地细腻、光泽柔和、表面有着轻微的凹凸磨砂效果。

材质区别：反射强度和金属光泽感都不同。

图15-1

15.2 制作白色珍珠材质

白色珍珠是珍珠材质中最具代表性的一种材质，看起来就像是金属材质的表面覆盖了一层有色的菲涅耳反射层。在制作这种材质时，可通过给材质添加高光模糊效果、反射模糊效果和细微的磨砂效果来使之更加瑰丽和耀眼，如图15-2所示。

图15-2

到渲染面板将渲染器类型设为VR渲染器，并到VR_基项面板将图像采样器类型设为自适应细分，如图15-3所示。

STEP 02 将元素导入到场景中。场景元素很简单，主要由一个球体和一个环境背景组成，其中环境是一个被切开的半圆柱体，如图15-4所示。

STEP 03 制作球体的珍珠材质。到材质面板给材质球指定一个VR_混合材质，如图15-5所示。

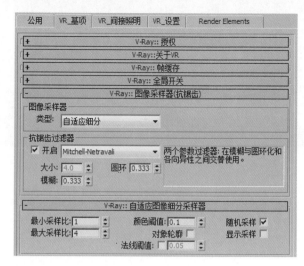

图15-3

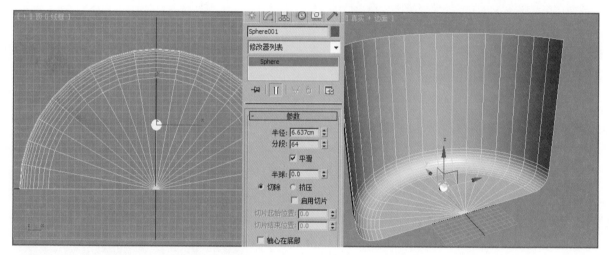

图15-4

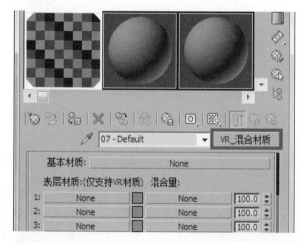

图15-5

STEP 04 设置基本材质，将其设为一个具有模糊反射效果的磨砂材质。进入混合材质的基本材质设置面板，到

贴图栏中给反射项添加一个噪波贴图；再到噪波参数栏中将大小值设为3，噪波类型设为分形，并分别将噪波的两个颜色设为玫红色和淡绿色，如图15-6所示。

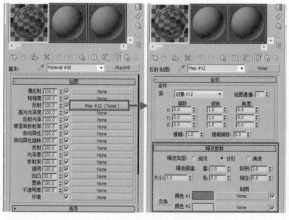

图15-6

STEP 05 到反射栏中勾选菲涅耳反射项，让菲涅耳折射率保持为默认设置，此时从渲染结果中可以看到材质球有一个非常微弱的反射效果。如果开启菲涅耳折射率，并将折射率设为40，则可以看到材质球表面出现了强烈的反射效果。菲涅耳折射率值越大，材质的反射效果就越接近完全反射，如图15-7所示。

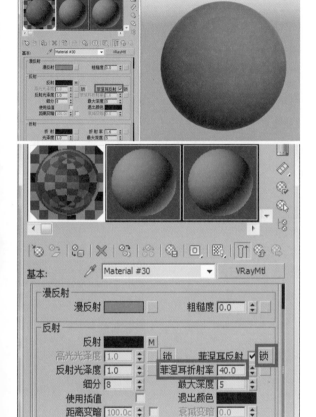

图15-7

STEP 06 真正的珍珠是不具有强烈的反射效果的，因为珍珠的表面是由一层层的碳酸钙覆盖而成的，互相摩擦起来会有磨砂感，因此这里需要将反射光泽度减少到0.5，让材质产生一种模糊反射效果，如图15-8所示。此时从渲染结果中可以看到具有模糊反射的材质表面出现了一些噪波纹理，这是前面给反射所添加的噪波贴图，它用于模拟天然珍珠表面不均匀的色泽感。

图15-8

STEP 07 由于菲涅耳反射除了可以减弱反射的强度以外，它的衰减反射功能还可以让材质表面的噪波纹理更好地融入到材质表层中，因此在设置了材质的模糊效果后，还要勾选菲涅耳反射项。勾选了菲涅耳反射项和没有勾选菲涅耳反射项的材质球效果对比如图15-9所示。

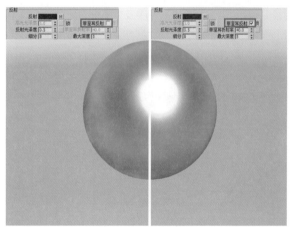

图15-9

STEP 08 此时，只有球体边缘部分的材质有噪波显示，其中心部分是没有噪波的，这是由菲涅耳反射所导致的。为了把中心部分的噪波给填补上，这里需要到贴图栏下给凹凸项添加一个噪波贴图，如图15-10所示。

图15-10

STEP 09 让噪波贴图的参数保持为默认设置，渲染一帧，可以发现球体中心部分的噪波效果不够明显，如图15-11所示。

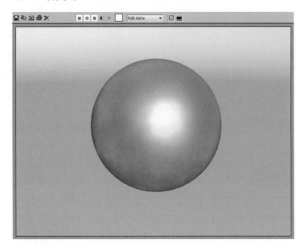

图15-11

STEP 10 到噪波参数栏下将噪波类型设为分形，大小值设为10。再次渲染，可以看到球体中心部分的噪波效果出来了。这样，混合材质的基本材质便制作完成了，如图15-12所示。

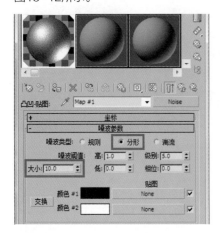

图15-12

STEP 11 下面开始制作叠加在基本材质上的表层材质。该表层材质是一个具有模糊反射效果的材质，它的作用主要是减弱基本材质的强烈噪波效果，并加强材质的层次感，如图15-13所示。

注意： 这里为什么不直接到基本材质的设置面板中减弱噪波，而是通过将其与表层材质进行混合来减弱其强度呢？这是因为直接减弱了噪波强度后，球体表面会叠上一层模糊反射材质，这样，噪波效果会显得更加不明显。因此，在高亮度的噪波效果上叠加一层具有模糊反射效果的表层材质不仅

可以削弱噪波的亮度，而且噪波还可以通过表层材质朦胧地映射出来，使材质显得更有层次感、更加通透。

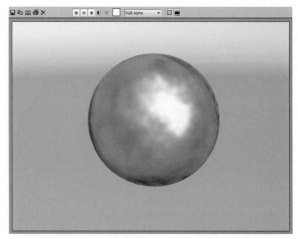

图15-13

STEP 12 给混合材质的表层1指定一个VRayMtl材质，再进入表层1材质面板，到反射栏下将反射颜色设为灰色。此时可以看到材质表面出现了强烈的反射效果，如图15-14所示。

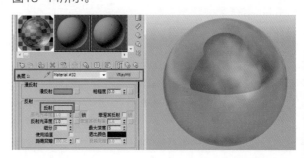

图15-14

STEP 13 到反射栏下勾选菲涅耳反射项，并单击该项右边的锁按钮，开启菲涅耳折射率，再将菲涅耳折射率设为4。这样，材质表面的反射效果就得到减弱了，如图15-15所示。

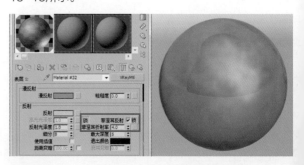

图15-15

STEP 14 给反射制作一个模糊效果。到反射栏下将反射光泽度减小到0.85，这样，一个简单的表层1材质就制作完成了，渲染效果如图15-16所示。

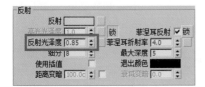

STEP 15 给场景添加光源，提亮材质的亮度。到球体的左前方位置创建一处比较大的VR_光源，并到参数栏下将其亮度的倍增器值设为20，如图15-17所示。

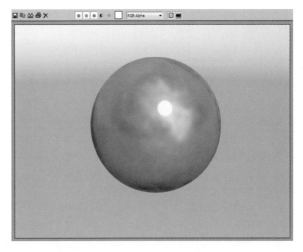

图15-16

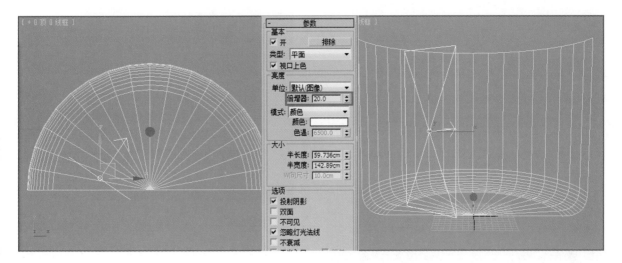

图15-17

STEP 16 渲染一帧，此时可以看到场景曝光过度了，如图15-18所示。

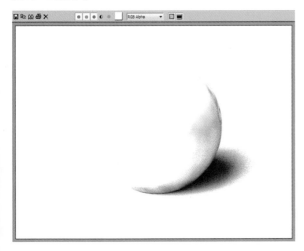

图15-18

STEP 17 降低场景中灯光的亮度。这里不直接减小亮度的倍增器值，而是使用灯光的纹理贴图来减弱光照强度，这样做的另一个目的是让光源在反射到玻璃的表面后产生一点虚幻的效果。到VR_光源参数面板的纹理栏下，给纹理添加一个混合贴图，并将该贴图拖到材质编辑器中，再到混合参数栏下将混合贴图的两个颜色都设为黑色，如图15-19所示。

STEP 18 到混合参数栏下给颜色#2添加一个渐变坡度贴图，暂时保持其参数为默认设置，如图15-20所示。

STEP 19 渲染一帧，可以发现材质变成全黑了，这是因为没有给混合材质设置混合量。此时，材质的最终效果显示为颜色#1的黑色，这样便导致灯光的颜色也显示为黑色了，如图15-21所示。

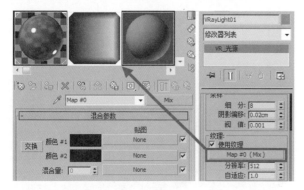

图15-19

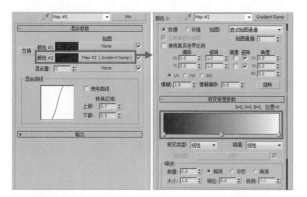

图15-20

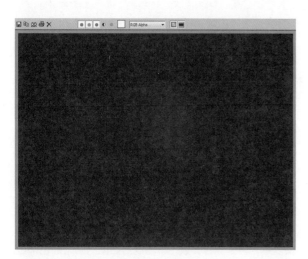

图15-21

STEP 20 到混合参数栏下给颜色#2也指定一个渐变坡度贴图；再到渐变坡度参数栏下将颜色设为一个从白色到黑色的渐变色，并将渐变类型设为长方体，如图15-22所示。

STEP 21 此时，可以看到材质球的贴图效果不但有一个从左至右颜色渐变的效果，而且还有一个从中心到四周亮度衰减的效果，其中心的白色部分就是灯光光源的显示部分，如图15-23所示。

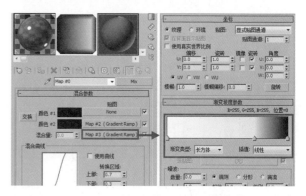

图15-22

图15-23

STEP 22 渲染一帧，此时可以发现场景整体变亮了，但球体材质却出现曝光现象了，如图15-24所示。

图15-24

STEP 23 到渲染面板的颜色映射栏下，将类型设为VR_指数，并将伽玛值设为2，如图15-25所示。

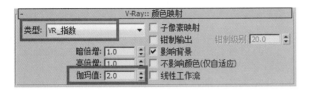

图15-25

STEP 24 再次渲染一帧，可以看到场景的亮度变得柔和了许多，球体的曝光现象也完全得到了控制，但此时球体的右边显得比较黑，如图15-26所示。

图15-26

STEP 25 再给场景添加一处比较小的VR_光源，将其用来提亮球体右侧较暗的部分，如图15-27所示。

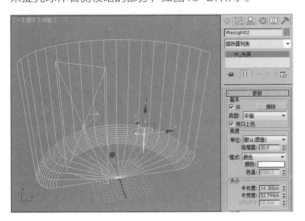

图15-27

STEP 26 渲染一帧，此时可以看到一个漂亮的珍珠质感已经渲染出来了，如图15-28所示。

STEP 27 此时，可以看到材质球的贴图效果不仅有一个从左至右颜色渐变的效果，而且还有一个从中心到四周亮度衰减的效果，其中心的白色部分就是灯光光源的显示部分，如图15-29所示。

图15-28

图15-29

STEP 28 最后进行渲染，可以得到一个非常真实的白色珍珠效果，如图15-30所示。

图15-30

15.3 制作黑色珍珠材质

下面开始制作一个黑色珍珠材质。黑色（深蓝黑）珍珠和白色珍珠除了颜色的区别以外，其反射效果也有所区别。黑色珍珠的反射效果要强于白色珍珠，黑色珍珠的另一个特性是其表面还带有漂亮的闪光金属光泽感，这种效果在白色珍珠上则不够明显（但并不代表白色珍珠没有这种效果），这是不同颜色所产生出的不同视觉效果，如图15-31所示。

图15-31

STEP 01 到材质编辑器中重新给材质球指定一个VR_混合材质，并给基本材质指定一个VRayMtl材质，如图15-32所示。

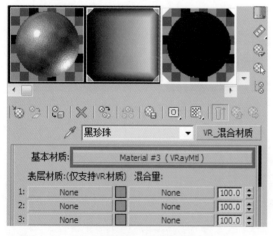

图15-32

STEP 02 进入基本材质设置面板，将漫反射颜色设为黑色；再给反射添加一个衰减贴图。到衰减参数栏下将

前：侧的颜色分别设为淡绿色和一个带有一点蓝色的暗黑色，并将混合曲线调为一个向外凸起的弧线，如图15-33所示。

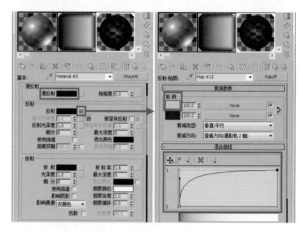

图15-33

STEP 03 到渲染面板的间接照明栏下取消勾选开启项；再渲染一帧，可以看到球体有一个高反射的暗蓝效果了，如图15-34所示。

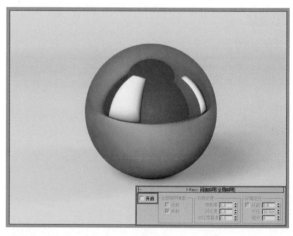

图15-34

STEP 04 到反射栏下将反射光泽度设为0.6，让反射产生模糊效果，如图15-35所示。

STEP 05 勾选菲涅耳反射项，并将菲涅耳折射率设为10。此时渲染所得的效果便是黑色珍珠的基本材质效果了，通过观察可以看到材质的表面出现了许多闪亮的杂点，这是黑色珍珠表面的金属粉效果，如图15-36所示。

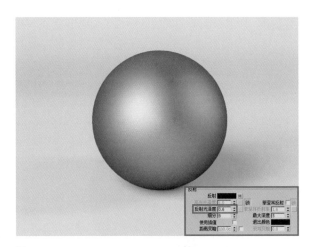

图15-35

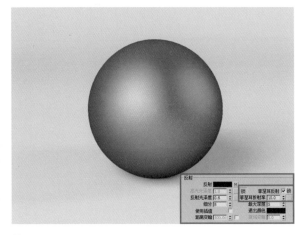

图15-36

STEP 06 给表层1设置一个具有高反射效果的噪波材质。首先给表层1指定一个VRayMtl材质，再将漫反射颜色设为黑色，并给反射添加一个衰减贴图，然后将衰减的前：侧两个颜色交换过来，让材质的中心部分有一个高反射效果，越到四周，反射越弱，如图15-37所示。

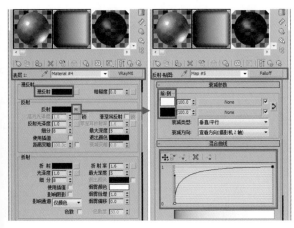

图15-37

STEP 07 再次渲染一帧，可以看到球体有一个具有高反射效果的磨砂质感了，但此时的反射效果有点过于清晰了，如图15-38所示。

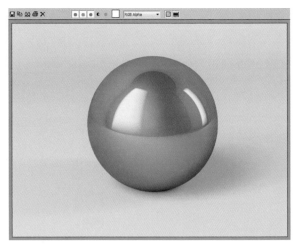

图15-38

STEP 08 到反射栏下勾选菲涅耳反射项，并将菲涅耳折射率值设为5。这样，球体的反射效果便得到减弱了，如图15-39所示。

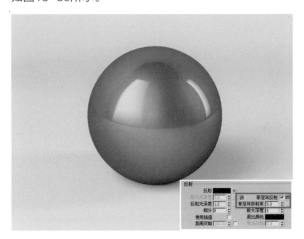

图15-39

STEP 09 到反射栏下将反射光泽度降低到0.95，让反射有一个轻微的模糊效果，如图15-40所示。

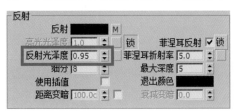

图15-40

STEP 10 给珍珠表面添加一些凹凸效果，模拟真实珍珠的表面。这里给珍珠的表层1添加一个噪波贴图；再到噪波参数栏下将噪波类型设为分形，噪波大小值设为1，如图15-41所示。

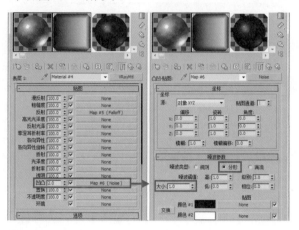

图15-41

STEP 11 至此，黑色珍珠的材质便制作完成了。最后渲染球体，得到的最终效果如图15-42所示。

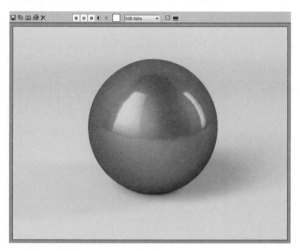

图15-42

STEP 12 到渲染面板的间接照明栏下勾选开启项，这样，得到的渲染效果质感就显得更加细腻了，如图15-43所示。

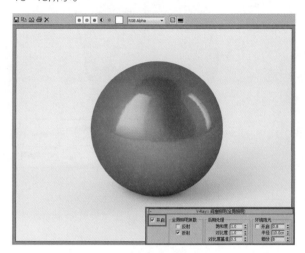

图15-43

第 **16** 章 | 卡通材质

本章内容
- ◆ 材质分析
- ◆ 制作二维卡通材质
- ◆ 制作线描卡通材质
- ◆ 制作三维卡通材质

16.1 材质分析

本章主要介绍三种卡通类材质的制作，分别是线描卡通材质、二维卡通材质和三维卡通材质，如图16-1所示。

材质共性：材质效果可爱幽默，都很注重颜色的调节。

材质区别：三者之间有着比较明显的平面和立体区别，材质效果的明暗关系处理也不同。

图16-1

16.2 制作线描卡通材质

线描效果是卡通材质最基本的材质效果，线描既可以应用于卡通类材质，也可以应用于跟手绘有关的各种线描材质。它除了可以勾勒静态的轮廓，还可以表现出动态的韵律感。线描卡通效果如图16-2所示。

图16-2

STEP 01 导入模型到场景中，这是一个大的卡通人物和一个小的卡通人物在嬉戏的模型，如图16-3所示。

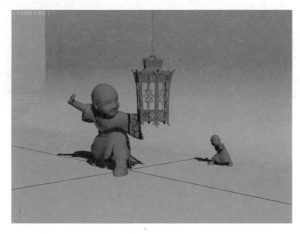

图16-3

STEP 02 到渲染面板将渲染器类型设为FR渲染器；再到FR渲染面板中开启抗锯齿选项，并到选项栏下勾选全局照明项和天光项，如图16-4所示。

图16-4

STEP 03 到材质编辑器窗口给场景元素指定一个标准材质。到Blinn基本参数栏下将自发光值设为100；再到贴图栏下给漫反射颜色添加一个衰减贴图；然后到衰减参数栏下将前：侧的两个颜色分别设为米黄色和黑色，如图16-5所示。

STEP 04 渲染一帧，可以看到人物模型材质的边缘部分比较黑，越到中心部分，亮度越亮，如图16-6所示。

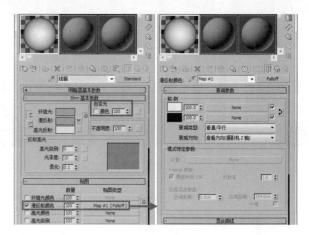

图16-5

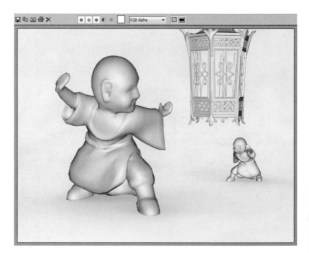

图16-6

STEP 05 调整衰减贴图的衰减颜色，让模型的边缘呈线条显示。到衰减贴图的混合曲线栏下给曲线添加两个节点，并把添加的两个节点往中心靠拢。这样，衰减颜色的中间就会出现一条清晰明显的交界线，同时在材质球的外圈也可以看到出现了一个黑色的线圈，如图16-7所示。

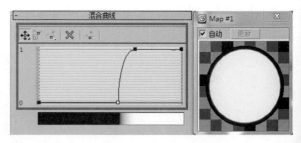

图16-7

注意： 交界线位置靠左或靠右都可以决定线圈的宽窄程度。

STEP 06 再次渲染一帧，此时可以看到模型的边缘出现了一条明显的黑色线条，如图16-8所示。

图16-8

STEP 07 给黑色线条设置一个颜色变化的效果。到衰减参数栏下给黑色添加一个渐变贴图，再到渐变贴图设置面板的坐标栏下勾选环境项，并将贴图设为屏幕，然后到渐变参数栏下分别将3个颜色设为浅红色、深红色和黑色，如图16-9所示。

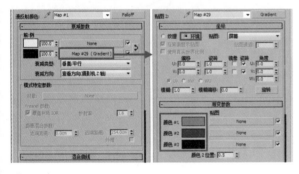

图16-9

STEP 08 此时，可以看到模型边缘的线条产生从上而下色彩渐变的效果，如图16-10所示。

STEP 09 让模型边缘的线条有更丰富的细节。到渐变参数栏下将噪波的数量值设为1，大小值设为2，并勾选分形项。这样，线条的颜色就会有一个随机的深浅变化效果了，如图16-11所示。

STEP 10 渲染一帧，可以看到人物边缘的线条已经很漂亮了，但此时灯笼的线条效果还不是很理想，如图16-12所示。

STEP 11 调整灯笼模型的线条效果。将线描材质复制一个，并到复制所得的材质的衰减参数栏下将黑色的渐变贴图剪切给米黄色。这样，材质的基本颜色便是一个红

色噪波效果了，而边缘线条则是黑色的，如图16-13所示。

图16-10

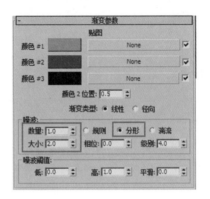

图16-11

图16-12

STEP 12 从渲染效果图中可以看到灯笼的材质变成红色调了，如图16-14所示。

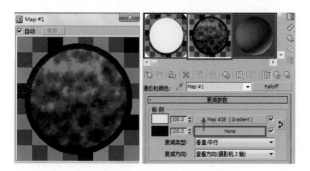

图16-13

图16-14

STEP 13 给人物模型添加更多的细节。到人物的线描材质的贴图栏下给凹凸项添加一个大理石贴图，让线条的粗细有一个随机的大小变化效果。到大理石参数栏下将大小值设为30，该值越大，人物模型的结构细节就显示

得越多，如图16-15所示。

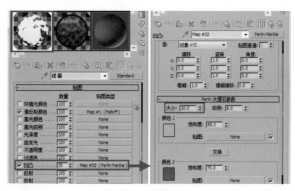

图16-15

STEP 14 渲染一帧，得到最终的材质效果如图16-16所示。

图16-16

16.3 制作二维卡通材质

本节主要介绍如何制作二维的卡通人物效果，该效果是在线描材质的基础上给其再添加一些色块的效果，这些色块是在灯光的照射下所产生的阴影效果，通过这些阴影效果可以让对象有一个简单的立体效果，如图16-17所示。

图16-17

STEP 01 设置材质的线描效果。重新给场景元素指定一个标准材质；到基本参数栏下将自发光设为100；再到贴图栏下给漫反射颜色添加一个衰减贴图，如图16-18所示。

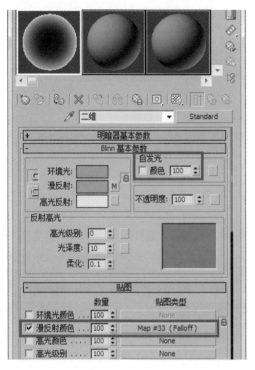

图16-18

STEP 02 保持衰减贴图的参数为默认设置，此时可以看到材质从中心到四周有一个从黑色到白色的颜色渐变效果，如图16-19所示。

图16-19

STEP 03 进入衰减贴图的设置面板，到混合曲线栏下给曲线添加两个节点，让渐变颜色条的中间有一条较明显的黑白界线。不过，该分界线没有一点色泽，显得很生

硬。这里给渐变颜色条设置一个细微的过渡效果，这样做的目的是为了给白色部分添加色块，让色块与线条更好地融合在一起，如图16-20所示。

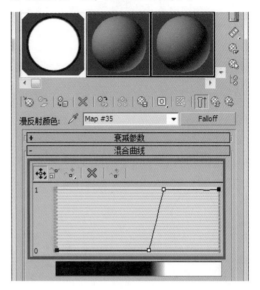

图16-20

STEP 04 渲染一帧，此时可以看到一个基本的线描效果已经制作出来了，如图16-21所示。

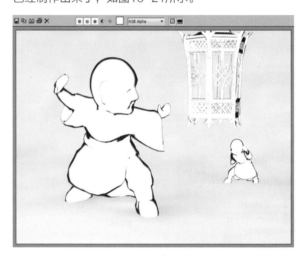

图16-21

STEP 05 给材质的白色部分制作色块效果。到衰减参数栏下给白色添加一个衰减贴图；再到衰减参数栏下分别设置两个颜色为棕褐色和白色，并将衰减类型设为阴影/灯光，如图16-22所示。

STEP 06 再次渲染一帧，可以看到材质表面有一个晕染的渐变效果，这使模型看起来立体了一些，如图16-23所示。

图16-22

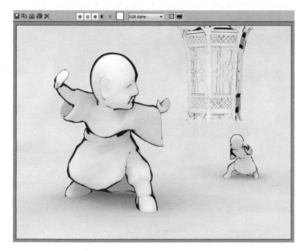

图16-23

STEP 07 调整晕染的渐变色，使它们呈色块形式分布。
到混合曲线栏下给曲线添加任意个节点，并将曲线调节
成阶梯状。这样，得到的渐变色效果就是呈色阶状衰减
的了，如图16-24所示。

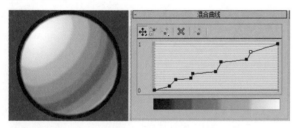

图16-24

STEP 08 渲染一帧，此时可以看到人物模型表面晕染开
的渐变色呈现出块状的效果了，如图16-25所示。

STEP 09 调整材质的色阶效果。到混合曲线栏下选择红
线框中的四个节点，将它们稍微向右移动，让材质的白
亮部分变暗一点，如图16-26所示。

STEP 10 再次渲染一帧，此时可以看到色块的面积扩大
了一点，如图16-27所示。

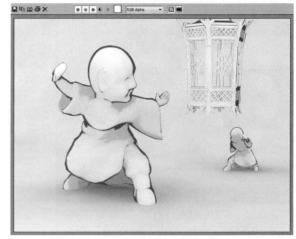

图16-25

注意： 如果将色阶之间的过渡分界线调成比较生硬的直
线，那么得到的色块效果看起来会更像二维的色
块效果。

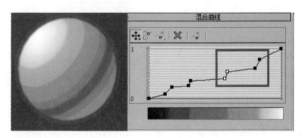

图16-26

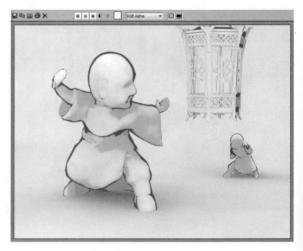

图16-27

注意： 如果觉得色块的颜色比较淡，可以到衰减参数栏
下将衰减贴图的棕褐色调得更深一点。

STEP 11 调整灯笼模型的材质。将材质球复制一个，进入复制所得的材质球的衰减贴图设置面板，将棕褐色的衰减贴图剪切给白色，如图16-28所示。

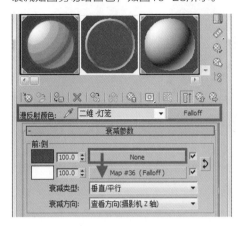

图16-28

STEP 12 此时，灯笼的颜色就变成棕褐色了，灯笼的边缘还有着细小的白色描边线条效果。最终的二维卡通材质效果如图16-29所示。

图16-29

16.4 制作三维卡通材质

三维卡通材质是一种立体材质，其表现方法有很多，虽然三维卡通材质有多种多样的效果，但是它们都有一个相同的特性，就是都很可爱。本节要介绍一种最常见的三维卡通材质效果，该效果没有描边效果，主要是利用3ds Max自带的Ink'Paint墨水画卡通材质来进行制作的。Ink'Paint墨水画材质可用于创建各种卡通漫画风格的效果，可以轻松地制作出线描和色块的效果，因此这种方法比前面的两种方法更容易制作出卡通风格的材质效果。下面制作一种不带描边效果的三维卡通材质，如图16-30所示。

图16-30

STEP 01 到材质编辑器窗口给材质球指定一个Ink'Paint墨水画材质。从该材质的设置面板可以得知，该材质由两个部分组成，其中一个是绘制控制栏，主要用于控制材质表面的颜色，包括亮部、暗部和高光区域的颜色；另一个是墨水控制栏，主要用于控制线条描边的效果，如图16-31所示。

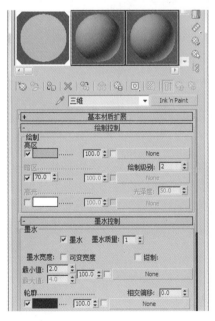

图16-31

STEP 02 保持材质的参数为默认设置，此时得到的基本效果就是一个颜色剪影和一条描边，它们没有任何的细节变化。这种效果可用来制作剪纸效果，如图16-32所示。

图16-32

STEP 03 调整模型中间的蓝色部分，让其增添更多的色阶层次感。到绘制控制栏下将亮区的颜色设为深蓝色，并将绘制级别设为7，如图16-33所示。

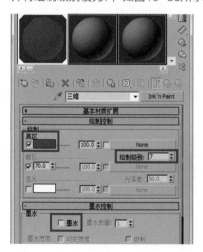

图16-33

STEP 04 渲染一帧，此时可以看到模型表面的颜色多了很多层次感，绘制控制栏下的绘制级别就是用于控制这种颜色的色阶层次效果的，如图16-34所示。

STEP 05 继续调整材质的颜色，让模型看起来更加立体。到绘制控制栏下给亮区添加一个衰减贴图，如图16-35所示。

STEP 06 到衰减参数栏下分别将贴图的前：侧两个颜色设为深蓝色和浅蓝色，如图16-36所示。

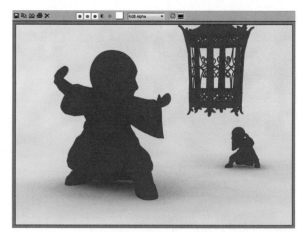

图16-34

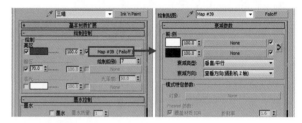

图16-35

图16-36

STEP 07 再次渲染一帧，可以看到人物模型变得非常立体了，而且材质从中心到模型边缘有一个颜色衰减的效果，没有了之前的色阶层次变化，如图16-37所示。

图16-37

STEP 08 到衰减参数栏下给前部分的深蓝色添加一个衰减贴图，再到衰减参数栏下分别将深蓝色衰减贴图的两个颜色设为深蓝色和浅蓝色，并将衰减类型设为阴影/灯光，如图16-38所示。

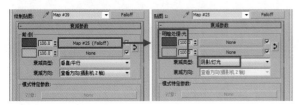

图16-38

STEP 09 这样，材质的蓝色表面便出现了色阶变化的效果，材质的色彩更加丰富了，而且模型的结构也更加鲜明了，如图16-39所示。

图16-39

STEP 10 如果觉得此时材质的亮度太亮，可以到材质的绘制控制栏下调整暗区的数值。这样，一个简单的三维卡通材质便制作完成了，最终效果如图16-40所示。

图16-40

第17章

布料材质

本章内容

◆ 材质分析
◆ 制作麻布料材质
◆ 制作粗绒布料材质
◆ 制作金色光滑绒布材质

17.1　材质分析

本章主要介绍三种布料材质的制作，分别是麻布料材质、粗绒布材质和光滑绒布材质，如图17-1所示。

材质共性：材质效果比较自然、柔和，在影视包装中多用作背景。

材质区别：根据布料材质的不同，其布料纹理、光滑度和光泽感都不相同。

图17-1

17.2　制作麻布料材质

麻布的种类较多，不同的麻类植物纤维所制成的麻布料效果也不一样。该材质的特点是表面比较粗糙、光泽度低。利用3ds Max的标准材质可以模拟出布料的质感，而麻布的粗糙纹理是使用混合贴图将几种纹理进行混合后而得到的。麻布料材质的表面除了有麻布的粗糙小孔以外，还有布纹的褶皱效果。麻布的材质效果如图17-2所示。

图17-2

STEP 01 导入模型到场景中，这是一个由布料盖住一半LOGO的场景模型，布料是很真实地覆盖在LOGO上面的。本节的制作重点就是给这块布料设置各种材质效果，如图17-3所示。

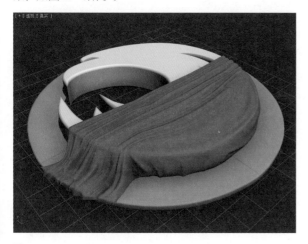

图17-3

STEP 02 到渲染面板将渲染器类型设置为VR渲染器，并到VR_基项面板将图像采样器类型设为自适应DMC，如图17-4所示。

图17-4

STEP 03 设置LOGO的材质。LOGO的材质是一个简单且具有反射效果的材质。到材质编辑器中给材质球指定一个VRayMtl材质；再到反射栏下给反射添加一个衰减贴图，并让贴图参数保持为默认设置，如图17-5所示。

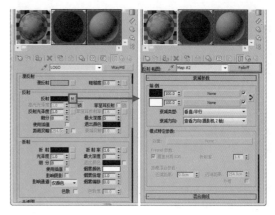

图17-5

STEP 04 制作麻布材质。到材质面板指定一个标准材质给布料，再到贴图栏下给漫反射颜色添加一个衰减贴图，然后到衰减参数栏下给黑色添加一个麻布纹理贴图，如图17-6所示。

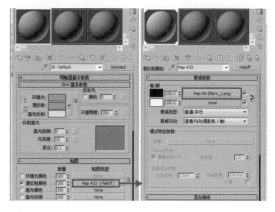

图17-6

STEP 05 到麻布贴图设置面板的坐标栏下，将纹理U、V轴上的瓷砖数值都设为6，如图17-7所示。

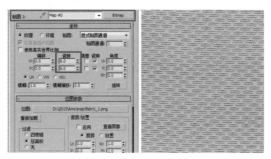

图17-7

STEP 06 渲染一帧，此时可以看到布料表面出现细小的纹理效果了。但从远处看，还是看不出来麻布的效果，也就是说麻布的纹理显得太浅了，如图17-8所示。

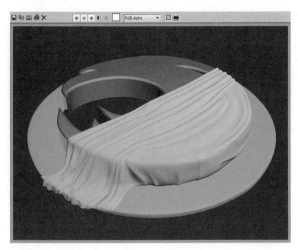

图17-8

STEP 07 将镜头拉近到布料的特写画面，此时终于可以看到布料细小的纹理效果了。此外，在布料的表面还有一层泛白的效果，这种效果会影响纹理效果的显示，如图17-9所示。

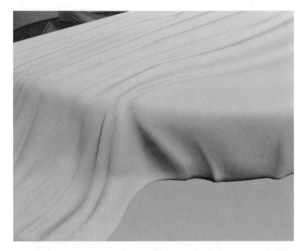

图17-9

STEP 08 回到衰减贴图的设置面板，给白色也添加一个麻布纹理贴图，操作时可直接将黑色的衰减贴图复制给白色。这样，麻布的纹理效果就清晰多了，如图17-10所示。

STEP 09 调整白色的麻布纹理贴图的细节。到衰减参数栏下将白色后面的数值设为50，并到混合曲线栏下将曲线调成一个向内凹下去的弧线，如图17-11所示。

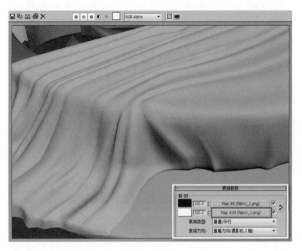

图17-10

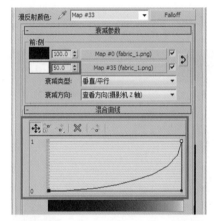

图17-11

STEP 10 观察渲染效果，仍然看不到材质有任何的变化。实际上，白色部分的麻布纹理效果已经减淡了一点。这样处理的好处是可以让表面的纹理有一个虚实效果，如图17-12所示。

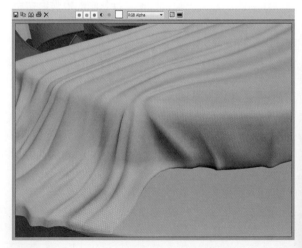

图17-12

STEP 11 此时的麻布纹理是光滑的，这里要给纹理添加凹凸的效果。到贴图栏下给凹凸项添加一个混合贴图，并将凹凸值设为150，再到混合参数栏下给分别混合的黑白两个颜色各添加一个贴图，并将混合量设为50，让两个贴图能等量混合，如图17-13所示。

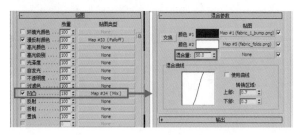

图17-13

STEP 12 此时，颜色1贴图是一个黑白对比强烈的麻布纹理贴图，颜色2贴图是一个布纹褶皱贴图。两个混合贴图的参数设置如图17-14所示。

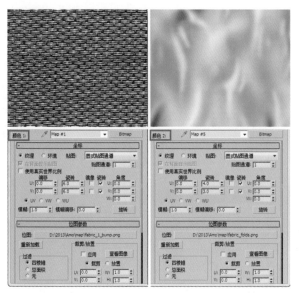

图17-14

STEP 13 给场景添加灯光，让布纹材质的质感更加真实地体现出来。到LOGO模型的顶部创建一处VR_光源，并将灯光亮度的倍增器值降低到5，这里的顶部灯光不能设置得太强烈，否则平放着的布料容易曝光过度。再到LOGO模型的前方创建一盏泛光灯，将其作为主光灯，用于照亮整个场景，如图17-15所示。

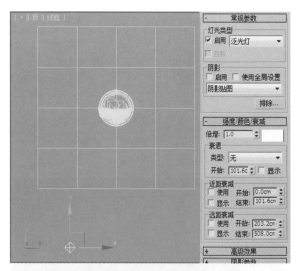

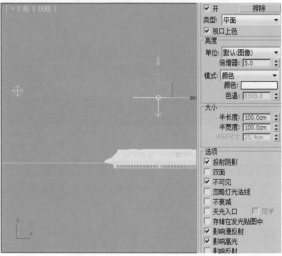

图17-15

STEP 14 至此，麻布布料的效果便制作完成了。最后渲染场景，得到的布料效果如图17-16所示。

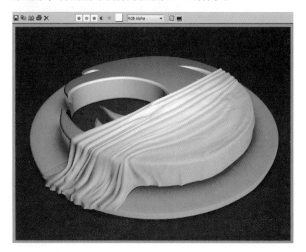

图17-16

17.3　制作粗绒布料材质

　　绒布的特点是绒毛稠密、平齐、耸立且富有光泽感，而粗绒布料的质感却刚好相反，其绒毛比较稀疏且长短不一，光泽感比较弱，质地也没那么柔顺。粗绒的耸立纹理是通过将凹凸贴图与置换贴图进行混合而得到的。粗绒布料的效果如图17-17所示。

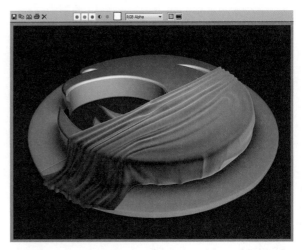

图17-19

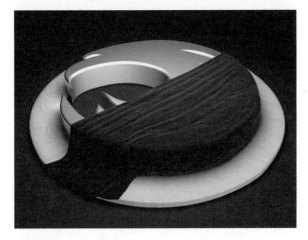

图17-17

STEP 01 到材质面板给绒布指定一个标准材质；再到贴图栏下给漫反射颜色添加一个衰减贴图，并让贴图的参数保持为默认设置，如图17-18所示。

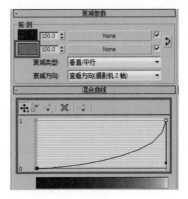

图17-20

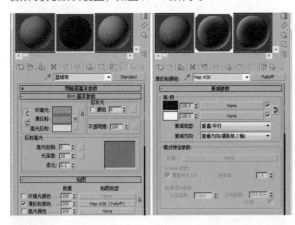

图17-18

STEP 02 渲染一帧，此时可以发现布料的边缘出现了非常强的光泽感，如图17-19所示。

STEP 03 到衰减参数栏下将白色改为深蓝色；再到混合曲线栏下将曲线调成一个向下凹进去的弧线，降低光泽感的亮度，如图17-20所示。

STEP 04 再次渲染一帧，可以看到布料边缘的光泽感减弱了，如图17-21所示。

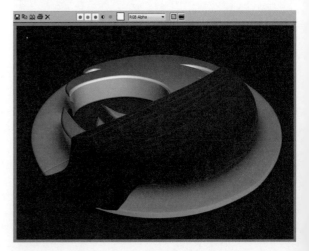

图17-21

STEP 05 给布料添加凹凸纹理。到贴图栏下给凹凸项添加一个褶皱纹理贴图，从渲染效果中可以看到此时材质表面出现了一些凸起的条纹效果，这就是布料变皱后的折纹效果，如图17-22所示。

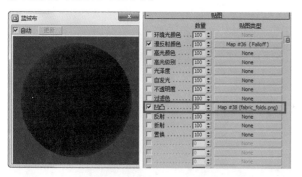

图17-22

STEP 06 到坐标栏下将贴图U、V轴上的瓷砖数值分别设为4和3，褶皱贴图的相关参数设置如图17-23所示。

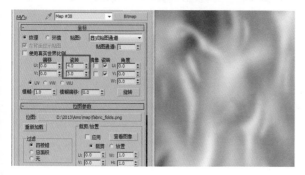

图17-23

STEP 07 此时，布料的褶皱效果还不是很明显。这里需要到贴图栏下将凹凸值加大到200，如图17-24所示。

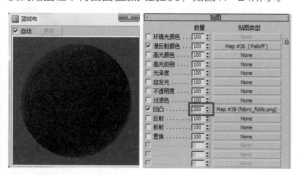

图17-24

STEP 08 再次渲染一帧，此时可以看到一个漂亮的绒布效果制作出来了，其表面的褶皱效果是为了增强布料的真实感，如图17-25所示。

图17-25

STEP 09 给布料添加绒毛效果，也就是给布料表面添加绒毛的纹理。到贴图栏下给置换添加一个粗糙绒毛贴图；再到绒毛贴图设置面板的坐标栏下将其U、V轴上的瓷砖数值都设为7，加大绒毛的密度，如图17-26所示。

图17-26

STEP 10 粗糙绒毛贴图的纹理效果如图17-27所示。

图17-27

STEP 11 渲染一帧，可以发现绒布变得粗糙了很多，这是一种假绒毛的模拟效果，近看的话会不够真实，如图17-28所示。

STEP 12 渲染全景效果，此时的渲染效果看上去比特写画面的渲染效果真实多了。这种用贴图来模拟绒毛的方法比用毛发工具来模拟绒毛要快捷得多，因此该方法可应用于很多场景的布料表现，如图17-29所示。

图17-28

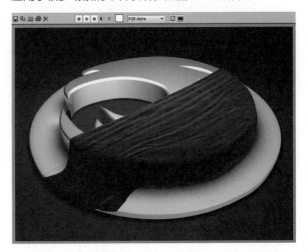

图17-29

17.4 制作金色光滑绒布材质

金色光滑绒布的绒毛又细又密，手感柔和。由于其表面有着较强的反光特性，因此它的光泽感较强，并能反射出亮光，继而产生出一种华丽耀眼的强烈视觉效果。金色绒布的制作并不是给其指定一个黄金材质，而是通过调节其表面颜色所得到的。金色光滑绒布的效果如图17-30所示。

图17-30

STEP 01 重新给布料指定一个标准材质。到贴图栏下给漫反射颜色添加一个衰减贴图；再到衰减参数栏下分别将两个颜色设为橙色和黑色，并将衰减类型设为朝向/背离；然后到混合曲线栏下将曲线调成一个向上凸起的弧线，如图17-31所示。

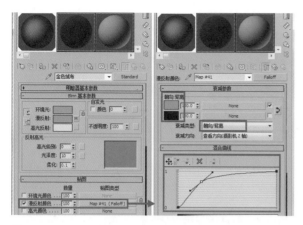

图17-31

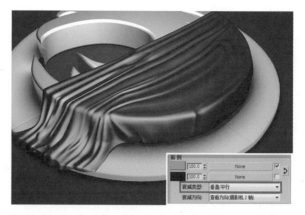

图17-33

STEP 02 渲染一帧，此时可以看到金色绒布的质感还比较粗糙，如图17-32所示。

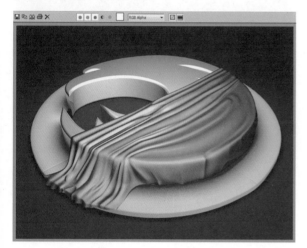

图17-32

注意： 虽然绒布表面有大部分面积受到了光的照射，但它并没有呈现出金色绒布的光泽感，这是因为金色光滑绒的一个最大特点就是其表面有着强烈的光泽反射效果，而金色本身也是具有反射特性的。

STEP 03 将衰减类型设为垂直/平行，可以看到金色绒布的表面变得非常暗了。这里将衰减类型设为垂直/平行的原因是它可以根据衰减方向而形成180°的颜色渐变，如图17-33所示。

STEP 04 调整混合曲线，让绒布表面有一个强烈的光泽感。到混合曲线栏下将曲线调成一个有较大起伏的曲线，如图17-34所示。

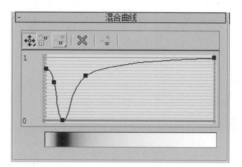

图17-34

STEP 05 再次渲染一帧，可以发现金色绒布的反射光泽效果出来了，而且褶皱较明显的部分看起来有点像黄金的质感，如图17-35所示。

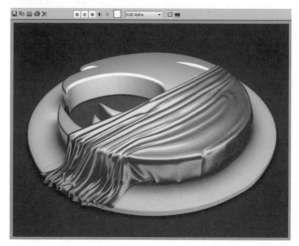

图17-35

STEP 06 给布料添加一个布纹贴图。到贴图栏下给凹凸添加一个布纹理贴图，再到坐标栏下将布纹理U、V轴上的瓷砖数值分别设为5和25，这里加大U、V轴瓷砖数值的对比是为了模拟一种拉丝的纹理效果，如图17-36所示。

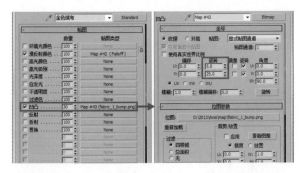

图17-36

STEP 07 布纹理贴图的效果和调整U、V轴瓷砖数值后的贴图纹理效果如图17-37所示。

图17-37

STEP 08 从此时的渲染效果中可以看到金色绒布的表面产生细小的拉丝纹理效果了，这让布料的质感显得更加真实了，如图17-38所示。

图17-38

STEP 09 到贴图栏下将纹理的凹凸值加大到300。此时，可以看到整个金色绒布表面出现了许多小孔，看起来有点像透明的丝绸效果，如图17-39所示。

STEP 10 渲染全景效果，可以看到一块轻柔且光滑的金色绒布质感已被渲染出来了，效果如图17-40所示。

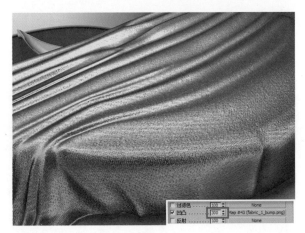

图17-39

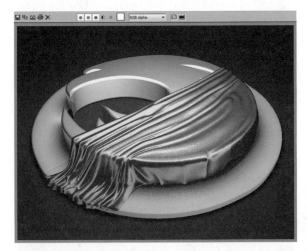

图17-40

STEP 11 最后给绒布指定一张印花纹理贴图，渲染一帧，得到的最终效果如图17-41所示。

图17-41

至此，各种布料的材质效果便制作完成了。

第18章

半透明材质

本章内容
- ◆ 材质分析
- ◆ 制作半透明玻璃材质
- ◆ 制作蜡烛材质

18.1 材质分析

本章主要介绍两种半透明材质的制作，分别是半透明玻璃材质和蜡烛材质，如图18-1所示。

材质共性：材质表面光滑、光泽度弱、需要依靠折射和灯光来控制半透明效果。

材质区别：由于材质的折射强度不同，产生出的透光效果也不一样。

图18-1

18.2 制作半透明玻璃材质

半透明材质是一种利用光线在物体的内部色散后而呈现出来的半透明效果，也就是不让光线完全穿过玻璃或具有折射效果的对象。本节中的半透明玻璃的制作主要是给折射添加一个具有丰富变化的渐变色，再配合烟雾颜色的设置来控制其半透明效果。其次，场景中的灯光是体现所有半透明效果的关键因素。半透明玻璃材质的效果如图18-2所示。

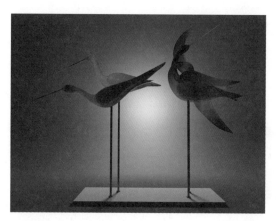

图18-2

STEP 01 导入模型到场景中，这是一组经过设计的抽象仙鹤模型，如图18-3所示。

图18-3

STEP 02 到渲染面板将渲染器类型设为VR渲染器，并到VR_基项面板将图像采样器类型设为自适应DMC，如图18-4所示。

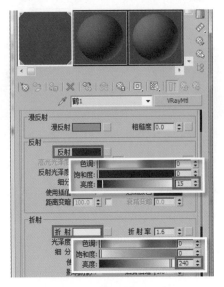

图18-5

STEP 03 到材质面板给仙鹤模型指定一个VRayMtl材质；再到反射栏下将反射颜色设为一个亮度为15的深灰色，让材质仅有一点微弱的反射效果；然后到折射栏下将折射颜色设为一个亮度为240的浅灰色，即让材质有一个接近透明的效果，如图18-5所示。

STEP 04 给模型组中的底座也指定一个VRayMtl材质；将其漫反射颜色设为黑色，反射颜色设为一个亮度为15的深灰色；再将反射光泽度设为0.88，如图18-6所示。

STEP 05 渲染一帧，可以看到仙鹤模型的材质呈完全透明的效果了，仅能隐约地看到其表面的微弱环境反射，

如图18-7所示。

图18-6

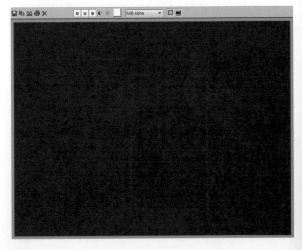

图18-7

STEP 06 增强反射效果的强度。到反射栏下给反射添加一个衰减贴图，并到衰减参数栏下将衰减类型设为Fresnel（菲涅耳），如图18-8所示。

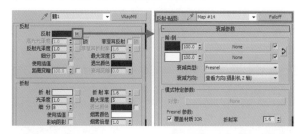

图18-8

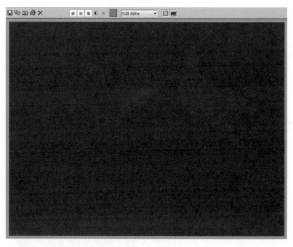

STEP 07 再次渲染，可以看到材质的反射效果稍微变强了，但场景整体看起来依然显得比较黑，如图18-9所示。

图18-9

STEP 08 给场景添加灯光，增强场景的亮度。这里到模型的背后创建一处VR_光源，并将灯光类型设为球体，让灯光的光线向四周散射。将亮度的倍增器值加大到1200；再到灯光选项中，勾选不可见项，取消勾选影响高光项和影响反射项，如图18-10所示。

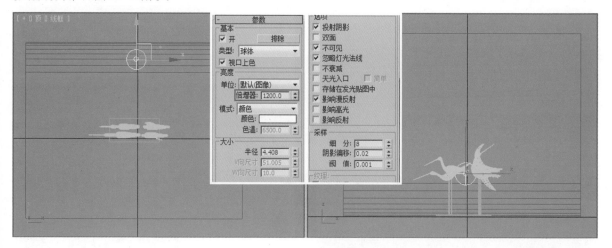

图18-10

注意： 在模型的背后创建灯光的目的是为了让光从模型背后穿透过来，产生一种透明的效果。如果让灯光从前面直接照射到物体上，那么物体就会因强烈的灯光照射而很难呈现出半透明效果。因此，制作物体的半透明效果最佳的灯光创建方法就是在物体后面创建光源。

STEP 09 渲染一帧，此时可以发现仙鹤模型的材质是两个折射效果非常强的玻璃，如图18-11所示。

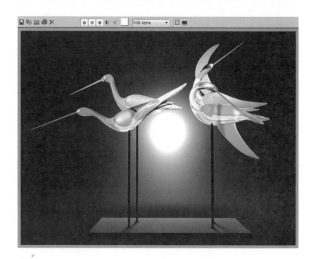

图18-11

STEP 10 调整材质的折射强度，让材质模拟出半透明的效果。到折射栏给折射添加一个渐变坡度贴图；再将渐变颜色调节成一个从黑色到深红色、再到黑色的渐变色，红色所占的面积比较小。这就意味着整个模型材质只有很少的一部分会产生折射效果，而且折射效果的强度也非常低，如图18-12所示。

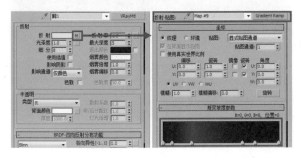

图18-12

STEP 11 从渲染结果中可以看到此时材质的颜色明显减弱了，但材质的红色部分由于受到灯光的照射，出现了颜色曝光过度的现象，如图18-13所示。

图18-13

STEP 12 调整颜色曝光过度的问题，让烟雾颜色来控制材质的颜色变化。到折射栏下将烟雾颜色设为深红色，如图18-14所示。

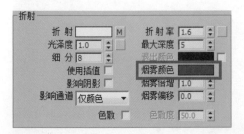

图18-14

STEP 13 渲染一帧，可以看到此时材质的颜色变得通透了许多，但是局部地方的颜色还是会有曝光过度的现象，如图18-15所示。

图18-15

STEP 14 到折射栏下将烟雾倍增值加大到2，这样，颜色曝光过度的现象便得到很好的控制了，如图18-16所示。

图18-16

STEP 15 虽然颜色的曝光现象得到了控制，但是材质的整体亮度却变暗了许多。到贴图栏下将折射值设为50，即加大光线穿透物体的强度。这样，材质便整体变亮了一些，如图18-17所示。

STEP 16 提亮了材质的整体亮度后，可以看到模型材质的颜色是单一的，而且颜色缺少了变化效果。到贴图栏下将折射项的渐变坡度贴图复制给漫反射项，如图18-18所示。

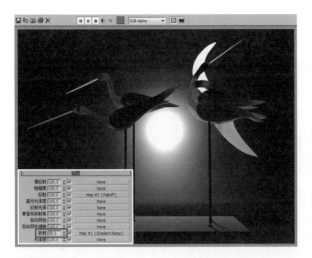

图18-17

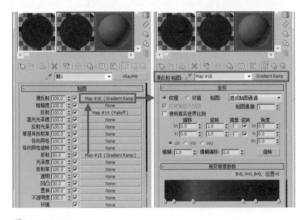

图18-18

图18-19

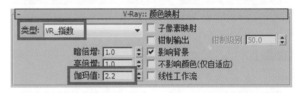

图18-20

STEP 17 再次渲染一帧，可以看到材质的整体亮度又变暗了，如图18-19所示。

STEP 18 到渲染面板的颜色映射栏下，将类型设为VR_指数，并将伽玛值设为2.2，如图18-20所示。

STEP 19 此时，可以看到不仅材质的整体亮度被提亮了，而且材质的颜色效果也变得非常丰富了。至此，一个漂亮的半透明玻璃质感便制作完成了，如图18-21所示。

图18-21

18.3 制作蜡烛材质

蜡烛是一种典型的半透明材质，是由火苗和蜡烛组成的一个整体（本章不对火苗进行讲解）。蜡烛的半透明材质具有较强的折射模糊效果，其表面的反射强度远远低于半透明玻璃。这里使用VRayMtl材质中一个重要的半透明参数来制作蜡烛材质，它能模拟出真实的蜡烛材质。由于蜡烛是半透明的，因此随着其距离灯光的不同远近程度，蜡烛所呈现出的半透光效果也会不同。这种材质还可以用来表现皮肤、纸、布幕、窗帘、牛奶、果汁、乳酪、塑料、玉石等表面有轻微透光效果的物体。本节的蜡烛材质效果如图18-22所示。

图18-22

STEP 01 导入模型到场景中，这是一个有特色的烛台模型，主要用于表现蜡烛的材质，如图18-23所示。

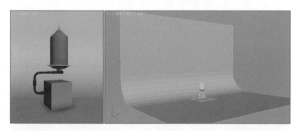

图18-23

STEP 02 到渲染面板将渲染器类型设为VR渲染器，并将图像采样器类型设为自适应DMC，抗锯齿过滤器设为Catmull-Rom（一种具有边缘增强效果的过滤器），如图18-24所示。

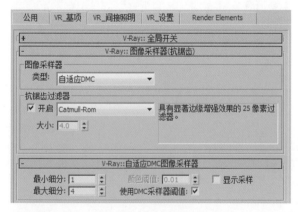

图18-24

STEP 03 首先给地面指定一个黑色的标准材质，并勾选明暗器基本参数栏下的双面选项，再给盒子指定一个深

蓝色的标准材质，将其反射颜色设为一个亮度为25的深灰色，并将高光光泽度设为0.8，如图18-25所示。

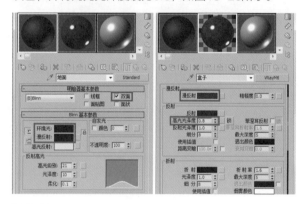

图18-25

STEP 04 到材质面板给管道指定一个VRayMtl材质；将其漫反射颜色设为一个亮度为20的深灰色，反射颜色设为中灰色；再到反射栏下将高光光泽度设为0.8，反射光泽度设为0.95。给盘子指定一个灰色的标准材质，并给其设置一点高光效果，如图18-26所示。

STEP 05 给蜡烛指定一个VRayMtl材质。将漫反射颜色设为米黄色，反射颜色和折射颜色都设为白色。渲染一帧，此时可以看到蜡烛的材质是显示为黑色的，如图18-27所示。

STEP 06 调整蜡烛的材质。到反射栏下将反射光泽度设为0.65，让其表面有一个较强的模糊效果，如图18-28所示。

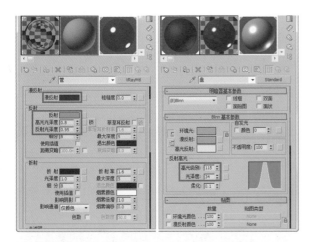

图18-26

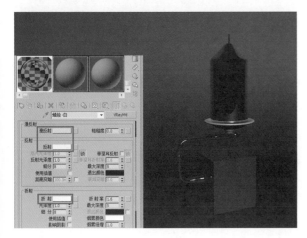

图18-27

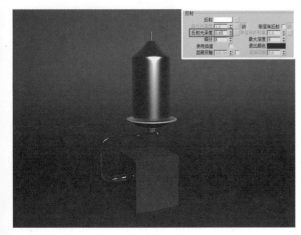

图18-28

STEP 07 到折射栏下将光泽度设为0.3，并将折射率设为1.3。这样，材质内部的折射就会产生一个模糊的效果了，如图18-29所示。

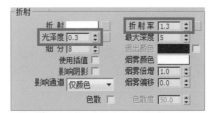

图18-29

STEP 08 到半透明栏下将类型设为硬（蜡）模型，并将厚度减小为200，散射系数设为1，如图18-30所示。这样，蜡烛就会有较好的通透性了。

图18-30

STEP 09 渲染一帧，可以发现蜡烛材质几乎没有任何的变化，这是因为此时的材质有着较强的模糊反射效果，材质表面呈现出来的反射效果几乎都是环境的反射，如图18-31所示。

图18-31

STEP 10 降低反射的强度。到贴图栏下给反射添加一个衰减贴图，再到衰减参数栏下将衰减类型设为Fresnel[菲涅耳]，让其有一个微弱的反射效果，如图18-32所示。

图18-32

STEP 11 再次渲染一帧，此时会发现虽然蜡烛材质的反射效果几乎没有了，但其表面却显得非常粗糙且通透性很差，这是由于它的折射出现了问题所导致的，如图18-33所示。

图18-33

STEP 12 到折射栏下勾选使用插值项，可以发现蜡烛材质立刻变得圆润、光滑了一些，而且渲染速度也快了许多，如图18-34所示。

图18-34

注意： 当勾选了使用插值项时，V-Ray会使用一种类似发光贴图的缓存方式来加速折射模糊效果的计算速度。此外，不同的视角所得到的渲染结果是不一样的。此时，材质是受默认的场景灯光影响的，只要灯光的视角是偏仰视角度，那么得到的材质效果都会偏亮，反之则偏暗。

STEP 13 给蜡烛材质添加一些凹凸效果。到贴图栏下给凹凸项添加一个噪波贴图，并到噪波参数栏下将大小值设为40，如图18-35所示。

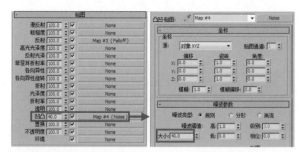

图18-35

STEP 14 再次让灯光呈仰视角度，渲染场景，此时可以看到蜡烛的材质显得更加真实了，如图18-36所示。

图18-36

STEP 15 给场景添加光源，修正前面由于不同的角度而产生不同渲染效果的问题。到蜡烛模型的正前方呈45°角的上空位置创建一处VR_光源，并到参数栏将灯光亮度的倍增器值设为15，如图18-37所示。

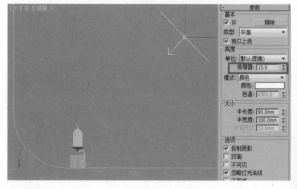

图18-37

STEP 16 渲染一帧，此时可以发现无论灯光从哪个角度照射，材质都是呈偏暗色调的，这说明此时的灯光对场景产生影响了，只不过灯光的亮度还不够强，如图18-38所示。

图18-38

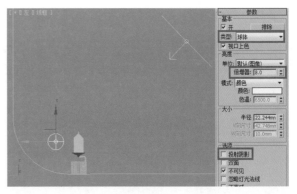

图18-39

STEP 17 再到蜡烛模型的后面创建一处VR_光源，到参数栏下将光源的类型设为球体，亮度的倍增器值设为8，再取消勾选投射阴影选项。这样，灯光就可以照亮整个场景了，如图18-39所示。

STEP 18 从此时的渲染结果中可以看到蜡烛材质恢复为正常的显示了。至此，蜡烛材质的制作完成，如图18-40所示。

STEP 19 到渲染面板的VR_间接照明栏下勾选开启选项，并将发光贴图栏下的当前预置设为低。最后渲染一下场景，得到的半透明蜡烛效果如图18-41所示。

图18-40

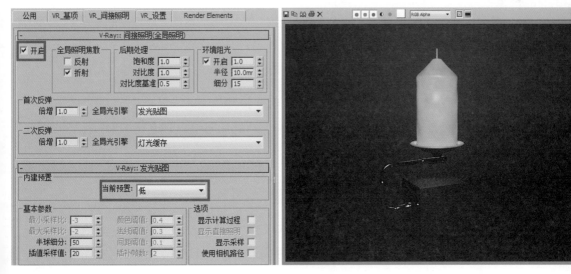

图18-41

STEP 20 如果想得到一个红色蜡烛效果，可以到折射栏下将烟雾颜色设为红色，如图18-42所示。

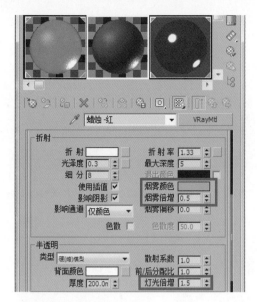

图18-42

STEP 21 最后渲染一帧，得到最终的红色蜡烛效果，如图18-43所示。

图18-43

注意： 烟雾颜色越深，所得到的渲染效果就越深，因此这里要同时到半透明栏下将灯光倍增值调大。

第 **19** 章

塑料材质

本章内容
◆ 材质分析
◆ 制作硬塑料材质
◆ 制作软皮质塑料材质

19.1 材质分析

本章主要介绍两种塑料材质的制作。这两种塑料材质分别是硬塑料材质和软塑料材质，如图19-1所示。

材质共性：材质都比较透明、光滑。

材质区别：根据塑料厚度的不同，塑料的韧性、材质的折射强度、透光性和光泽感都不一样。

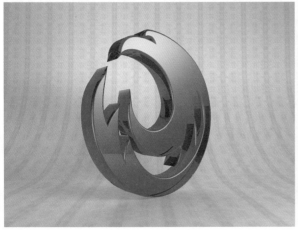

图19-1

19.2   制作硬塑料材质

　　硬塑料材质和玻璃材质很相似，虽然一般的硬塑料比玻璃更有韧性，但玻璃的通透性比塑料要好，这是由透明材质的透光率、反射、折射、色散等特性决定的。硬塑料材质的表面会有较强的光散射效果，因此在塑料的表面可以形成云雾状的高光效果或使塑料外观变浑浊的效果。本章的硬塑料材质效果如图19-2所示。

图19-2

STEP 01 导入模型到场景中，这是一个坐板和背板均为硬塑料材质的椅子模型，如图19-3所示。

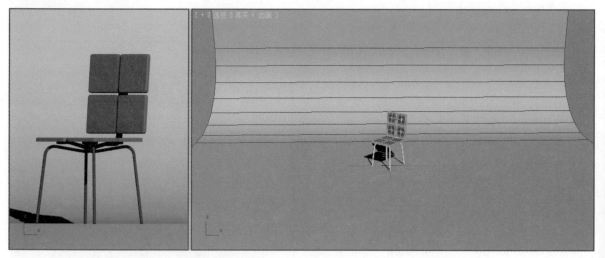

图19-3

注意： 椅子的坐板和背板的边缘都有一个细小的倒角效果，这是为了让材质更精细所设置的。

STEP 02 给椅子的坐板和背板都指定一个VRayMtl材质，再将漫反射颜色设为蓝色，折射颜色设为浅灰色，如图19-4所示。

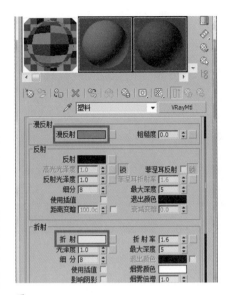

图19-4

STEP 03 此时，可以看到椅子的坐板和背板都呈一个浅蓝色的透明折射质感，材质颜色并没有按所设置的漫反射颜色显示出来，如图19-5所示。

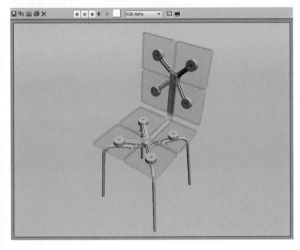

图19-5

STEP 04 调整塑料材质的颜色。到折射栏将烟雾颜色调成和漫反射颜色一样的蓝色，如图19-6所示。

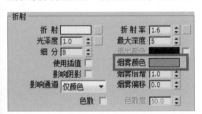

图19-6

STEP 05 渲染一帧，此时可以看到塑料的颜色变成蓝色了，如图19-7所示。

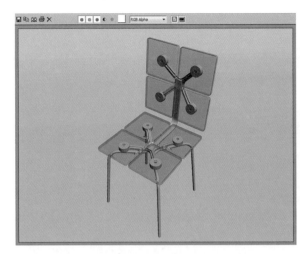

图19-7

STEP 06 如果觉得材质的颜色太淡，可以到折射栏下将烟雾倍增值设为2。这样，塑料的颜色便加深了，如图19-8所示。

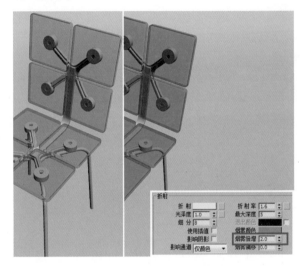

图19-8

STEP 07 为了增强塑料材质的真实感，这里需要为其设置轻微的反射效果。到贴图栏下为反射添加一个衰减贴图；再到衰减参数栏下，分别将前、侧的两个颜色设为绿灰色和中灰色，并将衰减类型设为Fresnel【菲涅耳】，如图19-9所示。

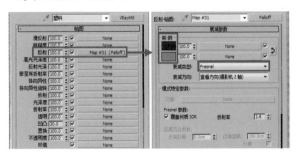

图19-9

STEP 08 再次渲染一帧，可以看到坐板和背板的塑料材质已经基本制作出来了，但此时材质的真实感还不够强，整个材质看起来显得比较暗淡，缺乏光泽感，如图19-10所示。

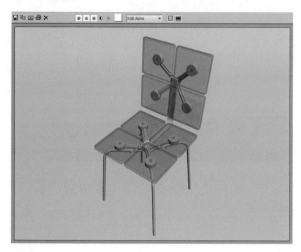

图19-10

STEP 09 到反射栏下单击高光光泽度右边的锁按钮，并将高光光泽度设为0.67。此时，可以看到塑料材质的边缘出现了尖锐的高光效果，但其高光效果太弱了，看起来不够明显，如图19-11所示。

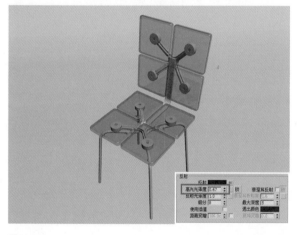

图19-11

STEP 10 给场景添加一处VR_光源，增强塑料材质的光泽感。将灯光放置在椅子的右侧上空位置，再到其参数栏下取消勾选灯光的影响反射项，不让光源反射到塑料上，这是因为光源产生出的大面积白亮效果会影响到材质的视觉效果，如图19-12所示。

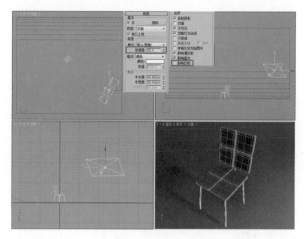

图19-12

STEP 11 渲染一帧，此时可以发现由于灯光的亮度不够，导致场景变得比较暗了，如图19-13所示。

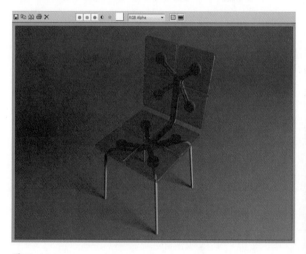

图19-13

注意：如果此时增加VR_光源的亮度，虽然可以提高场景的整体亮度，但这样会使灯光直接照射到的地方曝光过度，且会减慢GI的计算速度。

STEP 12 到场景中再添加两盏泛光灯，将它们分别放置在椅子的左右两边。将椅子顶部的灯光的倍增值设为0.5，并让其他灯光的参数均保持为默认设置，如图19-14所示。

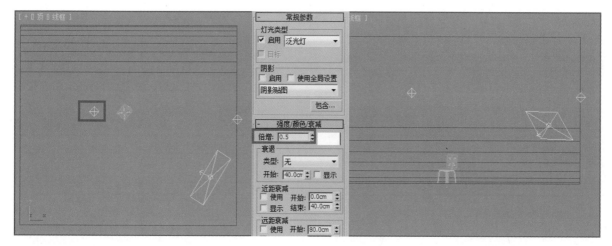

图19-14

注意： 如果此时再增加几处VR_光源，那么渲染速度就会成倍地减慢，而这里选择添加泛光灯是因为这样做既能保证渲染速度，又能确保场景的GI效果不会差太远。这是平时在做动画时一个比较可取的方法。

STEP 13 再次渲染一帧，此时不仅可以看到塑料材质有一个较强烈的高光效果，材质显得更加有质感了，而且整个场景也被照亮了。但仔细观察可以发现此时塑料材质的质感似乎和玻璃质感区别不大，如图19-15所示。

STEP 14 为了将塑料质感和玻璃质感区别开来，这里给场景再添加一盏泛光灯，将其放置在椅子的正前方位置，用它来照亮椅子的背板，让背板产生比较强的光晕效果，增强塑料材质表面的光泽感，这是透明玻璃质感所不具备的特点，如图19-16所示。

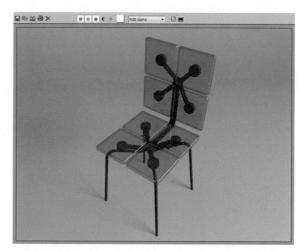

图19-15

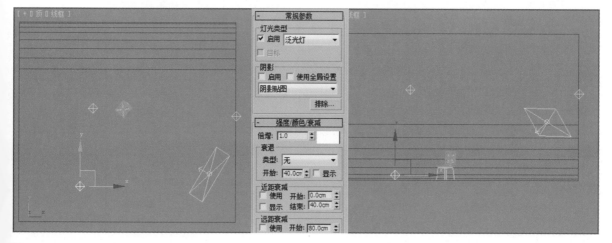

图19-16

STEP 15 渲染一帧，此时可以看到塑料材质的质感比之前的质感要好了很多，如图19-17所示。

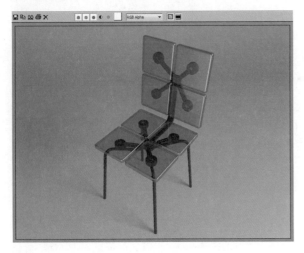

图19-17

STEP 16 到渲染面板的间接照明栏下勾选开启项，并将发光贴图栏下的当前预置设为低，如图19-18所示。

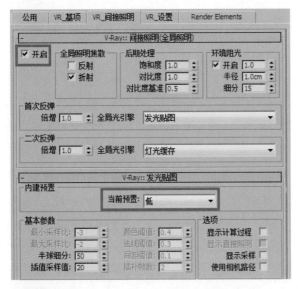

图19-18

STEP 17 给场景中的地面设置一个木纹效果。到贴图栏下分别给漫反射颜色和凹凸各添加一个木纹贴图，并让这两个贴图的参数保持同样的设置，如图19-19所示。

STEP 18 两个贴图的纹理效果如图19-20所示。

STEP 19 将椅子复制一个，并调整一下复制所得的椅子的角度；给复制所得的椅子重新指定一个塑料材质，并将塑料的颜色设为橙色，如图19-21所示。

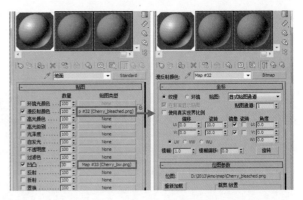

图19-19

图19-20

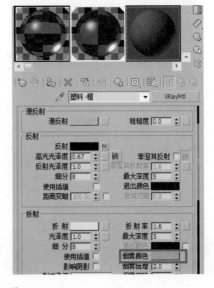

图19-21

STEP 20 最后渲染一帧，得到的塑料椅子的材质效果如图19-22所示。

图19-22

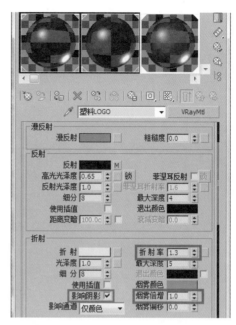

图19-24

STEP 21 将场景中的椅子替换成LOGO模型，如图19-23所示。

图19-23

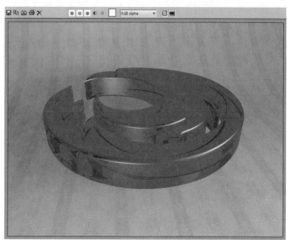

图19-25

STEP 22 将蓝色塑料材质复制一个，并对材质进行调整。到折射栏下将折射率值设为1.3，让其折射效果更接近塑料的折射效果，再将烟雾倍增值设为1，然后勾选影响阴影项，让塑料的阴影可以根据其材质的折射强弱而发生变化，如图19-24所示。

STEP 23 渲染一帧，此时可以看到一个基本的LOGO塑料材质制作出来了，如图19-25所示。

STEP 24 减弱塑料材质的折射效果。到贴图栏下给折射添加一个衰减贴图，再到混合曲线栏下将曲线的形状调整为如图19-26所示。

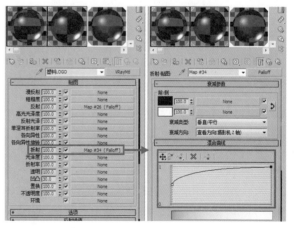

图19-26

STEP 25 调整材质表面的颜色。到贴图栏下给漫反射添加一个渐变坡度贴图，并到坐标栏下将z轴的旋转角度值设为90。这样，在LOGO的侧面就会产生一个从上而下颜色渐变的效果，这种效果可以使材质看起来更有质感，如图19-27所示。

STEP 26 至此，LOGO的塑料材质也制作完成了。渲染后的最终效果如图19-28所示。

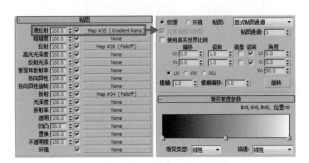

图19-27

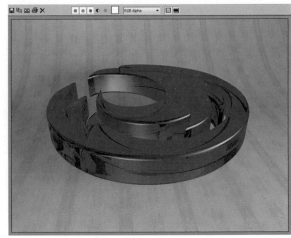

图19-28

19.3 制作软皮质塑料材质

软皮塑料和硬质塑料的材料有所不同，本节介绍的是如何制作塑料泳圈的材质，其皮质单薄、折射效果低且颜色丰富，如图19-29所示。

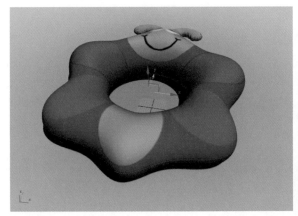

图19-30

图19-29

STEP 01 导入模型到场景中，这是一个软皮质的塑料泳圈模型，如图19-30所示。

STEP 02 到渲染面板将渲染器类型设为VR渲染器；再到VR_基项面板将图形采样器类型设为自适应DMC，并将抗锯齿过滤器设为Catmull-Rom过滤器，增强材质边缘的锐度效果，如图19-31所示。

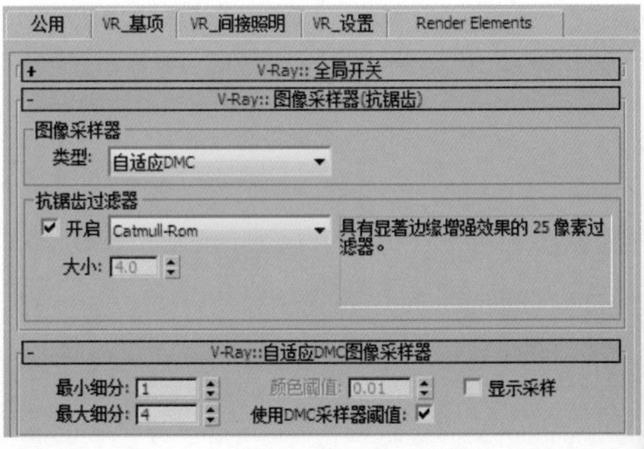

图19-31

STEP 03 到材质编辑器中给泳圈指定一个VRayMtl材质；再到贴图栏下给漫反射添加一个彩色花纹贴图，并让花纹贴图的参数保持为默认设置，如图19-32所示。

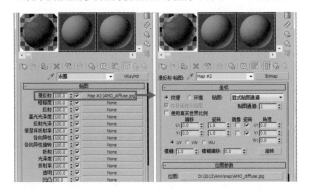

图19-32

STEP 04 设置泳圈的折射率。到折射栏下给折射添加一个灰度花纹贴图，并让贴图的参数保持为默认设置；再将折射率设为1.05，如图19-33所示。

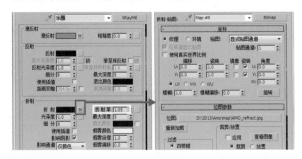

图19-33

注意： 塑料的折射率跟其合成材料有关，因此其折射率没有一个固定值。在材质的制作过程中，需要根据塑料的用途来设置合适的折射率，数值范围一般在1~1.6。一般情况下，折射率的设定还需要考虑材质的透光性、反射、散射的程度等因素，常见的透明塑料薄膜的折射率很接近空气的折射率（空气折射率为1.01）。

STEP 05 塑料的漫反射贴图和折射贴图如图19-34所示。

STEP 06 渲染一帧，此时可以看到泳圈材质呈一个非常透明的塑料效果。泳圈的材质过于透明，从正面也能看到背面的图案，导致材质的效果比较混乱，如图19-35所示。

STEP 07 到贴图栏下给反射添加一个衰减贴图；将衰减参数栏下的白色替换为深灰色，降低衰减程度，如图19-36所示。

漫反射贴图　　　　折射贴图

图19-34

注意： 如果想要设置塑料的透明度，就要先设置好折射贴图的灰度效果。越白的部分越透明，反之，越黑的部分就越不透明。因为这里要突出颜色部分，所以要将彩色部分的灰度设置得比较暗。

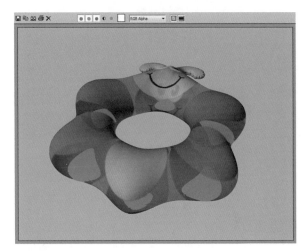

图19-35

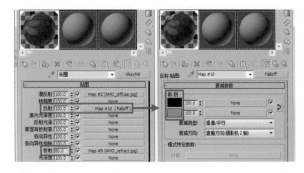

图19-36

STEP 08 到贴图栏下给反射光泽度也添加一个衰减贴图，让反射部分产生模糊的效果；再到衰减参数栏下将前：侧的两个颜色分别设为深灰色和黑色，如图19-37所示。

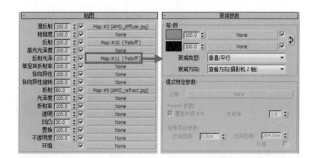

图19-37

STEP 09 再次渲染一帧，可以看到塑料材质的边缘反射出了地面，而且整个材质添加了反射效果后，其透明效果也减弱了一点，如图19-38所示。

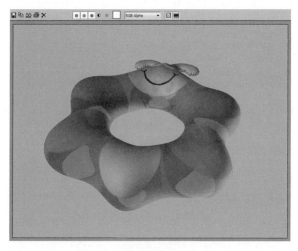

图19-38

STEP 10 到贴图栏下将反射值降低到80，反射光泽度降低到30。这样，塑料材质的透明效果又提高了一点，其表面不但保留了一点模糊反射效果，而且还出现了高光，整个材质的质感比之前的更真实了，如图19-39所示。

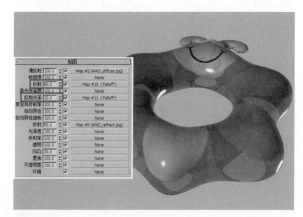

图19-39

STEP 11 调整塑料材质的颜色。到折射栏下将烟雾颜色设为一个很浅的蓝色，并将烟雾倍增值设为0.1，让材质的颜色表面有一个淡淡的朦胧效果，如图19-40所示。

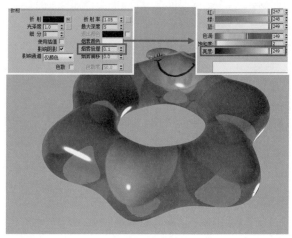

图19-40

注意： 这里勾选了影响阴影项，该项只有在创建了灯光的情况下才会起作用。

STEP 12 不同的烟雾倍增值所得到的材质透明效果是不一样的，该值越低，得到的塑料效果越通透，如图19-41所示。

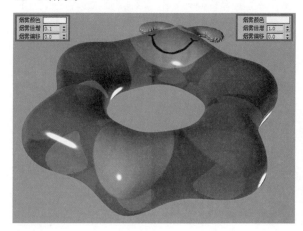

图19-41

STEP 13 给塑料材质添加凹凸效果。到贴图栏下给凹凸添加一个褶皱纹理贴图，该纹理贴图主要用于模拟泳圈边缘的褶皱效果，如图19-42所示。

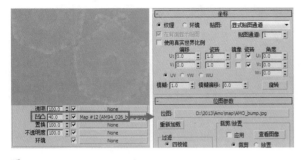

图19-42

STEP 14 渲染一帧，此时可以看到泳圈在添加了凹凸贴图后显得更加真实了，如图19-43所示。

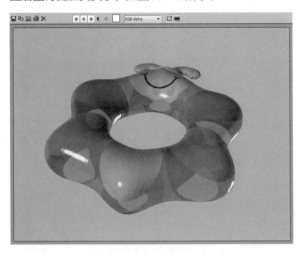

图19-43

STEP 15 给场景添加光源。分别到泳圈的前方和后方创建一处VR_光源和一盏泛光灯，两处灯光的设置如图19-44所示。

STEP 16 到渲染面板的间接照明栏下勾选开启项，并到发光贴图栏下将当前预置设为低，如图19-45所示。

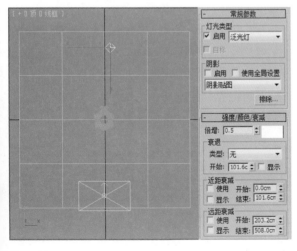

图19-44

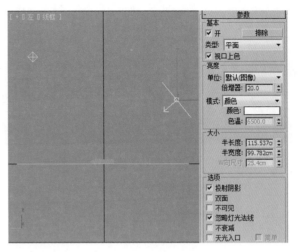

图19-45（a）

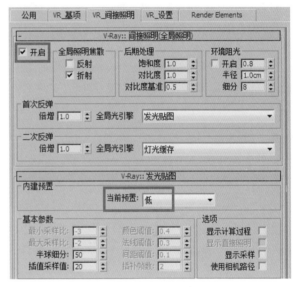

图19-45（b）

STEP 17 最后渲染一帧，得到一个漂亮的软质塑料泳圈，效果如图19-46所示。

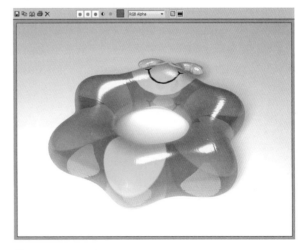

图19-46

第20章

锈蚀材质

20.1　材质分析

本章主要介绍锈蚀金属材质的制作。锈蚀材质是一种金属在潮湿的空气中产生化学作用，渐渐变色，并在表面生成一种红褐色的物质，也就是常说的锈迹效果。这种效果一般出现在金属材质上，该表面材质的质感已经不是原来的金属质感，其反射强度极其低，光泽度也非常弱，如图20-1所示。

图20-1

20.2　制作锈蚀材质

锈蚀材质是铁器长时间与空气或水接触后发生氧化后所产生的一种斑驳锈迹效果，该材质的反射效果和光泽感都相对较低。锈蚀材质表面的锈迹效果主要是通过将VR的污垢贴图与颜色修正贴图结合起来进行模拟所得到的。锈蚀材质的效果如图20-2所示。

图20-2

STEP 01 导入模型到场景中，这是一个消防栓模型。本节主要介绍如何给其表面制作一个锈迹斑斑的锈蚀材质，如图20-3所示。

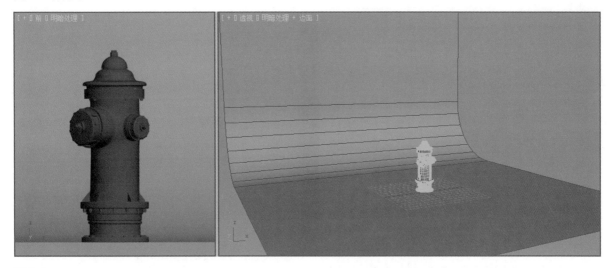

图20-3

STEP 02 到渲染面板将渲染器类型设为VR渲染器，并到VR_基项面板将图形采样器类型设为自适应DMC，如图20-4所示。

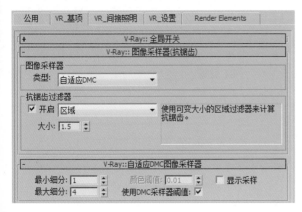

图20-4

STEP 03 到材质编辑器中给材质球指定一个VRayMtl材质；再到漫反射栏下给漫反射添加一个VR_污垢贴图，如图20-5所示。

STEP 04 到污垢参数栏下给贴图非阻光颜色添加一张带有污迹的锈迹位图。到贴图参数栏下调整贴图的偏移值和瓷砖数值，将其W轴向的角度值设为9，再将其模糊值设为0.5，让贴图显示得更加清晰，如图20-6所示。

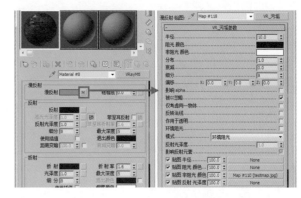

图20-5

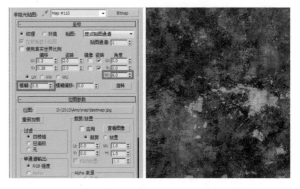

图20-6

STEP 05 到模型的修改器面板给其添加一个UVW贴图修改器，为了让贴图能够与呈柱形的消防栓相匹配，这里将参数栏下的贴图方式设为柱形。这样，在视图中就可以看到一个黄色柱形线框包裹在消防栓的外面了，如图20-7所示。

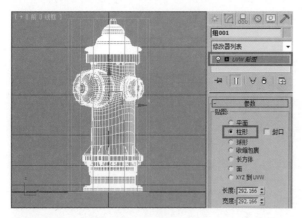

图20-7

STEP 06 此时，虽然材质的表面有了一个锈迹效果，但锈迹材质缺乏金属的质感，而且材质的表面缺失了材质的反射效果，如图20-8所示。

图20-8

STEP 07 给材质添加反射效果。到反射栏下给反射添加一个颜色修正贴图，勾选菲涅耳反射项，并将菲涅耳折射率设为5，如图20-9所示。

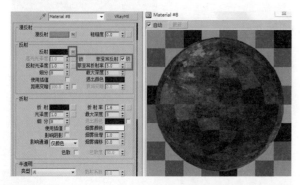

图20-9

注意： 颜色修正贴图可以对贴图的颜色、饱和度、亮度和通道等进行调整，能够让贴图产生更加绚丽的效果。

STEP 08 进入颜色修正贴图的基本参数栏，将贴图的亮度调整为20，对比度设为-30，如图20-10所示。

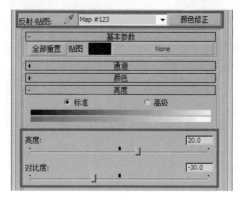

图20-10

STEP 09 到基本参数栏下给贴图添加一个颜色修正贴图。这里将污垢贴图中名为testmap.jpg的贴图复制到该颜色修正的基本参数栏中。这样，该颜色修正贴图就可以对贴图进行修正处理了，如图20-11所示。

图20-11

注意： 在粘贴时，选择粘贴（实例）方式。

STEP 10 渲染一帧，此时可以发现材质除了颜色变亮了一点以外，其他方面没有什么变化了，如图20-12所示。

STEP 11 给材质添加光泽感。到贴图栏下将反射的颜色修正贴图复制给反射光泽，并到反射光泽的颜色修正贴图的基本参数栏下将亮度设为45，如图20-13所示。

STEP 12 再次渲染一帧，此时可以发现消防栓的表面有了强烈的光泽感。这样，一个比较真实的基本锈迹材质便制作出来了，如图20-14所示。

图20-12

图20-13

图20-14

STEP 13 如果不使用颜色修正贴图,而是直接用锈迹贴图来制作材质效果,这样得到的材质效果就会整体缺乏光泽感,而且没有一点金属的质感,如图20-15所示。

STEP 14 到贴图栏下将反射光泽的颜色修正贴图复制给凹凸,并到凹凸的颜色修正贴图的基本参数栏下调大贴图的亮度和对比度,如图20-16所示。

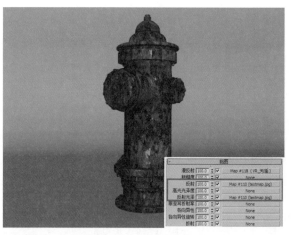

图20-15

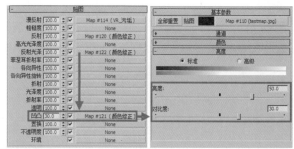

图20-16

STEP 15 渲染一帧,此时可以看到锈迹金属的表面产生凹凸的质感了,这样,材质看起来就显得更加真实了,如图20-17所示。

图20-17

STEP 16 给场景添加一处VR_光源和一盏泛光灯,并到参数栏下将VR_光源亮度的倍增器值设为7。这样,锈迹金属就没那么容易曝光过度了,如图20-18所示。

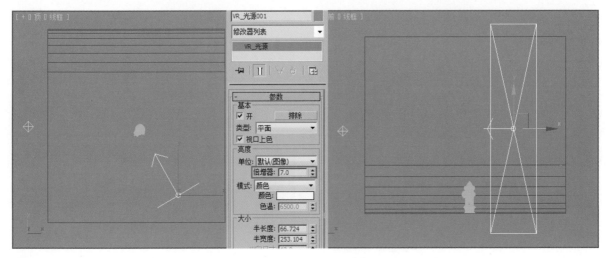

图20-18

STEP 17 至此，锈蚀金属的材质便制作完成了。进行渲染，得到的最终材质效果如图20-19所示。

图20-19

第**21**章

木材材质

本章内容
◆ 材质分析
◆ 制作粗糙木材材质
◆ 制作光滑木材材质

21.1　材质分析

本章主要介绍两种木材质的制作，分别是粗糙木材材质和光滑木材材质，如图21-1所示。

材质共性：材质的纹理都是使用贴图制作而成。

材质区别：材质光滑度不同，材质的反射强度和光泽感也不同。

图21-1

21.2　制作粗糙木材材质

粗糙木材材质的纹理比较杂乱，而且没有经过抛光处理，因此该材质的表面几乎看不到反射效果，光泽感也比较低。在材质的表现中，为了不让材质过于暗淡，会适当地给其表面设置一些模糊反射效果。材质纹理的制作主要利用了木材的纹理贴图，为了表现出高精度的木材凹凸纹理，这里介绍了一种法线贴图的使用方法。本节的粗糙木材效果如图21-2所示。

设为0.5，让材质表面有一点光泽感，如图21-6所示。

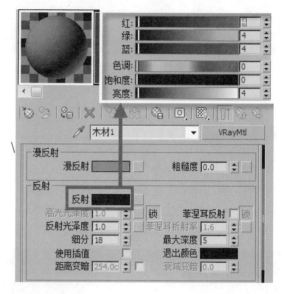

图21-4

图21-2

STEP 01　导入模型到场景中，该场景是由几根长条形木材和LOGO随机组合而成的，如图21-3所示。

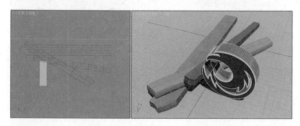

图21-3

STEP 02　到渲染面板将渲染器类型设为VR渲染器，再到材质编辑器给材质球指定一个VrayMtl材质，然后给材质设置一个微弱的反射效果，到反射栏下将反射颜色的亮度设为4，如图21-4所示。

STEP 03　渲染一帧，可以看到灰色场景模型的表面有一个非常微弱的反射效果，如图21-5所示。

STEP 04　给材质设置木纹效果。到漫反射栏下给漫反射添加一个带树皮的木材贴图，保持贴图的参数为默认设置；再到反射栏下将高光光泽度设为0.4，反射光泽度

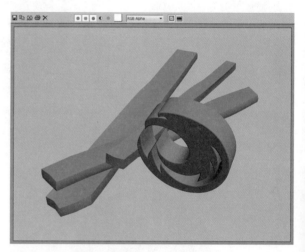

图21-5

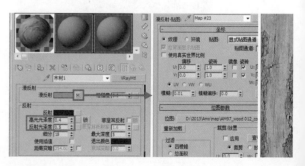

图21-6

STEP 05 选择场景中的其中一根木材，到修改器面板给其添加一个UVW贴图修改器，并到参数栏下将其贴图方式设为长方体，如图21-7所示。

图21-7

STEP 06 再次渲染一帧，此时可以看到长条形木材的木纹贴图效果比LOGO上的贴图效果要更清晰一点，这里暂时先不处理LOGO的木纹贴图效果，如图21-8所示。

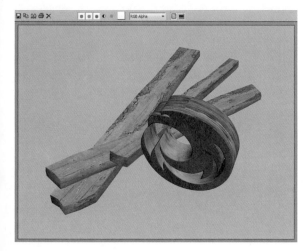

图21-8

STEP 07 继续调整木材的质感，给木材设置一个凹凸效果，让其看起来更真实。到贴图栏下给凹凸添加一个法线凹凸贴图，该贴图可以给高精度细节的几何体模型设置更精细的凹凸效果。这里需要给法线添加一个法线凹凸贴图，该法线贴图是将原贴图进行处理后而得到的一个有色贴图，如图21-9所示。

STEP 08 下面简单介绍一下法线贴图的制作方法。将法线贴图的相关参数设置为和漫反射贴图一样的设置，如图21-10所示。

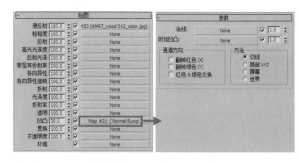

图21-9

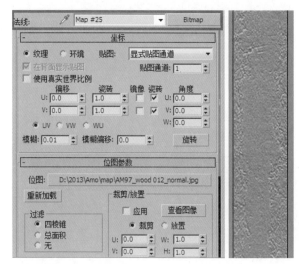

图21-10

STEP 09 到参数栏下将法线的凹凸值设为1.5，加强纹理细节的凹凸效果。此时，从渲染效果中可以看到木材的材质有一个微弱的凹凸纹理效果，但其看起来并不明显，如图21-11所示。

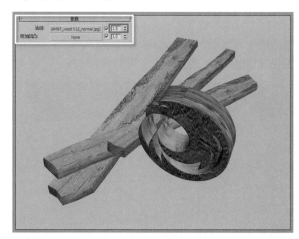

图21-11

STEP 10 到贴图栏下将贴图的整体凹凸值设为-60，凹凸值为负值可以使木材纹理的凹凸方向反转，得到的木材凹凸效果如图21-12所示。

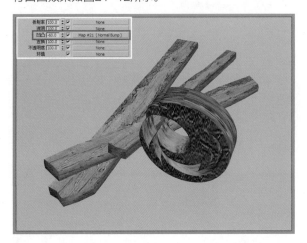

图21-12

STEP 11 到材质面板将材质球复制一个，并更换凹凸项的贴图，如图21-13所示。

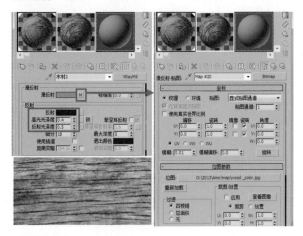

图21-13

STEP 12 再到凹凸项的法线贴图的设置面板中，将法线的贴图也更换掉，如图21-14所示。

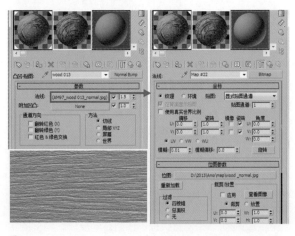

图21-14

STEP 13 将该材质指定给LOGO模型，再到修改器面板中给LOGO模型添加一个UVW贴图修改器，然后到参数栏下将贴图方式设为模型，并勾选封口项。此时，从视图中可以发现LOGO侧面的贴图纹理变得非常密集了，因此这里需要到修改器面板中激活UVW贴图的线框模式；再到视图中将贴图沿*x*轴放大三倍，校准其侧面的贴图坐标，如图21-15所示。

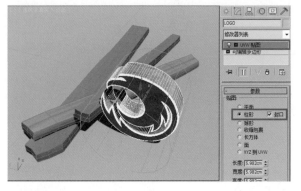

图21-15

STEP 14 此时，从渲染效果中可以看到木纹贴图真实、准确地贴在LOGO的表面了，如图21-16所示。

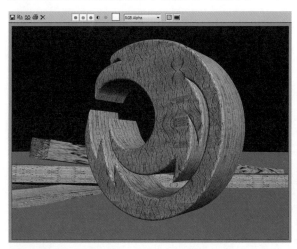

图21-16

STEP 15 到LOGO的正前方位置创建一处VR_光源，并到参数栏下将灯光亮度的倍增器值设为15，如图21-17所示。

STEP 16 到渲染面板的间接照明栏下开启场景的全局光效果，并到发光贴图栏下将当前预置设为低，如图21-18所示。

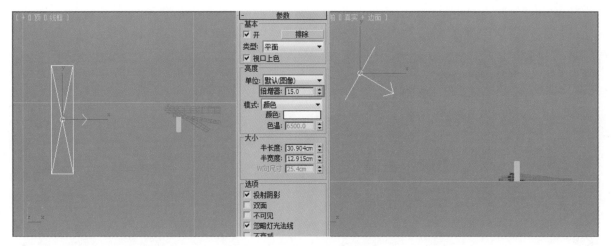

图21-17

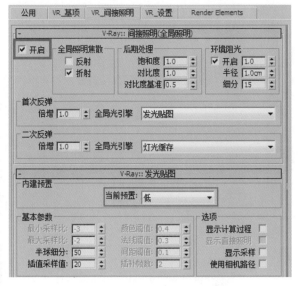

图21-18

STEP 17 至此，粗糙的木材质感便制作完成了，渲染后的最终效果如图21-19所示。

图21-19

21.3 制作光滑木材材质

光滑木材是一种经过了抛光处理的材质，其质地比粗糙木质的质地更坚硬，纹理的光泽感也更光鲜亮丽。本节的光滑木材效果如图21-20所示。

图21-20

STEP 01 导入模型到场景中，这是一个鱼盘模型。本节主要介绍如何给鱼模型和底座模型制作一种光滑的木纹材质，如图21-21所示。

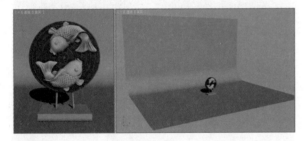

图21-21

STEP 02 到渲染面板将渲染器类型设为FR渲染器，如图21-22所示。

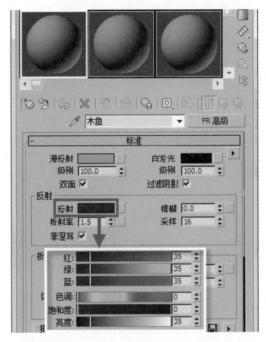

图21-23

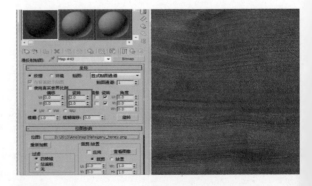

图21-24

STEP 03 到材质编辑器中给材质球指定一个FR高级材质；再到反射栏下将反射颜色设为一个亮度为35的深灰色，如图21-23所示。

STEP 04 到贴图栏下给漫反射添加一个棕色木纹贴图；再到贴图设置面板的坐标栏下将贴图U、V轴上的瓷砖数值设为2，如图21-24所示。

STEP 05 渲染一帧，此时可以看到木纹材质非常平淡，如图21-25所示。

图21-25

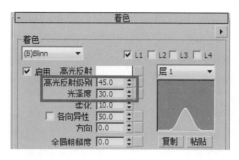

图21-26

注意： 作为背景的圆盘模型是一个黑色的标准材质。

STEP 06 给材质添加光泽感。到着色栏下将高光反射级别设为45，光泽度设为30。这样就可以调节出一个强度较低但面积较广的亚光材质高光效果，如图21-26所示。

注意： 高光效果可以决定材质是呈亚光质感还是抛光质感。

STEP 07 再次渲染一帧，可以看到鱼模型表面的高光效果使木材的质感真实了很多，如图21-27所示。

图21-27

STEP 08 到圆盘正前方呈45°角的位置添加一盏FR_方形灯光，如图21-28所示。

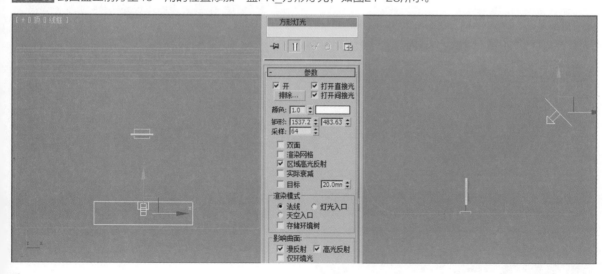

图21-28

STEP 09 增强材质的反射效果。到反射栏下给反射添加一个木纹贴图的灰度位图，并将该贴图的参数设置为和漫反射贴图同样的设置，如图21-29所示。

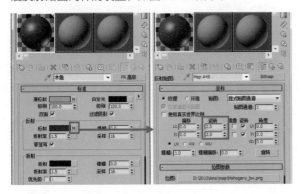

图21-29

STEP 10 木材纹理贴图的灰度位图如图21-30所示。

图21-30

STEP 11 渲染一帧，从渲染效果中可以看到黄线圈中的材质的反射效果有点过于强烈了，如图21-31所示。

图21-31

STEP 12 到贴图栏下将反射贴图的反射值设为5，并将反射项的贴图复制给凹凸项。这样，在给表面添加了一些凹凸效果后，反射效果的强度便得到了减弱，如图21-32所示。

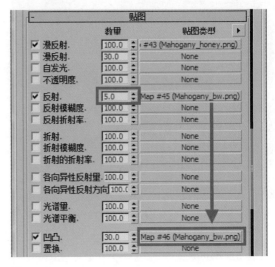

图21-32

注意： 在具有反射效果的材质表面稍微添加一点凹凸感，不会影响材质整体的光滑效果。

STEP 13 到渲染面板的全局选项栏下，开启抗锯齿选项，并到选项栏下勾选全局照明项和天光项，如图21-33所示。

图21-33

STEP 14 再次渲染一帧，此时可以看到一个漂亮的鱼模型木纹质感已经制作出来了，如图21-34所示。

图21-34

STEP 15 如果觉得此时材质表面的凹凸效果过于明显，可以到贴图栏下将凹凸值减小到5，并到反射栏下将模糊值设为30，如图21-35所示。

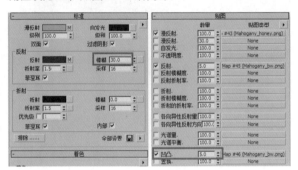

图21-35

STEP 16 至此，一个光滑的木纹材质便制作完成了，如图21-36所示。

图21-36（a）

图21-36（b）

STEP 17 最后给材质设置一个亮光的效果。到着色栏下将高光反射级别和光泽度的值调大。这样，材质就会有一个更尖锐的高光效果，木材看起来也更有抛光木纹的质感了，如图21-37所示。

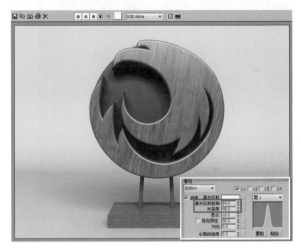

图21-37

第 **22** 章

烤漆材质

本章内容
◆ 材质分析
◆ 制作烤漆材质

22.1　材质分析

　　烤漆质感和车漆质感很相似，但车漆材质的一个显著特征就是其材质中含有多种粉状颗粒，而烤漆材质则没有这种粉状颗粒，其质感就像钢琴的烤漆材质质感。烤漆材质的漆面非常光滑、饱满，釉面圆润光亮。本章的烤漆材质效果如图22-1所示。

图22-1

22.2　制作烤漆材质

　　这里主要介绍一种在雕塑表面镀上一层非常光亮的釉面且带有一点污迹的烤漆材质。该材质是利用FR的车漆2材质进行制作的，FR车漆2材质比FR车漆材质有更丰富的材质参数设置，而且材质效果的准确性也相对更高，此外，该材质表面的污迹是通过添加一张混乱指纹贴图而得到的。烤漆材质的效果如图22-2所示。

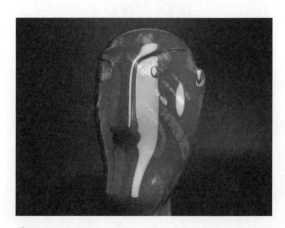

图22-2

STEP 01 导入模型到场景中，这是一个抽象的雕塑模型，如图22-3所示。

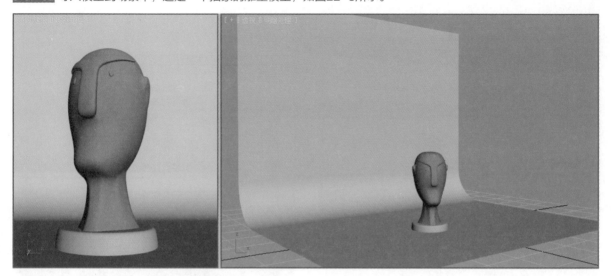

图22-3

STEP 02 到渲染面板将渲染器类型设为FR渲染器，并到FR渲染面板中开启抗锯齿项，如图22-4所示。

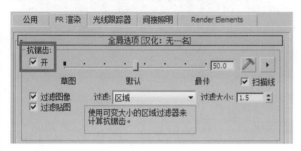

图22-4

STEP 03 到材质编辑器中给材质球指定一个FR车漆2材质，并将其赋予给雕塑模型。该FR车漆2材质主要用来模拟带颗粒质感的车漆材质，这里将其调整为一种钢琴烤漆的材质效果，如图22-5所示。

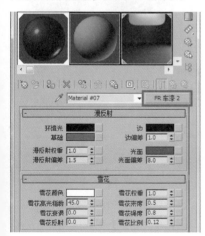

图22-5

STEP 04 让FR车漆2材质的参数保持为默认设置。渲染一帧，此时可以看到雕塑模型的表面有一些细小的颗粒，整个材质的质感显得非常柔和且具有丰富的层次感，如图22-6所示。

图22-6

STEP 05 到材质面板的雪花栏下将雪花比例设为0，这是一个用于制作车漆材质的颗粒效果的关键参数。关闭颗粒质感的显示，这样，得到的渲染效果就比之前的效果显得更加光滑了，如图22-7所示。

STEP 06 调整材质的高光效果。到高光反射栏下将高光反射第一层的级别设为0.7，提亮高光效果的亮度；再到高光反射第二层将级别设为0.2，并将光泽度设为78。这样，整个材质的高光就会显得更加锐利了，如图22-8所示。

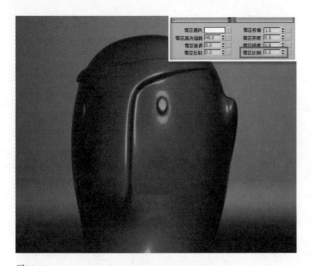

图22-7

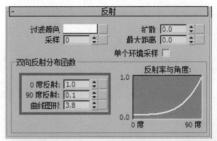

降低反射效果的衰减强度，让光亮漆面质感和柔和漆面质感区别开来，从此时的渲染效果中可以看到材质的反射效果稍稍减弱了，如图22-10所示。

图22-10

STEP 09 此时，场景的环境非常简单，除了背景以外就只剩下一片漆黑的环境了，然而，环境对于材质质感的体现是非常重要的。到环境和效果窗口的公用参数栏下，给环境贴图添加一个HDR贴图；再将贴图拖到材质编辑器中；然后到贴图的坐标栏下勾选环境项，并将贴图方式设为球形环境，如图22-11所示。

图22-8

STEP 07 渲染一帧，此时可以看到材质表面的高光效果尖锐了很多，虽然这样整个材质会显得光亮了一些，但其效果不像之前那样温润柔和了，如图22-9所示。

图22-9

STEP 08 调整材质的反射效果。到反射栏的双向反射分布函数栏下，将0度反射值设为1，将90度反射值设为0.1，稍微减弱反射的强度；再将曲线图形值设为3.8，

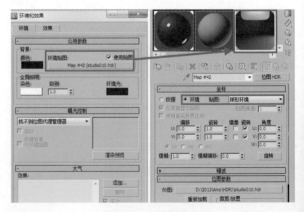

图22-11

STEP 10 再次渲染一帧，可以看到材质在受到环境的影响后变得非常有质感了，如图22-12所示。

图22-12

STEP 11 制作材质的污迹效果，也就是给材质的表面添加一个指纹污迹贴图，用它来模拟一种手指触摸到光亮质感表面后所留下的指纹效果。到贴图栏下给基础颜色添加一个指纹贴图，并到贴图设置面板的坐标栏下勾选U轴和V轴的镜像项，让指纹纹理纵向和横向各重复一次，如图22-13所示。

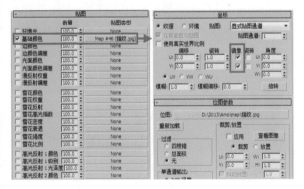

图22-13

STEP 12 渲染一帧，此时可以发现虽然材质的表面有了指纹的效果，但材质整体却变得非常暗了，而且材质的颜色也稍稍改变了，如图22-14所示。

STEP 13 上面渲染所得的材质效果之所以会改变颜色是因为给其指定的纹理贴图是一张黑白贴图。将贴图指定给基础颜色后，材质的中心部分就会以贴图的颜色来作为材质的颜色。由于FR车漆2材质有一个光面颜色，而且这个颜色是叠加在基本颜色之上的，也就是说该材质的基本颜色和光面颜色分别是两个不同的层，两层之间互不影响。而当基础颜色为黑色时，材质的光面颜色就会呈现于黑色底层之上，并取代当前的材质颜色，如图22-15所示。

图22-14

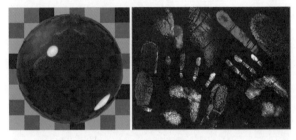

图22-15

STEP 14 从下面的材质颜色分解图中可以很清楚地看到材质球各个部分的材质颜色效果，如图22-16所示。

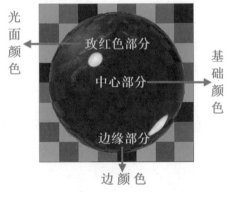

图22-16

STEP 15 到贴图栏下将指纹贴图指定给边颜色，此时可以看到指纹纹理只显示在模型的边缘部分，而模型的中心部分则是很光亮的，如图22-17所示。

STEP 16 到贴图栏下将指纹贴图指定给光面颜色，这样就只有模型的中心部分会显示指纹效果，也就是说只有受光照射的面才会显示出指纹纹理。将光面颜色值设为40，降低指纹贴图的透明程度，如图22-18所示。

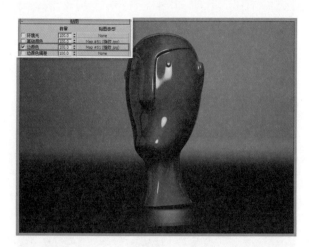

图22-17

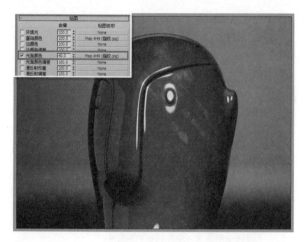

图22-18

STEP 17 调整材质的颜色。到漫反射栏下将光面偏差值设为0。这样，材质的颜色就会完全显示为光面颜色了，渲染后得到的效果如图22-19所示。

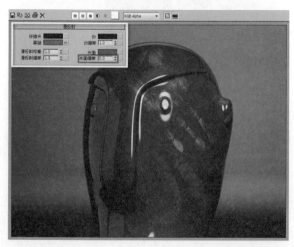

图22-19

STEP 18 到漫反射栏下将光面偏差值设为20，此时可以发现材质的颜色变成朱红色了，这个颜色已经很接近基础颜色了。这说明了光面偏差值可以决定材质表面的颜色是偏向于基础颜色还是偏向于光面颜色，如图22-20所示。

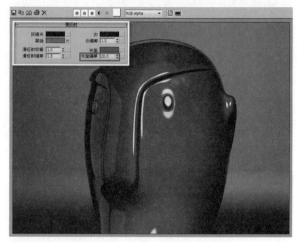

图22-20

STEP 19 给雕塑模型的底座制作一个黑色烤漆材质。到材质编辑器中将红色烤漆材质复制一个；再到复制所得的材质球的漫反射栏下将基础颜色设为黑色，并将光面颜色设为浅灰色，光面偏差值设为30；然后到高光反射栏的高光反射第一层下将光泽度设为180，让高光有一个非常尖锐的效果，如图22-21所示。

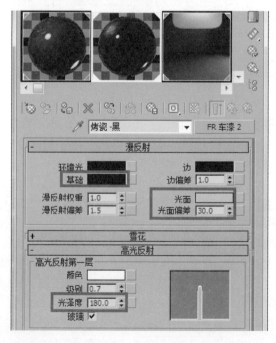

图22-21

STEP 20 渲染一帧，此时可以看到烤漆材质效果基本制作出来了，但底座的指纹效果还是没有显示出来，如图22-22所示。

图22-22

STEP 21 到贴图栏下删除光面颜色的指纹贴图，并给边颜色添加一个指纹贴图；再到底座的修改器编辑面板中给其添加一个UVW贴图修改器。由于底座是一个圆柱形，因此这里要将贴图方式设为柱形，如图22-23所示。

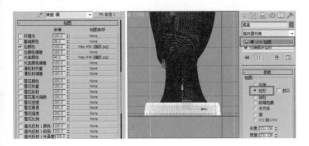

图22-23

STEP 22 到雕塑模型的正前方位置创建一处细长的FR方形灯光，如图22-24所示。

图22-24

STEP 23 渲染一帧，可以看到雕塑模型的材质变得更加光亮了，而且底座部分的指纹效果也显示出来了，但雕塑材质的亮度还是稍微偏暗了一点，如图22-25所示。

图22-25

STEP 24 给场景添加两盏泛光灯，将其中一盏放置在雕塑的背后，用来照亮背景；另一盏放置在雕塑的右前方位置，用来提亮雕塑材质的亮度，如图22-26所示。

图22-26

STEP 25 渲染一帧，得到最终的烤漆材质效果如图22-27所示。

图22-27

STEP 26 将场景中的雕塑模型替换成几个悬挂在空中的球体，并将烤瓷材质赋予给球体，如图22-28所示。

STEP 27 最后渲染一帧，可以得到一个漂亮且真实的烤漆材质的球体效果，如图22-29所示。

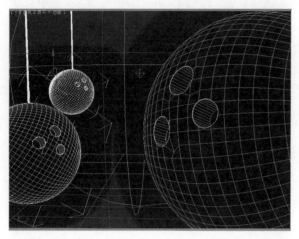

图22-28

图22-29

第 23 章

毛皮材质

本章内容
◆ 材质分析
◆ 制作毛皮材质

23.1 材质分析

　　毛皮材质有着光滑的细绒感和柔软的弹力感，该材质的绒毛一般比较柔软且分布密集，摸起来有着明显的凹凸感，而且材质的立体效果非常好。本章的毛皮材质效果如图23-1所示。

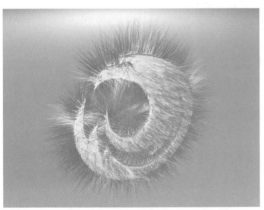

图23-1

23.2 制作毛皮材质

　　毛皮材质的种类多种多样，这里介绍的是一种使用比较普遍的短绒毛材质，该材质一般利用VR的毛发修改器来进行制作。由于毛发是比较细小的对象，因此毛发的材质不是表现的重点，灯光才是突出毛发质感的关键因素，如图23-2所示。

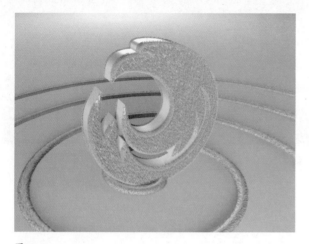

图23-2

STEP 01 导入模型到场景中，该模型是一个立在场景中间的LOGO模型，如图23-3所示。

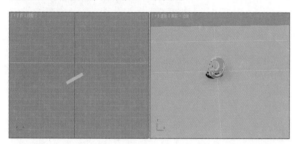

图23-3

STEP 02 选中场景中的LOGO模型，到创建面板的下拉列表中选择V-Ray，再到对象类型栏下单击VR_毛发按钮，如图23-4所示。

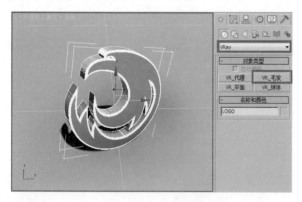

图23-4

STEP 03 此时，可以看到LOGO模型的表面产生了非常多的毛发效果。到修改器面板的参数栏下适当地对源对象的参数进行修改，并到修改器面板右上角的颜色框将毛发当前的材质颜色设为紫色，如图23-5所示。

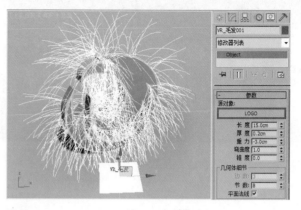

图23-5

STEP 04 渲染一帧，可以发现整个LOGO都被一堆紫色的毛茸茸的毛发给包裹住了。但仔细观察后可以发现此时LOGO上的毛发过于长和粗了，看起来就像是长纸条的效果，如图23-6所示。

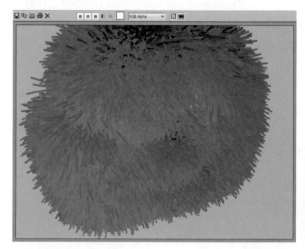

图23-6

STEP 05 到LOGO模型的参数栏下将长度值设为1。这样，原本过于长的毛发马上变短了许多，如图23-7所示。

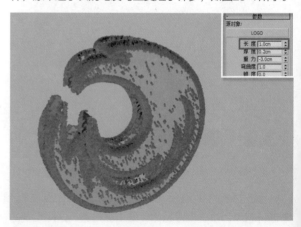

图23-7

STEP 06 调整毛发的粗细程度。到参数栏下将厚度值设为0.02，这样，毛发效果就变得真实了一些，如图23-8所示。

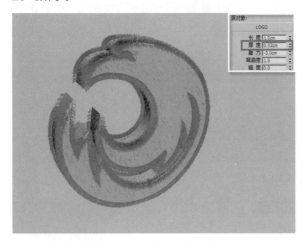

图23-8

STEP 07 将镜头拉近到LOGO模型的特写画面，渲染一帧，此时可以发现实际上毛发还是呈长条片显示的，这是由几何体细节栏下的平面法线选项控制的。默认状态下，平面法线选项是被勾选了的，因此，毛发会呈平面状态显示，如图23-9所示。

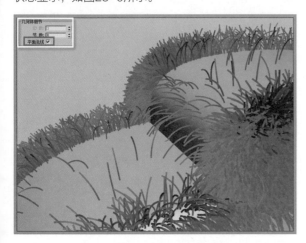

图23-9

STEP 08 如果想让毛发呈几何体显示，只要取消勾选平面法线选项即可。通过观察此时的毛发效果可以发现每一根毛发的长度几乎都是一样长的，如图23-10所示。

STEP 09 调整毛发的长度。到变量栏下将长度变化设为0，这样，毛发的长度便产生从0到1的随机长度变化了，如图23-11所示。

图23-10

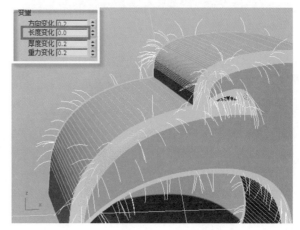

图23-11

注意： 变量栏下的其他几个参数分别用于控制其方向、厚度以及重力的随机变化值。

STEP 10 如果将长度变化设为1，那么每一根毛发的长度就是完全一样的了，如图23-12所示。

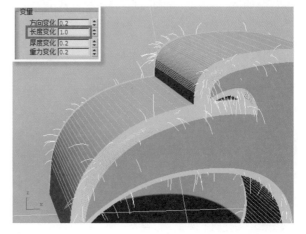

图23-12

STEP 11 到分配栏下将每区域的值设为100，可以发现虽然LOGO模型表面的毛发增多了，但是整个毛发效果却非常不均匀。此时可以看到模型表面网格较多的部分毛发比较密集，而网格较少的部分毛发却非常稀疏，如图23-13所示。

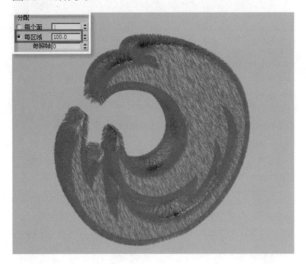

图23-13

STEP 12 调整LOGO模型表面的毛发的显示数量，让毛发均匀地分布在LOGO的表面上。到布局栏下勾选被选择的面项，如图23-14所示。

图23-14

STEP 13 下面将指定LOGO的面来创建毛发效果。到修改器面板给LOGO模型添加一个可编辑多边形修改器，并激活它的面编辑模式，再到场景中选择LOGO的正面和背面，如图23-15所示。

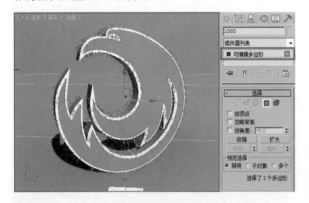

图23-15

STEP 14 再次单击面编辑按钮，退出编辑状态。此时可以发现只有LOGO的正面和背面出现了毛发效果，其他的面是没有任何毛发的，这说明了被选择的面选项只能让物体的局部产生毛发，如图23-16所示。

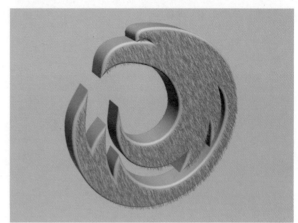

图23-16

STEP 15 下面利用LOGO的材质ID参数来让毛发均匀地分布，到布局栏下勾选材质ID项，如图23-17所示。

图23-17

STEP 16 到修改器面板激活可编辑多边形修改器的面编辑模式；到场景中选中LOGO模型的正面和背面，并到多边形材质ID栏下将设置ID项设为1；再按下键盘上的回车键，确认ID号的设置。选中LOGO模型倒角部分的面；再将设置ID设为2，并按下键盘上的回车键确认设置，如图23-18所示。

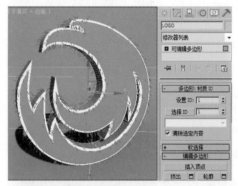

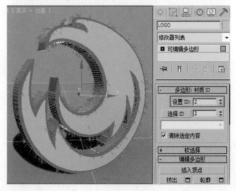

图23-18

STEP 17 由于一个毛发工具只能控制一个ID号，因此这里需要到场景中创建两个毛发工具，并分别将两个毛发工具的材质ID设为1和2。这样做的好处是可以随意地调节每个ID号上的毛发状态，如图23-19所示。

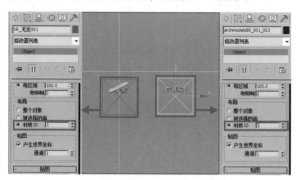

图23-19

STEP 18 分别将两个毛发工具的分配栏下的每区域值（毛发的数量）设为150和50，这里将LOGO倒角部分的毛发设置得比较少，正面和背面的毛发设置得比较多。如果想让毛发均匀地分布在LOGO的表面，就需要对每区域值进行多次测试，如图23-20所示。

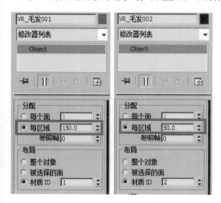

图23-20

至此，LOGO模型上的毛发效果便制作完成了。

STEP 19 下面到场景的地面创建一个螺旋元素，将其作为场景的辅助元素，如图23-21所示。

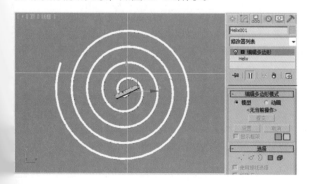

图23-21

STEP 20 给螺旋元素也创建一个毛发效果，并到毛发修改器面板的参数栏下将毛发的长度设为0.5，厚度设为0.02，如图23-22所示。

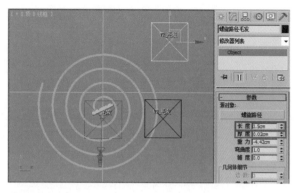

图23-22

STEP 21 给LOGO模型制作一个简单材质。到材质编辑器中给材质球指定一个VRayMtl材质，并将反射颜色设为灰色，让LOGO有一个微弱的反射效果，再勾选菲涅耳反射项，降低反射的强度，然后将反射光泽度设为0.54，让反射产生模糊的效果，如图23-23所示。

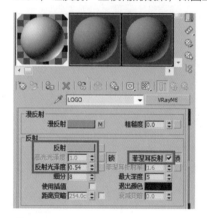

图23-23

STEP 22 到贴图栏下给漫反射添加一个衰减贴图；再到衰减参数栏下给黑色添加一个绒毛贴图，并到混合曲线栏下将曲线调整为一个向下凹进去的弧线，如图23-24所示。

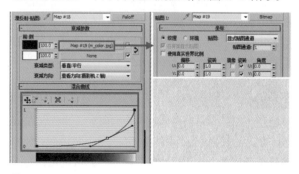

图23-24

STEP 23 给场景添加灯光。到场景中创建两处VR_光源和两盏泛光灯，将它们分别放置在LOGO模型的四周；再到参数栏下将泛光灯的颜色设为蓝色，VR_光源的颜色设为米黄色。这样，就可以营造出一种冷暖对比的画面效果了，如图23-25所示。

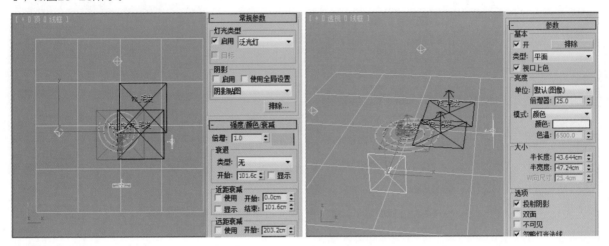

图23-25

STEP 24 渲染一帧，此时可以看到LOGO模型表面的毛发效果变得漂亮且真实多了，如图23-26所示。

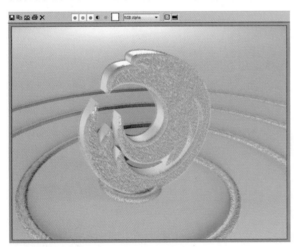

图23-26

STEP 25 下面介绍制作毛发效果的另一种方法。首先删除场景中所有的毛发工具，再选中LOGO模型，然后到修改器面板中给其添加一个Hair和Fur（WSM）修改器。此时，可以看到LOGO模型的表面产生随机扭曲的毛发效果了，如图23-27所示。

STEP 26 到修改器参数面板的材质参数栏下，对毛发的颜色进行设置。分别将梢颜色和根颜色设为红色和紫色，让毛发的尖端到毛发的根部有一个从红色到紫色的颜色渐变效果，并让其他参数保持为默认设置，如图23-28所示。

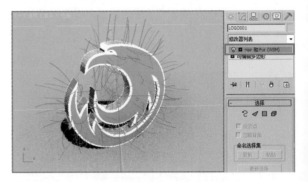

图23-27

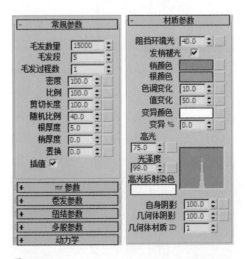

图23-28

STEP 27 渲染一帧，可以在LOGO模型的表面得到另一种比较粗犷但绚丽的毛发效果，如图23-29所示。

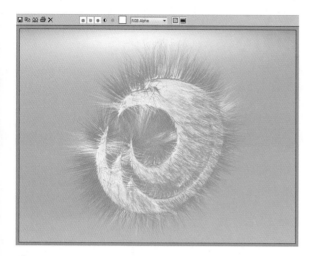

图23-29

STEP 28 将场景中的元素替换成一个动物玩具；再到参数栏下将其指定为源对象，并将毛发材质赋给该玩具，如图23-30所示。

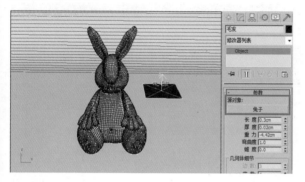

图23-30

注意： 由于模型的结构不一样，而且在不同角度的灯光照射下，毛发的效果也会不一样，因此需要根据渲染结果来调整灯光的位置和亮度。

STEP 29 最后渲染一帧，得到最终的玩具材质效果，如图23-31所示。

图23-31

第 24 章

墙面材质

本章内容
◆ 材质分析
◆ 制作红砖墙面材质
◆ 制作石砖墙面材质

24.1 材质分析

本章主要介绍两类墙面材质的制作，分别是整块的红砖墙面材质和石砖墙面材质，如图24-1所示。

材质共性：材质都要使用在较大面积的墙体上才能发挥出作用。

材质区别：墙体结构不同，材质所使用到的砖墙贴图、表面的光滑度和光泽感也会不一样。

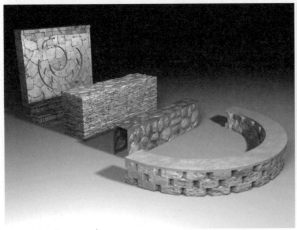

图24-1

24.2 制作红砖墙面材质

这是一个整体的墙壁，因此制作起来比较简单，主要是墙壁纹理的处理。这里利用VR的混合贴图来将多层的墙壁纹理叠加到一起，再通过使用遮罩贴图来确定贴图要显示出来的部分，从而模拟出整块红色墙壁上的各种污迹或刮痕纹理效果。本节的红砖墙面材质效果如图24-2所示。

图24-2

STEP 01 导入模型到场景中。这是一个由阶梯台面和LOGO组合而成的模型，这里主要是给阶梯台面和LOGO制作一个墙面的质感，如图24-3所示。

图24-3

STEP 02 到渲染面板将渲染器类型设为VR渲染器，并到VR_基项面板将图像采样器类型设为自适应DMC，如图24-4所示。

图24-4

STEP 03 到材质编辑器面板给材质球指定一个VRayMtl材质，再到反射栏下给反射设置一个偏黑的深灰色，让材质有一个微弱的反射效果，勾选菲涅耳反射项，并将菲涅耳折射率设为3，让反射有一个轻微的衰减效果，如图24-5所示。

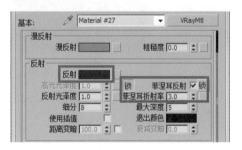

图24-5

STEP 04 到反射栏下将反射光泽度设为0.4，让材质的反射有一个较强的模糊效果，如图24-6所示。

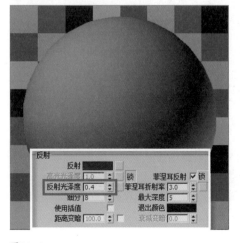

图24-6

STEP 05 到贴图栏给漫反射添加一个污垢贴图，暂时让污垢贴图的参数保持为默认设置，如图24-7所示。

图24-7

STEP 06 到污垢贴图的参数设置栏下给非阻光颜色添加一个深红色的墙面纹理贴图，如图24-8所示。

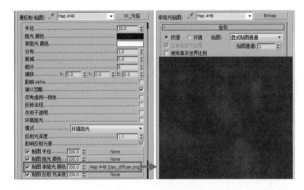

图24-8

注意： 非阻光颜色类似于漫反射颜色，是物体受光面的颜色；阻光颜色则是物体背光面的颜色。

STEP 07 渲染一帧，此时可以看到阶梯台面已经有一个基本的墙面材质效果了，如图24-9所示。

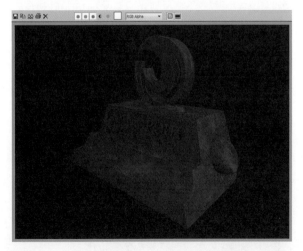

图24-9

STEP 08 给墙面添加一些杂点效果。到贴图栏下给反射添加一个杂点贴图；再到反射贴图的坐标栏下将其U、V轴上的瓷砖数值都设为2，让杂点分布得更密集一点；然后将模糊值设为0.2，让杂点更清晰一点，如图24-10所示。

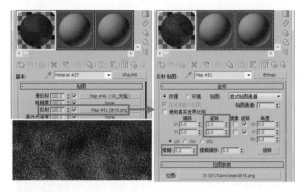

图24-10

STEP 09 从此时的材质球效果图中可以看到材质表面出现了许多白色的杂点，如图24-11所示。

图24-11

STEP 10 继续设置墙面的质感。到贴图栏下将反射贴图复制给反射光泽度，并将反射光泽设为50，让墙面有一些光泽感，再给凹凸项添加一个划痕纹理贴图，让墙面产生划痕凹凸效果，如图24-12所示。

STEP 11 再次渲染一帧，可以看到墙面的材质效果显得更加斑驳了，纹理也显得更加立体了，如图24-13所示。

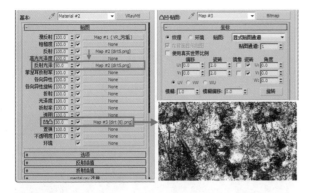

图24-12

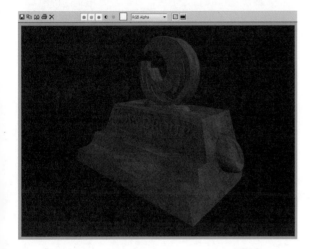

图24-13

STEP 12 深入调整红砖墙的质感,让墙面材质的细节更丰富、纹理更有层次感、质感更真实。到材质面板单击VRayMtl按钮,在弹出的材质/贴图浏览器面板中选择VR_混合材质,以其替换掉当前的VRayMtl材质;再到弹出的替换材质对话框中勾选将旧材质保存为子材质选项,之前设置好的VRayMtl材质便作为材质的基本材质了,如图24-14所示。

图24-14

STEP 13 到材质面板添加一个表层材质,给墙面添加更多的纹理细节。给表层1指定一个VRayMtl材质;再进入该材质的设置面板将反射颜色设为一个偏黑的深灰色,并勾选菲涅耳反射项,然后将菲涅耳折射率设为2.5,反射光泽度设为0.43,让反射有一个模糊的效果,如图24-15所示。

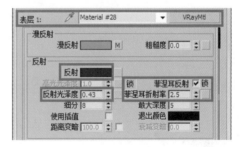

图24-15

STEP 14 到贴图栏下给漫反射添加一个混合贴图;再到混合参数栏下将颜色#1设为一个棕灰绿色,颜色#2设为一个浅灰绿色(接近泥土的颜色),并给混合量添加一个比较杂乱的噪点贴图,如图24-16所示。

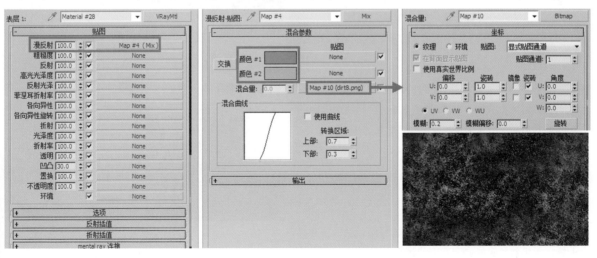

图24-16

STEP 15 到贴图栏下给凹凸项添加一个合成贴图；再创建两个合成层，并分别给每一层添加一个贴图；然后将层2的层模式设为添加，让层2熔住层1，如图24-17所示。

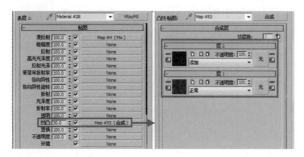

图24-17

STEP 16 图24-18所示是合成层中两个层的贴图设置，其中第一层的贴图是一个颜色较深的噪点贴图，第二层的贴图是一个黑白的污迹贴图。将黑白污迹贴图叠加到第一层的贴图上面后，黑白污迹贴图的黑色部分会变成透明，这样，白色才会显示出来。

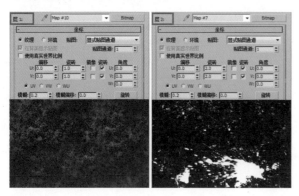

图24-18

STEP 17 此时，墙面只显示出了表层1的材质。下面对表层1的混合量进行设置，通过混合量来将表层材质与基本材质进行混合。这两种材质默认的混合效果如图24-19所示。

STEP 18 到基本材质面板给表层1的混合量添加一个混合贴图；到混合参数栏下给颜色#2添加一个黑白污迹贴图，给混合量添加一个衰减贴图，如图24-20所示。

STEP 19 到颜色#2贴图的坐标栏下将贴图U、V轴上的瓷砖数值都设为2。颜色#2的黑白污迹贴图如图24-21所示。

STEP 20 图24-22所示是混合量的衰减贴图。这里到混合曲线栏下将混合曲线调成向外凸起的弧线。

图24-19

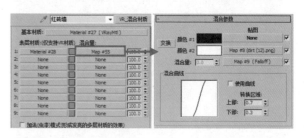

图24-20

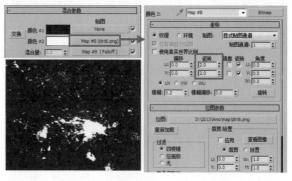

图24-21

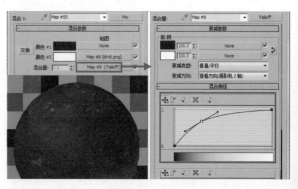

图24-22

STEP 21 到混合量贴图的衰减参数栏下，将贴图的衰减方向设为世界z轴。该衰减方向可以改变贴图在模型上的衰减效果，不同的衰减方向，得到的衰减效果也不同，如图24-23所示。

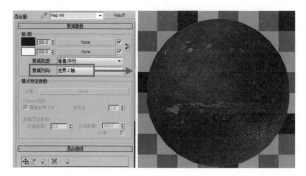

图24-23

STEP 22 给场景添加光源。到阶梯台面的右前方位置添加一处VR_光源，并到参数栏下将光源亮度的倍增器值设为10，如图24-24所示。

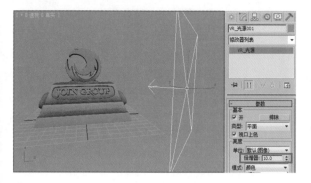

图24-24

STEP 23 渲染一帧，得到最终的红砖墙效果，如图24-25所示。

图24-25

STEP 24 如果想得到一个白亮的红砖墙效果，只需将基本材质和表层1材质交换过来即可。白亮的红砖墙效果如图24-26所示。

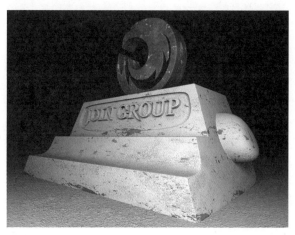

图24-26

24.3 制作石砖墙面材质

石砖墙的种类很多，每一种不同结构的墙所使用的石砖材料也不一样。砖墙是由很多砖块组合而成的，如果要制作整个砖墙，不可能一块一块地去制作，这样会花费大量的时间。这里介绍一种最常用的且制作起来非常简单的砖墙制作方法，即使用贴图来模拟大面积的砖墙效果，如图24-27所示。

图24-27

STEP 01 导入模型到场景中，这是各种不同的砖墙模型。为了能更真实地表现出砖墙的效果，这里根据石砖的结构，对墙体的结构也进行了设计，如图24-28所示。

图24-28

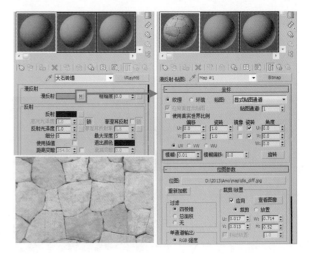

图24-29

STEP 02 这里以其中的一个砖墙为例，对其制作方法做具体的介绍。这是一种大石块类的砖墙，砖墙上的各个石块都是紧密拼接在一起的。到材质编辑器窗口给材质球指定一个VRayMtl材质，再给漫反射添加一个石砖贴图，然后到贴图设置面板的坐标栏下将模糊值设为0.01。这样，砖墙就可以更清晰地显示出来了，如图24-29所示。

STEP 03 到反射栏下给反射添加一个石砖贴图，该石砖贴图是一个灰度图。勾选菲涅耳反射项，并让参数保持为默认设置，如图24-30所示。

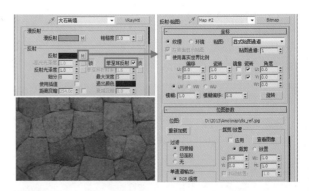

图24-30

STEP 04 到贴图栏下将反射值设为30，再给凹凸项添加一个法线凹凸贴图，并给法线贴图指定一张紫色调的凹凸贴图，如图24-31所示。

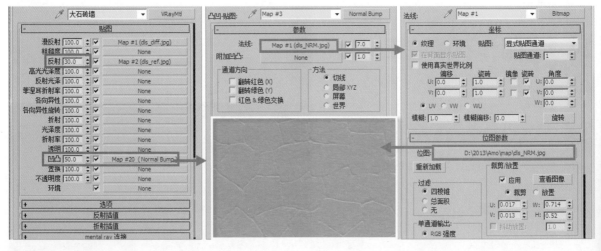

图24-31

注意： 在之前的木材质章节中有介绍过法线凹凸贴图，它可以让凹凸效果更加精细。

STEP 05 给场景添加光源。到墙体的左前方位置创建一处VR_光源；再到偏正前方位置创建一盏泛光灯。两盏灯光的位置比较接近，为了防止灯光的亮度过亮，这里给泛光灯设置了一个远距离衰减，如图24-32所示。

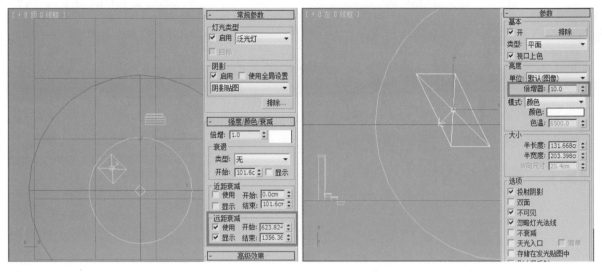

图24-32

STEP 06 渲染一帧，此时可以看到一个简单且真实的大理石块砖墙便制作出来了，如图24-33所示。

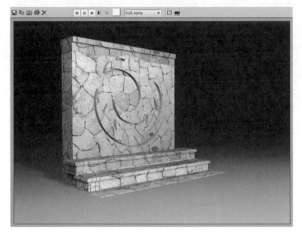

图24-33

STEP 07 其他的几种砖墙也可以用上面的方法制作出来。另外三种砖墙的材质设置的区别主要是贴图、贴图的反射或凹凸强度的不同，如图24-34所示。

STEP 08 渲染整个场景中的砖墙，最终得到的砖墙材质效果如图24-35所示。

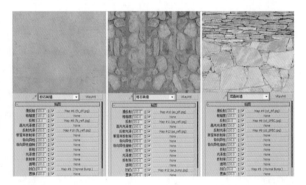

图24-34

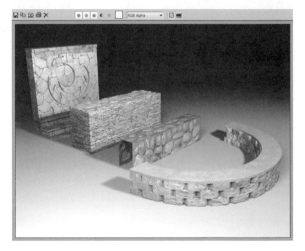

图24-35

第 **25** 章 | 透光材质效果

本章内容
- ◆ 材质分析
- ◆ 制作壁灯透光效果
- ◆ 制作落地灯透光效果

25.1 材质分析

　　本章主要介绍两种材质透光效果的制作。这两种效果分别是壁灯透光效果和落地灯透光效果，如图25-1所示。

　　材质共性：透光效果都是通过材质和灯光的结合而产生的，而且灯光都是材质体现的主要因素。

　　材质区别：灯光作用不同，所营造出来的材质效果也不一样。

图25-1

25.2 制作壁灯透光效果

　　本章的壁灯透光效果和半透明材质章节中的透光效果有所区别，虽然两者都是通过材质的透明度来产生透光现象的，但是本章中的材质效果主要用于表现出灯光穿透材质后所营造出来的一种氛围，灯光是视觉效果的主体元素；而半透明材质章节中的材质效果是以材质半透明效果的展示为主，灯光是作为辅助材质的。这里介绍的壁灯是一种玻璃材质，具有良好的通透性，光线从透明度较高的玻璃材质中穿透出来后，其亮度会向四周递减，从而营造出一种温馨、和谐的氛围，如图25-2所示。

图25-2

STEP 01 导入模型到场景中。该模型是一个灯具模型，是一个由三层镂空花纹边雕组成的圆柱筒灯罩，其构成如图25-3所示。

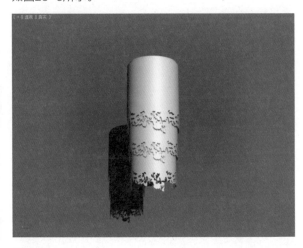

图25-3

STEP 02 到渲染面板将渲染器类型设为VR渲染器，并到VR_基项面板中将图像采样器类型设为自适应DMC，如图25-4所示。

图25-4

STEP 03 设置灯罩的材质。到材质编辑器面板给材质球指定一个VRayMtl材质，将漫反射颜色设为米黄色，反射颜色设成一个亮度值为27的深灰色，折射颜色设为略带一点黄色的棕灰色，如图25-5所示。

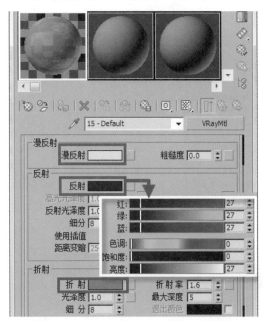

图25-5

STEP 04 渲染一帧，此时可以看到灯罩变成了一个具有折射效果且略带一点反射效果的材质，如图25-6所示。

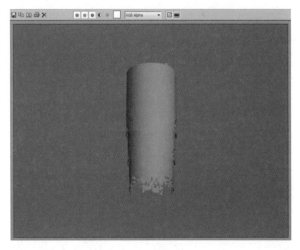

图25-6

STEP 05 下面给灯罩设置一种半透明的效果。到反射栏将反射光泽度降低到0.2，加大反射的模糊效果，到折射栏将光泽度设为0.9，让折射也产生一点模糊的效果。这样，整个材质就呈现出一个不完全透明的磨砂质感效果了，如图25-7所示。

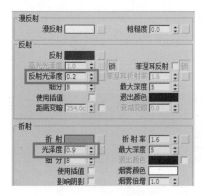

图25-7

STEP 06 给灯具模型添加光源，让灯罩内部发出光亮，并让光亮通过半透明的灯罩投射出来后产生一种透光的效果。到灯罩的上方位置创建一处VR_光源；再到灯光的参数面板中将灯光类型设为球体，并到选项栏下勾选不可见项；然后将灯光亮度的倍增器值设为20，暂时让灯光不要太亮，如图25-8所示。

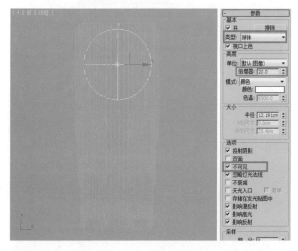

图25-8

STEP 07 再次渲染一帧，可以看到一个具有微弱透光效果的灯罩制作出来了，如图25-9所示。

图25-9

注意： 由于此时的光源是在灯罩的上方位置，而灯罩的上面部分是由三层灯罩叠在一起的，因此，灯罩上部分的透光效果要比下部分弱一些。

STEP 08 到灯罩的下方位置也创建一处小球VR_光源，并将灯光亮度的倍增器值减少到8。由于灯罩的下面部分只有一层灯罩，透光性比较强，因此这里要将灯光的亮度值设置得比较小，如图25-10所示。

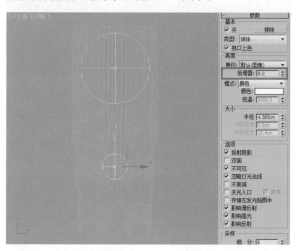

图25-10

STEP 09 仔细观察此时灯罩的透光效果，可以发现灯罩前面的镂空部分看起来比较黑，这不符合灯光照射的真实情况。在实际情况中，透光的面应该是比较明亮的，如图25-11所示。

图25-11

STEP 10 到小球形灯光的参数面板的选项栏下取消勾选灯光的投射阴影项，此时可以发现灯罩前面的镂空部分变得亮一些了，如图25-12所示。

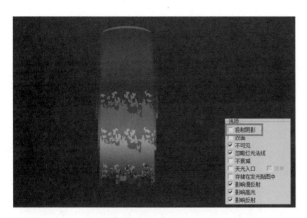

图25-12

STEP 11 将两盏灯的投射阴影项的勾选都取消掉。此时，灯光的光线就会毫无阻挡地穿透灯罩了，这样会导致灯罩变得更加惨白，如图25-13所示。

图25-13

STEP 12 回到灯罩的材质设置面板，到折射栏下勾选影响阴影项，这样，灯光在透过灯罩后就会影响灯罩背光面的亮度（影响了灯罩产生阴影的面的亮度）。从渲染结果中可以看到灯罩的边缘都被照亮了，如图25-14所示。

图25-14

STEP 13 到折射栏下将灯罩的折射率降低到1。这样，灯罩就不再具有折射效果了，此时也可以透过每一层灯罩看到下面一层灯罩的边缘，如图25-15所示。

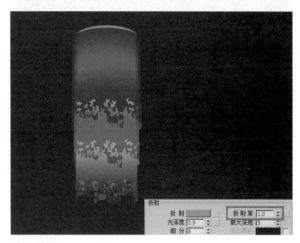

图25-15

STEP 14 此时，灯罩周围的环境都是黑的，这是由于灯罩的光亮不够强、未能影响到背光所导致的。下面专门为背景添加一处光源，用它来照亮灯罩周围的环境，从而模拟出灯光照射到背景的效果。在灯罩的背后创建一处和灯罩的长度、宽度差不多的VR_光源；再将灯光亮度的倍增器值设为5，颜色设为淡黄色；然后到选项栏下勾选不可见选项，如图25-16所示。

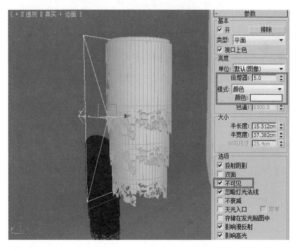

图25-16

STEP 15 此时，从渲染结果中可以看到背景在灯光的照射下，在灯罩的周围产生了微弱的光晕效果。实际上，这只是一个模拟的效果，而不是灯罩发出来的光，如图25-17所示。

图25-17

STEP 16 三处光源的大小位置关系以及两盏球形灯的基本参数设置如图25-18所示。

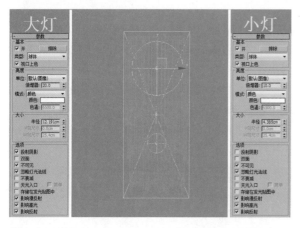

图25-18

STEP 17 到灯罩材质设置面板的折射栏下将折射的颜色提亮一点，从而加大灯罩的透明度，如图25-19所示。

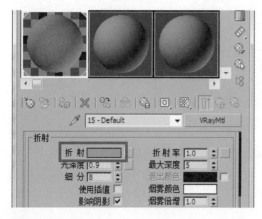

图25-19

STEP 18 再到场景的正前方创建一盏聚光灯，将聚光灯的倍增值设为0.5；再到聚光灯参数栏下，调整聚光区域和衰减区域，如图25-20所示。

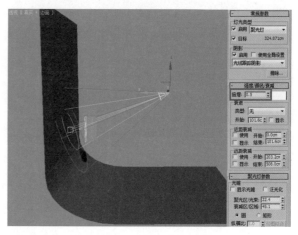

图25-20

STEP 19 渲染一帧，得到最终的灯罩透光效果，如图25-21所示。

图25-21

25.3　制作落地灯透光效果

　　本节主要介绍如何模拟球体发光的效果。这里的球体是一个落地的球形地灯，它的外圈是被铁丝网缠绕着的。球体自身是不会发光的，这里是让灯光在球体的内部发出光亮，再通过球体将光线传递出来，从而形成一种透光效果，如图25-22所示。

图25-22

STEP 01 导入模型到场景中。该模型是一个落地的球形地灯，这里主要用它来模拟球体的发光效果，如图25-23所示。

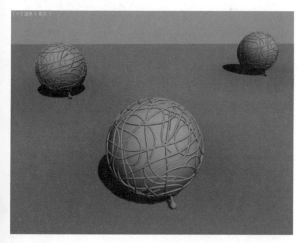

图25-23

STEP 02 此时的地灯是一个实体对象，到修改器面板激活地灯的可编辑网格的元素模式，并到场景中选择地灯除铁丝网以外的球体部分。到修改器列表给球体添加一个壳修改器；再到壳修改器的参数栏下将内部量值设为0.229，让实心的球体产生一个厚度。这样，地灯便成了一个空心的球体了，如图25-24所示。

图25-24

STEP 03 制作地灯的材质。由于地灯模型包括了球体和铁丝网，因此这里要指定一个多维/子对象材质给地灯，并将材质数量设为2，如图25-25所示。

图25-25

注意： 此时的地灯是一个已经设置了ID号的网格对象，其中铁丝网是材质ID 1，球体是材质ID 2。

STEP 04 分别给铁丝网和球体设置一个VRayMtl材质，这里将铁丝网设置成一个漫反射颜色为深灰色且带有强烈反射效果的材质，球体设置成一个漫反射颜色为橘红色且有折射效果的材质。到折射栏下将折射颜色设为深灰色，折射率设为1，光泽度设为0.9，让其略有一点模糊效果；再勾选影响阴影项。这样，地灯的简单材质便设置完成了，如图25-26所示。

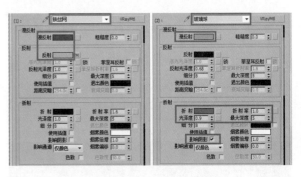

图25-26

STEP 05 制作地面的材质。这里将地面材质设置成一个具有裂纹效果的磨砂材质。指定一个VRayMtl材质给地面；将漫反射颜色设为一个略偏黄的棕灰色。到反射栏下给反射颜色添加一个衰减贴图，并将高光光泽度设为0.75，让地面有一个模糊的反射效果，再到贴图栏下给凹凸和置换添加相同的裂纹贴图，并将置换强度设为1，如图25-27所示。

注意： 这里给置换添加一个裂纹贴图是为了让地面的置换效果更加强烈。

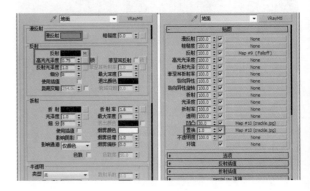

图25-27

STEP 06 反射的衰减贴图和裂纹贴图的参数设置如图25-28所示。

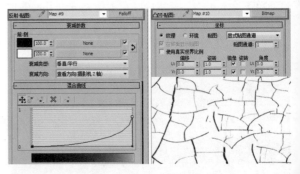

图25-28

STEP 07 渲染一帧，此时可以看到场景中的材质效果显得非常的平淡，看起来没有一点质感，而且地灯也没有发光的效果，如图25-29所示。

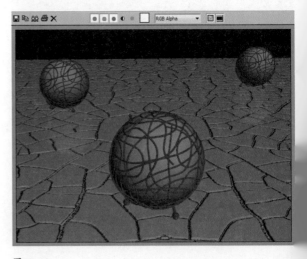

图25-29

STEP 08 到场景中添加光源。分别到三个地灯的中间位置创建一处VR_光源，并到灯光的参数栏下将光源的类型设为球体；再到选项栏下勾选不可见项；然后到场景正前方的上空位置再创建一处VR_光源，如图25-30所示。

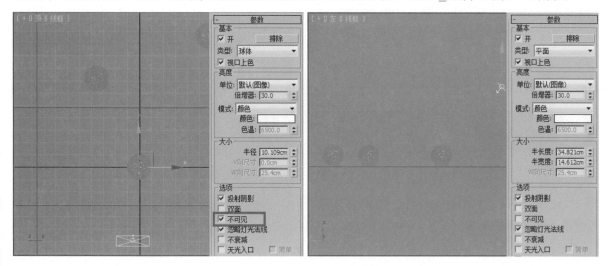

图25-30

STEP 09 再次渲染一帧，此时可以看到场景中的元素的质感已经被渲染出来了，但此时地面的反射效果过于强烈，如图25-31所示。

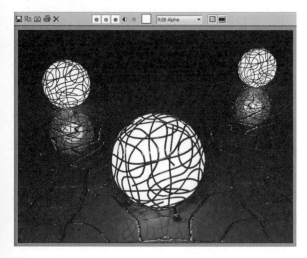

图25-31

STEP 10 到地面材质设置面板的反射栏下将反射光泽度设为0.75，让地面的反射产生模糊的效果。此时得到的渲染效果如图25-32所示。

STEP 11 此时，地灯的亮度还不够亮，因此要到球体材质设置面板的折射栏下将折射颜色设置得淡一点，让玻璃更透亮一点。这样，地灯的透亮效果就更淡了，地面受灯光影响后的效果也变得更有质感了，如图25-33所示。

图25-32

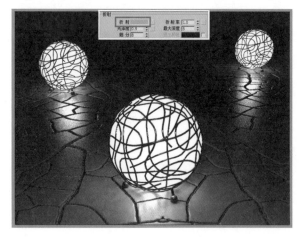

图25-33

STEP 12 地灯的材质还可以利用VR_发光材质来表现，该发光材质的优点是可以自由控制材质的亮度和颜色。这里给灯光的颜色添加一个VR_颜色材质，利用VR颜色来控制灯光对环境颜色的影响，如图25-34所示。

STEP 13 最后渲染一帧，得到最终的蓝色灯光效果，如图25-35所示。

图25-34

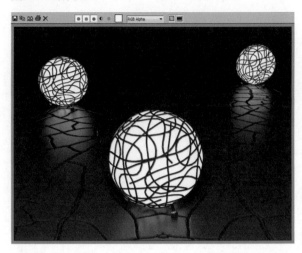

图25-35

第26章

石膏材质

本章内容
◆ 材质分析
◆ 制作石膏材质

26.1　材质分析

　　本章主要介绍石膏材质的表现方法。石膏是一种简单且比较常见的材质，轮廓线条十分硬朗。由于白色对象的反光效果较强，因此石膏材质的明暗关系是非常柔和的。远看石膏材质，其表面是十分圆润光滑的，近看会发现其表面有一层磨砂效果。用手触摸，还会有一些细小的白色粉末，如图26-1所示。

图26-1

26.2　制作石膏材质

　　由于石膏材质的白模效果非常漂亮，而且渲染速度非常快，因此石膏材质常以白模形式出现在各种影视包装的作品中，如在白色的立体场景中，添加完石膏材质后再给其点缀一个任意的颜色，就会显得非常时尚。石膏材质的制作方法也很简单，首先创建一个白色的材质，将其放置于开启了全局照明效果的场景中，再配合灯光的照射即可，如图26-2所示。

图26-2

STEP 01 导入模型到场景中。该模型是一个人像雕塑模型，主要用来表现石膏质感，如图26-3所示。

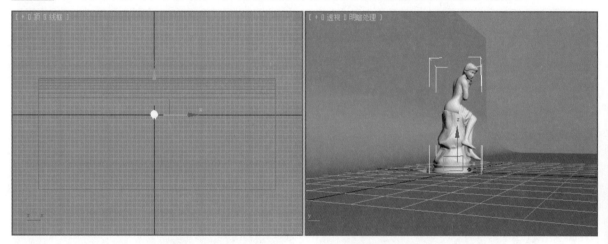

图26-3

STEP 02 到渲染面板将渲染器类型设为VR渲染器，并将图像采样器类型设为自适应DMC，如图26-4所示。

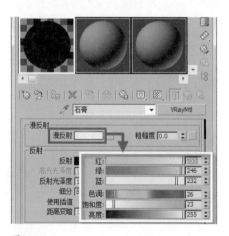

图26-4

STEP 03 制作石膏材质。到材质编辑器中指定一个材质球为VRayMtl材质，再到漫反射栏下将漫反射颜色设置为一个淡淡的米黄色，如图26-5所示。

图26-5

STEP 04 到贴图栏下给凹凸项添加一个杂点贴图，并设置凹凸值为0.5，让石膏的表面产生细微的凹凸效果，从而模拟出石膏的磨砂表面，如图26-6所示。

图26-6

STEP 05 给地面也指定一个VRayMtl材质。将漫反射颜色设为灰色，并到反射栏下给反射添加一个衰减效果；再到衰减贴图的混合曲线栏下将曲线调整为一个向内凹的弧线形状，让地面产生一个较微弱的反射效果，如图26-7所示。

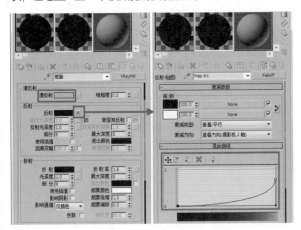

图26-7

STEP 06 渲染一帧，此时可以看到雕塑呈现出一个基本的白模效果了，但却没有真实石膏的那种白亮效果，如图26-8所示。

图26-8

STEP 07 将镜头推近到石膏人物的特写画面，从渲染结果中可以看到材质表面的凹凸小孔并没有对材质产生任何的作用，如图26-9所示。

图26-9

STEP 08 到场景中添加光源，让雕塑在全局光照的影响下产生全局照明的效果。到雕塑的右侧方位置创建一处大面积的VR_光源，并将灯光亮度的倍增器值减少到1.5，如图26-10所示。

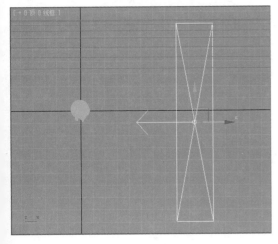

图26-10

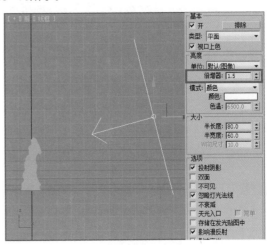

STEP 09 再次渲染一帧，此时可以发现场景已经有全局照明的效果了，但场景的整体亮度还不够强，如图26-11所示。

图26-11

STEP 10 到渲染面板的VR_间接照明面板中勾选开启全局照明选项，并到发光贴图栏下将当前预置设为低，如图26-12所示。

图26-12

STEP 11 此时，从渲染结果中可以看到雕塑的全局照明效果变强了一些，而且雕塑的暗部被提亮了许多，但雕塑左侧的亮部还是过于暗了，如图26-13所示。

STEP 12 从雕塑的特写渲染效果图中可以看到其表面的凹凸小孔稍微变大了，如图26-14所示。

图26-13

图26-14

STEP 13 到石膏材质设置面板的凹凸杂点贴图的坐标栏下，将杂点U、V轴上的瓷砖数值加大到2。这样，雕塑的表面便有一种磨砂的效果了，而且雕塑表面的小孔变小了很多，整个材质的表面也就有一种磨砂的质感了，如图26-15所示。

STEP 14 继续调整场景的亮度。这里不利用灯光的亮度来提亮场景，而是到渲染面板的环境栏下开启全局照明（天光）覆盖项。这样，场景便成倍地被提亮了，而且雕塑也变得像石膏一样白亮了，如图26-16所示。

STEP 15 将镜头拉近到石膏的特写画面，此时可以清晰地看到石膏表面粗糙的磨砂质感了，这是在天光影响下的石膏质感，如图26-17所示。

图26-15

图26-16

图26-17

STEP 16 下面利用灯光来营造一种特殊的光照氛围，从而模拟出一种更漂亮的石膏质感。到渲染面板的环境栏

下取消开启全局照明环境（天光）覆盖项，如图26-18所示。

图26-18

STEP 17 到雕塑的左侧位置创建一处宽大的VR_光源，将灯光亮度的倍增器值设置为1，颜色设为浅蓝色，然后取消灯光投射阴影选项的勾选，如图26-19所示。

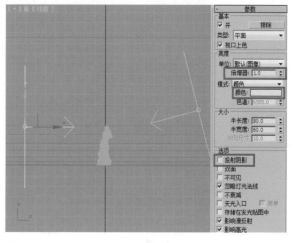

图26-19

STEP 18 此时渲染一帧，可以看到场景虽然变暗了，但是雕塑的表面却出现了特殊的明亮关系，也就是两侧设置了灯光照射的部分是呈亮调的，中间部分则是呈暗调的，如图26-20所示。

图26-20

STEP 19 将右侧的灯光亮度的倍增器值加大到3；再将颜色设为米黄色，让其和左侧灯光的颜色形成对比，如图26-21所示。

STEP 20 最后渲染场景，可以看到一个更加真实漂亮的石膏质感便制作完成了。最终的石膏材质效果如图26-22所示。

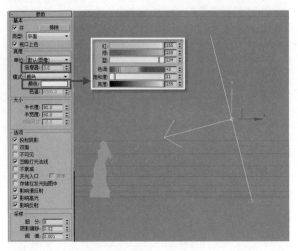

图26-21

图26-22

注意： 石膏是一种对光线极其敏感的材质，冷暖色调的对比可以让石膏的材质效果更加真实。

第**27**章

植物材质

本章内容
◆ 材质分析
◆ 制作叶子的模型
◆ 制作叶子的材质

27.1 材质分析

本章主要介绍叶子材质的制作。叶子材质的制作方法有很多，简单的方法只需用一张贴图就可以完成效果的模拟，复杂的方法则要通过各种设置来模拟出叶子的真实质感。这两种方法的使用情况是不同的，简单的方法适用于制作大量的叶子，使用这种方法时，叶子不是视觉的主体；第二种方法则适用于以叶子为视觉主体的场景。本章就是使用第二种方法来模拟真实叶子材质的细节的。本章的叶子材质效果如图27-1所示。

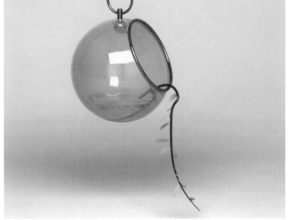

图27-1

27.2　制作叶子的模型

　　在设置叶子的材质前，有必要介绍一下叶子模型的制作。树叶模型的制作并不复杂，但叶子模型的精细、准确与否都决定了整片叶子的真实性，这里介绍的叶子模型如图27-2所示。

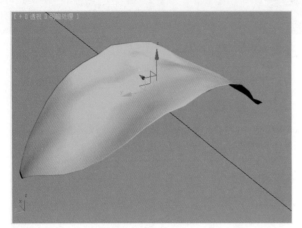

图27-2

STEP 01 导入模型到场景中，该模型是一个在LOGO模型上长出小树的组合模型。这里主要制作树叶和小草的效果，如图27-3所示。

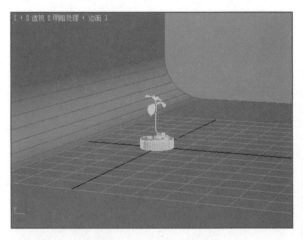

图27-3

STEP 02 制作树叶模型。树叶模型的制作并不复杂，如果要制作出真实的树叶效果，就要重点对叶子模型的精细度和准确度进行设置了，这样才能体现出叶子的真实性。到顶视图中创建一个平面，并分别将其长度和宽度的分段数设为5和4，如图27-4所示。

注意: 叶子分段数的多少决定了整棵植物的分段数，要保证软件的运行速度，应尽量将叶子的分段数值设置得小一点，这不仅能方便叶子模型的制作，也能为后面整棵植物的创建节省更多的软件运算内存。

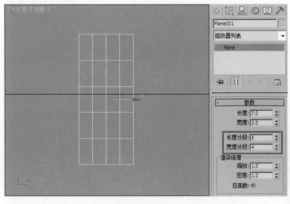

图27-4

STEP 03 到修改器面板给叶子模型添加一个编辑多边形修改器；再激活顶点编辑模式，在该编辑模式下，将叶子的顶点调整至如图27-5所示。

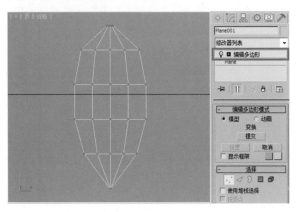

图27-5

STEP 04 给叶子模型添加一个弯曲修改器。到参数栏下将弯曲角度值设为-63.5，并将弯曲轴设为y轴，再给叶子添加一个漩涡平滑和涡轮平滑，然后加大叶子的分段数值，如图27-6所示。

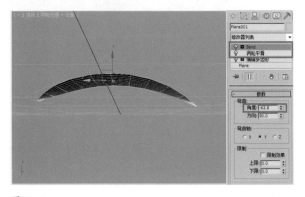

图27-6

注意： 该修改器的位置可放置在前面，也可放置在后面。在复制完大量的叶子后，可统一关闭涡轮平滑和修改器，直到最后进行渲染输出时再打开该修改器，这样就不需要担心修改器会增加软件运行的负担了。

STEP 05 给叶子模型添加一个噪波修改器，并激活噪波的GIZMO模式，将噪波的中心调整到叶子的一个角的位置处，再到参数栏下对噪波的比例值和x轴、y轴、z轴的强度值进行设置。这样，一片叶子的基本外形便制作完成了，如图27-7所示。

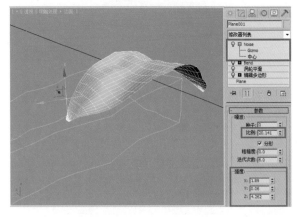

图27-7

STEP 06 此时，叶子模型还只是一个单薄的面片，这里到修改器面板中给其添加一个壳修改器，并到参数栏下将内部量值设为0.01，给叶子增加一点厚度。这样，叶子模型便制作完成了，如图27-8所示。

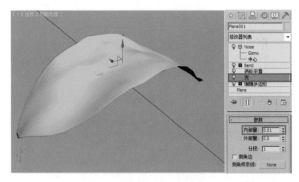

图27-8

27.3 制作叶子的材质

本节主要表现叶子的材质，叶子的材质由多种材质和贴图进行混合而来，真实地表现了叶子的各种细节质感，如图27-9所示。

图27-9

STEP 01 到渲染面板将渲染器类型设为VR渲染器，并到VR_基项面板将图像采样器类型设为自适应DMC，如图27-10所示。

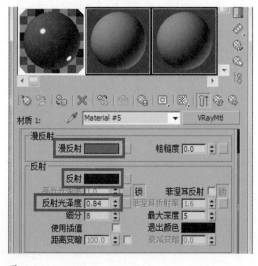

图27-10

STEP 02 到材质编辑器窗口给材质球指定一个VRayMtl材质；再将漫反射颜色设置为绿色，反射颜色设置为一个偏黑色的深灰色，并将反射光泽度设为0.84，让叶子有一个模糊的反射效果。这里将LOGO设置为一个标准白色材质，背景设置为一个标准材质，如图27-11所示。

图27-11

STEP 03 渲染一帧，此时可以看到叶子表面已经有一个基本的光泽感了，但叶子上还缺少叶脉的纹理，如图27-12所示。

图27-12

STEP 04 制作叶子的纹理。到贴图栏下给漫反射添加一个混合贴图；进入混合贴图的设置面板，给颜色#1添加一个渐变贴图，如图27-13所示。

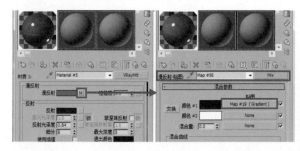

图27-13

STEP 05 进入渐变贴图的设置面板，到渐变参数栏下分别将三个颜色设置为黑色、绿色和淡绿色，并分别给颜色#1和颜色#3添加一个叶子贴图，这两个叶子贴图的设置是一样的。这里将模糊值设为4，让其作为叶子模型的底部纹理，如图27-14所示。

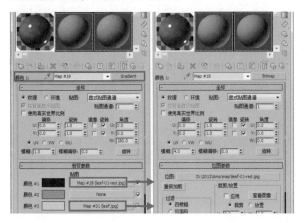

图27-14

STEP 06 图27-15所示是颜色#1和颜色#3的叶子贴图，左图是渐变贴图的最终效果，它所展现的是叶子从绿色渐变到红色的效果。

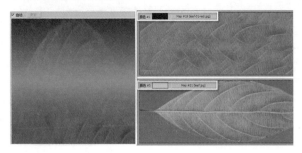

图27-15

STEP 07 再次渲染一帧，此时可以看到叶子的表面有一个略带模糊的渐变纹理了，这是叶子的第一层纹理效果，如图27-16所示。

图27-16

STEP 08 继续给叶子添加纹理。到漫反射混合贴图的设置面板给颜色#2添加一个混合贴图；同样地，再给混合贴图的颜色#1和颜色#2都添加一个叶子贴图，如图27-17所示。

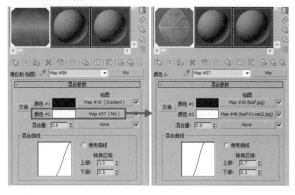

图27-17

STEP 09 让混合贴图的颜色#1和颜色#2的叶子贴图的参数值保持为默认设置，如图27-18所示。

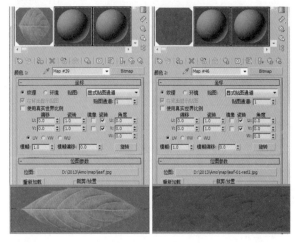

图27-18

STEP 10 将这两个叶子贴图混合到一起，再给混合量添加一个渐变贴图，然后到渐变参数栏下分别将三个颜色设置为浅灰色、棕灰色和黑色，并将渐变类型设为径向，如图27-19所示。

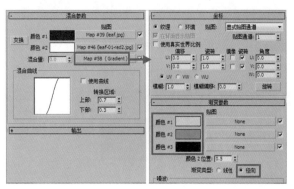

图27-19

STEP 11 图27-20所示是漫反射颜色混合贴图中的颜色#2的混合贴图效果，它是一个由圆形径向渐变的通道将两种颜色的叶子混合到一起所得到的效果。

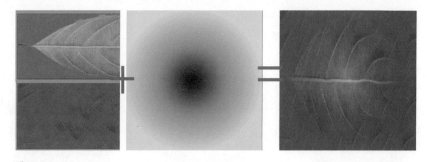

图27-20

STEP 12 漫反射贴图的两个颜色贴图设置完成后，下面给混合量添加一个衰减贴图，并将两个颜色的贴图混合到一起。到衰减贴图设置面板给黑色添加一个渐变贴图；将该渐变贴图的渐变类型设为径向，并将衰减类型设为Fresnel（菲涅耳），如图27-21所示。

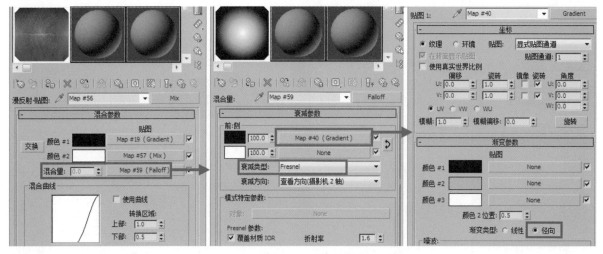

图27-21

STEP 13 此时，漫反射颜色的混合贴图已经全部设置完成了，它是以一个呈圆形径向渐变的混合量衰减贴图作为通道、由两层具有不同叶子纹理的渐变贴图的混合贴图混合到一起后所得到的最终贴图效果，如图27-22所示。

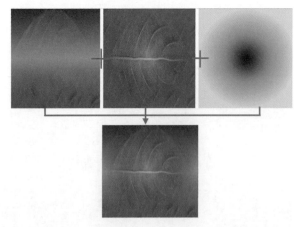

图27-22

STEP 14 到贴图栏下给凹凸项添加一个带有叶子纹理的灰度贴图；再到坐标栏下将纹理U、V轴上的瓷砖数值设为4，让叶子表面呈现出更多的凹凸纹理细节，如图27-23所示。

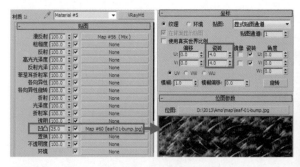

图27-23

STEP 15 渲染一帧，此时可以看到一个漂亮的叶子纹理效果渲染出来了，但此时叶子的受光效果并不均匀，导致叶子表面的光泽感并不是很完美，如图27-24所示。

图27-24

STEP 16 在叶子模型的旁边创建两处亮度不同的VR_光源，并适当调整灯光的角度，让灯光均匀且充分地照射到叶子的表面，如图27-25所示。

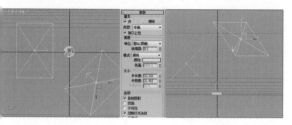

图27-25

STEP 17 再次渲染一帧，此时可以看到叶子的效果已经非常真实了，整个叶子在受到灯光的均匀照射后显得非常柔光发亮、鲜嫩欲滴了，如图27-26所示。

图27-26

STEP 18 最后到场景中再创建一处VR_光源，将其作为辅助灯；再到其参数面板中单击排除按钮，排除掉LOGO模型，如图27-27所示。

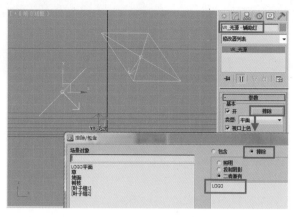

图27-27

至此，小树的叶子效果和小草效果都已经制作完成了。最终的效果如图27-28所示。

图27-28

第28章

水果材质

本章内容
◆ 材质分析
◆ 制作水果材质

28.1 材质分析

水果材质，顾名思义就是用于模拟水果的一种材质。它的特点是色彩丰富亮丽，并有着很高的光泽度和逼真度。不同的水果，其表面的光滑度、反射效果、折射效果、光泽度和色泽感都不一样，如图28-1所示。

图28-1

28.2 制作水果材质

水果材质的制作主要是通过给材质球添加贴图来获得的，并通过给其表面添加纹理和光泽感来模拟出水果材质的真实质感，再通过给水果添加光照，让水果置身于全局照明的场景中，使水果材质更加漂亮、真实，让水果有一种垂涎欲滴的效果。

STEP 01 导入模型到场景中，该模型是一组由各种水果组成的果盘模型，如图28-2所示。

图28-2

STEP 02 到渲染面板将渲染器类型设为VR渲染器，并让渲染的参数值暂时保持为默认设置，如图28-3所示。

STEP 03 制作果盘的材质，这是一个蓝色的磨砂玻璃果盘。给果盘指定一个VRayMtl材质，为了不让果盘玻璃的反射效果和折射效果过于强烈，这里分别给它们添加一个衰减贴图，其中反射的衰减贴图是一个由黑色到深灰色的衰减贴图，让果盘玻璃有一个比较弱的反射效果。到折射栏下勾选影响阴影项，使玻璃的阴影受到其颜色的影响，如图28-4所示。

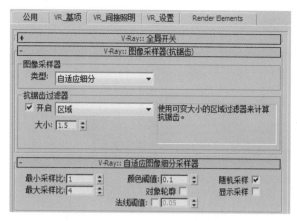

图28-3

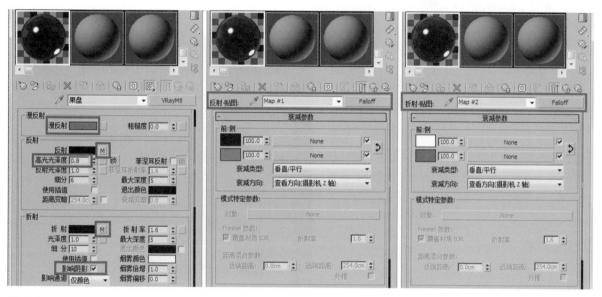

图28-4

STEP 04 渲染一帧，可以看到玻璃果盘比较暗，这是由此时的背景是黑色所导致的，如图28-5所示。

STEP 05 到环境面板中将背景颜色设为白色。再次渲染，可以看到果盘整体变亮了很多，如图28-6所示。

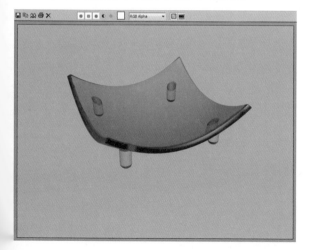

图28-5

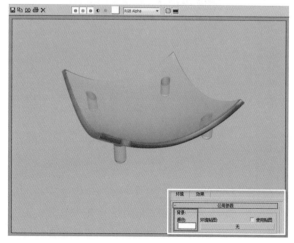

图28-6

STEP 06 制作柠檬的材质，柠檬的表面是一个呈亚光质感且具有细小凹凸纹理的磨砂效果。给材质球指定一个VRayMtl材质，将漫反射颜色设为橘黄，反射颜色设为深灰色，并将反射光泽度设为0.7，如图28-7所示。

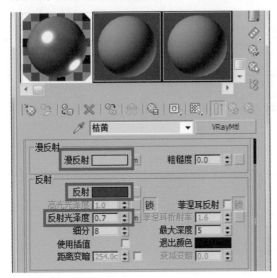

图28-7

STEP 07 这样，一个具有亚光质感的柠檬表面效果便制作出来了。此时，虽然玻璃果盘材质的反射效果比较清晰，但在视觉效果上却显得比较杂乱，如图28-8所示。

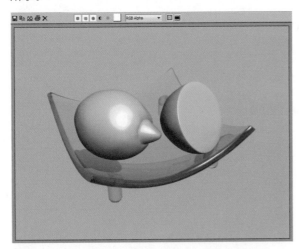

图28-8

STEP 08 到玻璃果盘的反射栏下将反射光泽度设为0.9，让其有一个微弱模糊的反射效果，如图28-9所示。

STEP 09 到柠檬材质的贴图栏下给漫反射添加一个柠檬表皮贴图；再给漫反射光泽度添加一个柠檬表皮的黑白纹理贴图；让两个贴图的参数都保持默认设置，如图28-10所示。

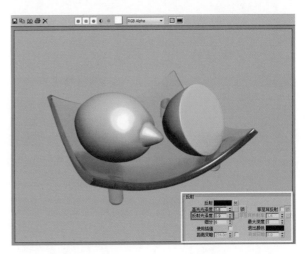

图28-9

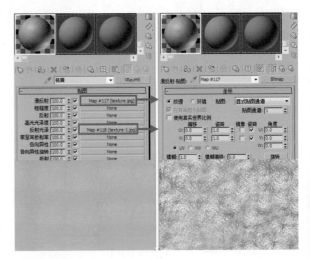

图28-10

STEP 10 渲染一帧，此时可以看到柠檬的表皮隐约地出现了一些纹理效果，但其整体效果仍然显得比较光滑，如图28-11所示。

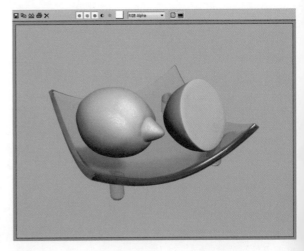

图28-11

STEP 11 到贴图栏下给凹凸项添加一个柠檬表皮的黑白纹理贴图，并让贴图的参数值保持默认设置。将凹凸值设为-12，让凹凸纹理有一个凹进去的效果，如果凹凸值为正值，那么凹凸纹理就会呈凸起的效果，如图28-12所示。

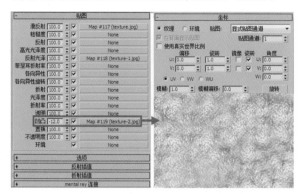

图28-12

STEP 12 再次渲染一帧，可以看到柠檬的凹凸纹理效果已被渲染出来了，但此时柠檬的表皮质感显得比较干枯，整个柠檬表面看起来也显得不够新鲜且缺少水分，如图28-13所示。

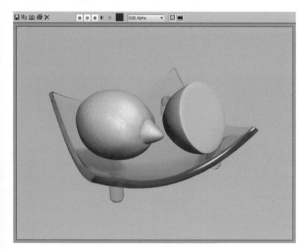

图28-13

STEP 13 给半个柠檬的横切面添加一个柠檬内部的果肉贴图，这里需要给半个柠檬设置一个材质ID号，让表皮的材质ID和横切面的材质ID区别开来。到半个柠檬的可编辑多边形修改器的面编辑模式下，选中横切面部分的面，到材质ID栏下将ID设为2，再按下键盘上的回车键，确认ID的设置，如图28-14所示。

STEP 14 到材质编辑器窗口将柠檬材质复制一个，并将复制所得的材质赋予给半个柠檬，再到贴图栏下将三个贴图都替换为半个柠檬的横切面的果肉贴图，反射光泽度的贴图和凹凸项的贴图替换为果肉切面的灰度贴图，

如图28-15所示。

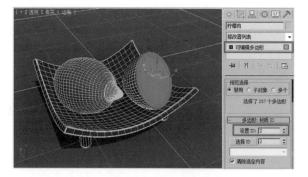

图28-14

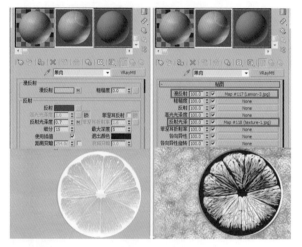

图28-15

STEP 15 再次渲染一帧，此时可以看到半个柠檬的横切面的材质效果也被渲染出来了，如图28-16所示。

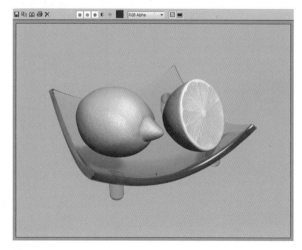

图28-16

注意: 柠檬材质的设置暂时介绍到这里，其表面的干枯效果到后面的所有水果整体调整中再进行操作。

STEP 16 制作香蕉的材质。香蕉的表皮也是一种亚光质感，其表面还略带一点粗糙感，但其表面却没有柠檬表面的光亮感，如图28-17所示。

STEP 17 给材质球指定一个VRayMtl材质，并将其赋予给香蕉模型。到漫反射栏下将漫反射颜色设为橘黄色，反射颜色设为深灰色，并勾选菲涅耳反射项，再将反射光泽度设为0.62，让其有一个较强的模糊效果，如图28-18所示。

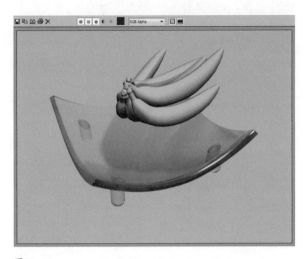

图28-17

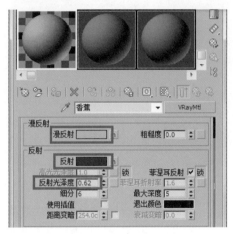

图28-18

STEP 18 到贴图栏下给漫反射添加一个香蕉表皮贴图，保持参数值为默认设置；再给反射添加一个衰减贴图。这样，香蕉表皮已经是一个反射效果较弱且具有模糊反射的材质了。给漫反射再添加一个衰减贴图，让反射再有一个衰减效果，再次减弱反射效果的强度，如图28-19所示。

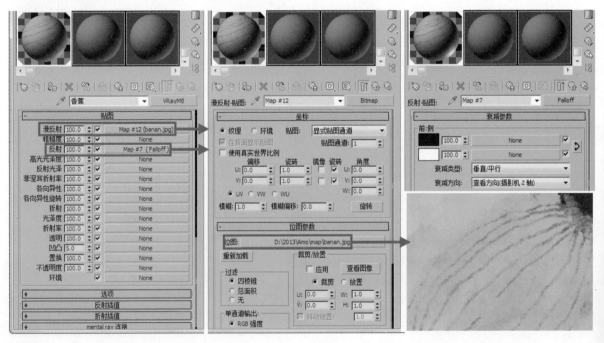

图28-19

STEP 19 渲染一帧，此时可以看到香蕉的表面有一个表皮纹理贴图的效果了，但其质感还不够强，如图28-20所示。

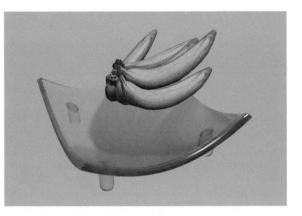

图28-20

STEP 20 给香蕉的表面设置一个粗糙效果。到贴图栏下给凹凸项添加一个烟雾贴图，并到烟雾参数栏下将大小值设为1，如图28-21所示。

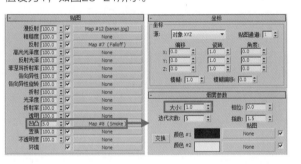

图28-21

STEP 21 再次渲染一帧，此时可以看到香蕉的表面有一点粗糙的凹凸感了，其质感要比之前真实一些，香蕉材质的设置到此结束，如图28-22所示。

图28-22

STEP 22 制作西红柿的材质。西红柿是一种表面光滑且反射效果要强于柠檬和香蕉的水果。给材质球指定一个VRayMtl材质，并将其赋予给西红柿，再到漫反射栏下将漫反射颜色设为红色，到反射栏下将高光光泽度设为0.75，反射光泽度设为0.8，如图28-23所示。

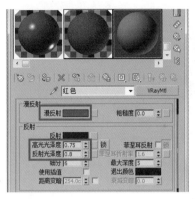

图28-23

STEP 23 到贴图栏下给漫反射添加一个衰减贴图，并让衰减参数保持为默认设置。这样，西红柿的表皮材质便设置完成了，如图28-24所示。

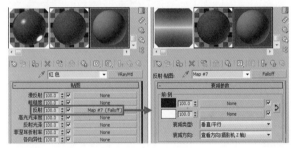

图28-24

STEP 24 制作西红柿叶子的材质，西红柿叶子是一个表面呈磨砂效果的材质。到漫反射栏下将漫反射颜色设为深绿色，反射颜色设为一个偏黑的深灰色，再将反射光泽度设为0.08，让其有一个较强的模糊效果，如图28-25所示。

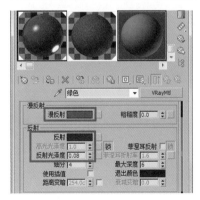

图28-25

STEP 25 渲染一帧，可以看到一个漂亮的西红柿材质已经渲染出来了，如图28-26所示。

图28-26

STEP 26 下面用前面的方法将其他几种水果也制作出来。这样，一个果盘模型便已经全部制作完成了。此时，场景中的水果材质都不够鲜亮，这是因为场景中还没有充足的光源来照射，如图28-27所示。

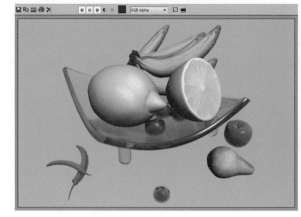

图28-27

STEP 27 给场景添加光源。到场景的正前方上空添加一处VR_光源，将其作为主光灯，到场景的左前方位置添加一盏亮度倍增值为0.8的泛光灯，将其作为辅光灯，如图28-28所示。

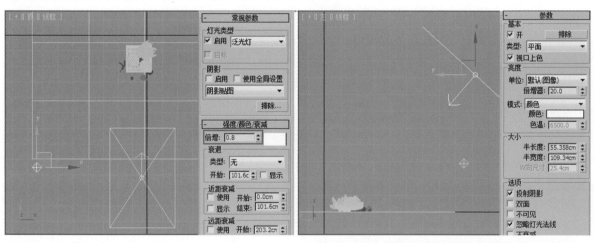

图28-28

STEP 28 渲染场景，此时会发现场景的整体亮度还不够，如图28-29所示。

图28-29

STEP 29 到VR渲染器的间接照明面板中勾选全局照明选项，并到发光贴图栏下将当前预置设为低，如图28-30所示。

图28-30

STEP 30 再次渲染一帧，可以发现场景的亮度曝光过度了，如图28-31所示。

图28-31

STEP 31 降低场景的亮度。到环境和效果面板给背景添加一个衰减贴图，再到衰减参数栏下将衰减方向设为局部z轴（不同的衰减方向得到的背景亮度效果是不一样的），然后到环境面板的全局照明栏下将级别降低到0.3。这样，场景的亮度就整体降低了，如图28-32所示。

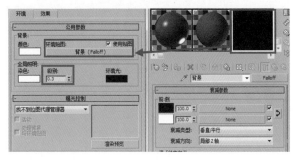

图28-32

STEP 32 最后渲染场景，可以得到一个漂亮的水果盘场景模型，其效果如图28-33所示。

图28-33

29.1　材质分析

　　本章主要介绍纸材质的制作。纸材质的制作很简单，但是要制作出非常真实的纸材质效果，就必须配合渲染设置来完成。也就是说，在全局照明效果的条件下，纸材质的质感更容易表现出来，如图29-1所示。

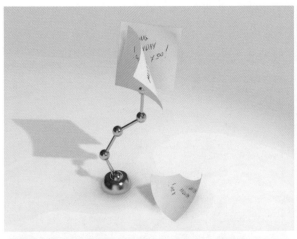

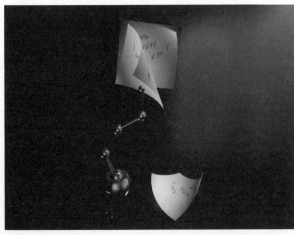
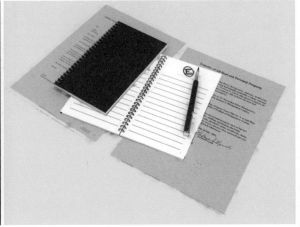

图29-1

29.2　制作纸材质

　　纸材质的制作仅需要用到一个3ds Max的标准材质，为了让纸材质更加真实，这里还需给其添加微弱的凹凸纹理效果。由于基本的材质设置还不能充分地表现出纸张的真实质感，因此还需要灯光和渲染器的配合使用来完成最终的纸质效果。最终的纸材质效果如图29-2所示。

图29-2

STEP 01 导入模型到场景中，这是一个铁架便签纸模型，其制作的重点在于表现便签纸的质感，如图29-3所示。

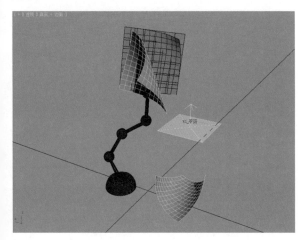

图29-3

STEP 02 到渲染面板将渲染器类型设为VR渲染器，并让渲染参数保持为默认设置，如图29-4所示。

STEP 03 到渲染面板的V-Ray环境栏下勾选开启反射/折射环境覆盖项，并给其添加一个HDRI贴图。由于本节应用到的场景比较简单，因此这里提前将环境贴图设置好，这样就可以更早且更准确地观察到材质的变化效果了，如图29-5所示。

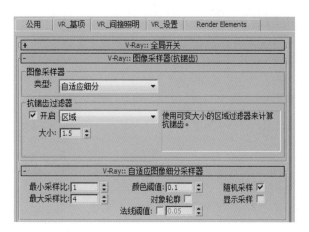

图29-4

图29-5

STEP 04 将刚才在环境栏下添加的HDRI贴图拖到材质编辑器中；再给其指定一张模糊的室内场景贴图；然后到坐标栏下勾选环境项，并将贴图方式设为球形环境，如图29-6所示。

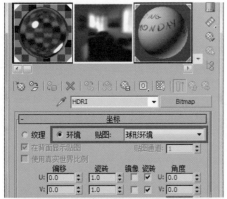

图29-6

STEP 05 制作铁架的金属材质。到材质编辑器中给材质球指定一个VRayMtl材质，并将其赋予给铁架模型。到漫反射栏下将漫反射颜色设为深灰色，并到反射栏下将反射颜色设为浅灰色，并将反射光泽度设为0.75，让金属材质有一个反射模糊的效果。到贴图栏下给凹凸项添加一个灰度纹理贴图，并加大纹理贴图的模糊值。这样，铁架的磨砂反射材质便制作完成了，如图29-7所示。

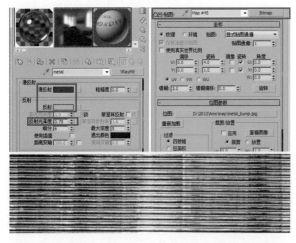

图29-7

STEP 06 制作便签纸的材质。到材质面板给便签纸指定一个标准材质；再到贴图栏下给漫反射颜色添加一个写

有字的黄色纸贴图，如图29-8所示。

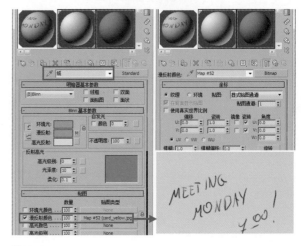

图29-8

STEP 07 渲染一帧，此时可以看到便签纸的材质暗淡无光，没有一点光亮感，如图29-9所示。

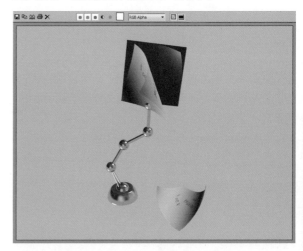

图29-9

STEP 08 到渲染面板的环境栏下，勾选开启全局照明环境（天光）覆盖项，如图29-10所示。

图29-10

STEP 09 到渲染面板的VR间接照明面板的全局照明栏下勾选开启项，并到发光贴图栏下将当前预置设为低，如图29-11所示。

图29-11

STEP 10 再次渲染一帧，此时可以看到场景的整体亮度已经提高了，而且便签纸的材质也变得明亮了很多，如图29-12所示。

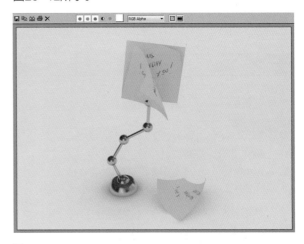

图29-12

STEP 11 此时，纸张材质的通透感还不够强，但我们日常生活中常见的纸张是可以透光的。这里给场景添加一盏聚光灯，让灯光影响纸张的材质，使纸张产生透光效果。到灯光的参数面板的阴影栏下勾选启用项，并将阴影设为VRayShadow；再到强度/颜色/衰减栏下将倍增值设为0.3，并将衰退类型设为平方反比，如图29-13所示。

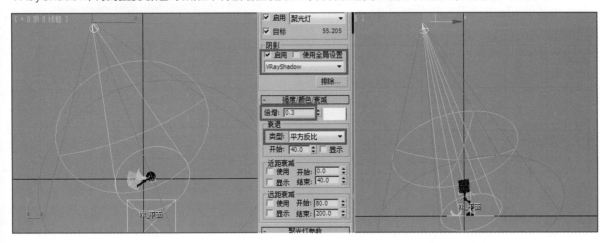

图29-13

STEP 12 渲染一帧，可以看到场景产生明显的阴影效果了，而且便签纸的亮度再次被提亮了，但是纸材质的通透感还是没有表现出来，如图29-14所示。

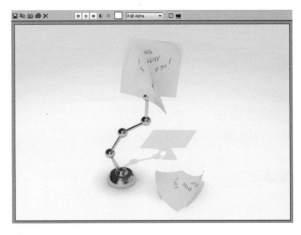

图29-14

STEP 13 给便签纸的表面添加一些凹凸的颗粒，这样可以让纸张显得更加真实。到便签纸材质的贴图栏下，给凹凸项添加一个噪波贴图，再到噪波参数栏下将噪波类型设为湍流，大小值设为0.02，让纸材质有一个比较轻微的凹凸效果，如图29-15所示。

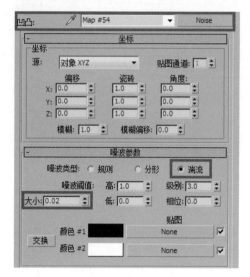

图29-15

STEP 14 观察渲染效果，此时可以看到在添加了凹凸的颗粒后纸张显得更加真实了，如图29-16所示。

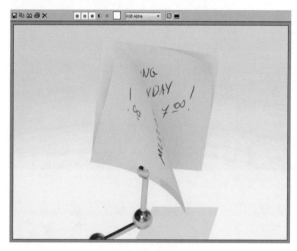

图29-16

STEP 15 调整便签纸的透光效果。到渲染面板的VR_基项面板的全局开关栏下取消勾选灯光项，并将缺省灯光设为不产生全局照明，如图29-17所示。

STEP 16 取消了勾选灯光项后，场景又恢复到VR的全局照明环境（天光）效果了，如图29-18所示。

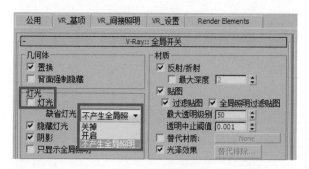

图29-17

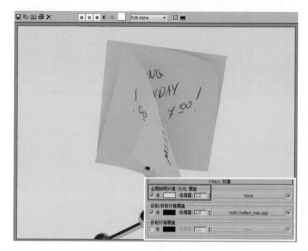

图29-18

STEP 17 将灯光的缺省灯光设为开启，可以发现场景变得非常白亮了。因为此时的场景不但受到了全局照明的影响，而且也受到了场景中的聚光灯和默认灯光的影响，所以开启缺省灯光会导致场景曝光过度，如图29-19所示。

图29-19

STEP 18 到渲染面板的环境栏下取消勾选全局照明环境（天光）覆盖项；再次渲染一帧，此时可以看到便签纸出现透光效果了，这种透光效果可以让纸张材质显得更加真实，如图29-20所示。

STEP 19 最后渲染一帧，得到最终的便签纸材质效果，如图29-21所示。

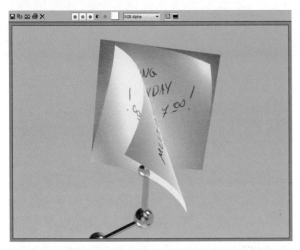

图29-20

图29-21

第 **30** 章 | 藤篓材质

本章内容
◆ 材质分析
◆ 制作藤篓材质

30.1 材质分析

　　本章主要介绍藤篓材质的制作。藤篓是由藤条编织而成的，这里主要是用贴图来模拟藤条编织的效果，因此制作藤篓材质的重点首先是要表现出藤条的立体效果，其次是要表现出藤条的光泽感，光泽感能使藤条显得更加真实，如图30-1所示。

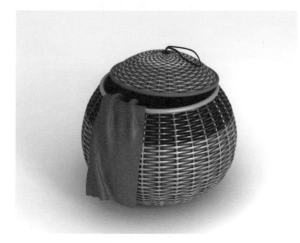

图30-1

30.2 制作藤篓材质

　　藤篓的制作重点在于藤条的表现，这里分别给藤篓的材质设置几种不同的颜色（不同颜色的藤条的制作方法都是一样的）。为了让藤条更有立体感，除了使用简单的凹凸效果以外，还需要配合置换效果来表现出真实、立体的藤条效果，如图30-2所示。

图30-2

STEP 01 导入模型到场景中，这是一个用藤编织而成的藤篓模型，如图30-3所示。

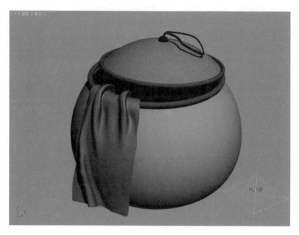

图30-3

STEP 02 在制作藤篓材质前，先给篓子设置材质ID号；再给藤篓表面设置几种不同的颜色，丰富材质的效果。到篓子的修改器面板中，激活可编辑多边形修改器的面编辑模式，再到场景中选中篓子下部分的面，然后到修改器面板的材质ID栏下将设置ID设为1，并按下键盘上的回车键，确认设置。使用同样的方法将篓子上部分面的材质ID设为2，如图30-4所示。

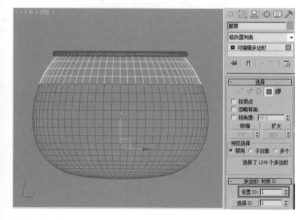

图30-4

STEP 03 到渲染面板将渲染器类型设为VR渲染器，如图30-5所示。

STEP 04 到材质面板给藤篓指定一个多维/子对象材质，再到多维/子对象基本参数栏下将材质数量设为2，给这两个材质各指定一个VRayMtl材质，如图30-6所示。

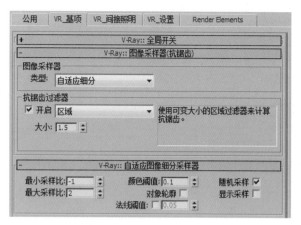

图30-5

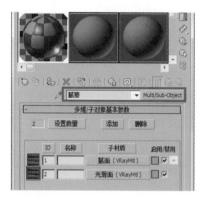

图30-6

STEP 05 对第一个材质进行设置。到漫反射栏下将材质的漫反射颜色设为偏灰的黄绿色，再到反射栏下将反射颜色设为一个亮度为10的深灰色，并将高光光泽度设为0.65，让材质有一个比较柔和的高光效果，然后将反射光泽度设为0.8，让材质的表面产生模糊的反射效果，如图30-7所示。

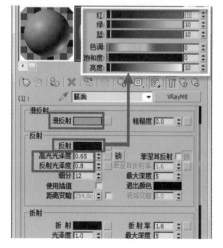

图30-7

STEP 06 到贴图栏下给漫反射添加一张藤条贴图；再到其设置面板的坐标栏下分别将贴图U轴和V轴上的瓷砖数值设为15和50，并将模糊值设为0.5，让藤条显示得更清晰，如图30-8所示。

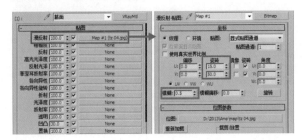

图30-8

STEP 07 通过观察可以看到给漫反射添加的是一个经过了设计的藤条贴图，其上下左右的边缘是无缝连接在一起的。将该贴图重复铺开，便可以得到一个藤条编织的效果了。藤条贴图的效果如图30-9所示。

图30-9

STEP 08 渲染一帧，可以看到藤篓的下部分呈一个藤条编织的效果了，但此时的藤织效果只是一个平面的效果，看起来没有任何的立体感，如图30-10所示。

图30-10

STEP 09 下面让藤织效果有一个真实的凹凸感。到贴图栏下给反射添加一张藤条的灰度位图，并让其参数保持和漫反射贴图同样的设置，如图30-11所示。

STEP 10 藤条的灰度位图效果如图30-12所示。

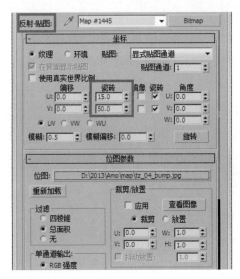

图30-11

图30-12

STEP 11 到贴图栏下将漫反射的藤条贴图复制给凹凸项；为了让藤条看起来更有光泽感，这里将反射项的贴图复制给反射光泽，如图30-13所示。

图30-13

STEP 12 再次渲染一帧，可以发现藤篓的藤条材质变得非常白，这是由于在藤条材质面板的贴图栏下给漫反射添加了一张黑白贴图所导致的，如图30-14所示。

STEP 13 到贴图栏下将反射值降低到10，让黑白藤条隐约地叠在漫反射的藤条贴图上。这样，藤条的质感便得到加强了，如图30-15所示。

图30-14

图30-15

STEP 14 到贴图栏下将反射项的黑白藤条贴图复制给置换项，并将置换值减小到12。这样，一个立体且真实的藤条效果便制作出来了，如图30-16所示。

图30-16

STEP 15 将藤篓上部分的藤织设置成和下部分藤织效果同样的材质，并将藤篓上部分藤织的漫反射颜色的贴图调得暗一点，如图30-17所示。

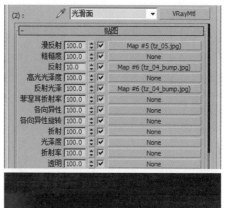

图30-17

STEP 16 制作藤篓口部的圆圈材质。到漫反射栏下给漫反射添加一张木纹贴图，并到贴图设置面板的坐标栏下分别将其U轴和V轴的瓷砖数值设为0.3和5，这里将U轴的瓷砖数值设为0.3是为了不让木纹的纹理过于紧密。到反射栏下将反射颜色设为一个亮度为25的深灰色，并将高光光泽度设为0.65，反射光泽度设为0.7，如图30-18所示。

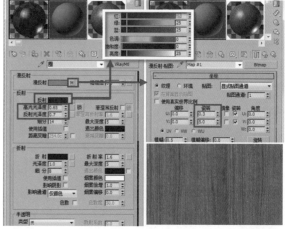

图30-18

STEP 17 给口部周围的材质设置一个凹凸质感。到贴图栏下将漫反射的木纹贴图复制给反射项和凹凸项，并将反射值设为10、凹凸值设为40，如图30-19所示。

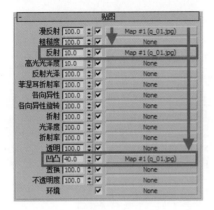

图30-19

STEP 18 对藤篓进行渲染，此时可以看到其材质效果显得非常真实了，如图30-20所示。

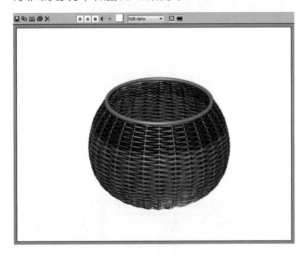

图30-20

STEP 19 给藤盖设置材质ID号。到材质ID栏下将设置ID设为2，如图30-21所示。

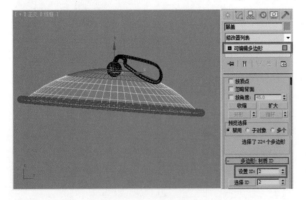

图30-21

STEP 20 设置藤盖的材质。藤盖的材质和藤篓材质是一样的，这里只需将藤盖材质的第二个子材质中的贴图替换成一个比较亮的藤条贴图即可，如图30-22所示。

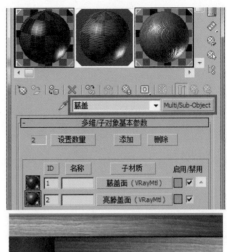

图30-22

STEP 21 至此，藤织篓子的材质便制作完成了。渲染一帧，得到的最终渲染效果以及开启全局照明后的效果如图30-23所示。

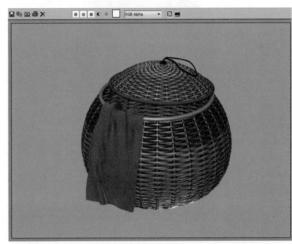

图30-23

STEP 22 将场景中的篓子模型替换成"JOIN"四个英文字母和一个LOGO模型，如图30-24所示。

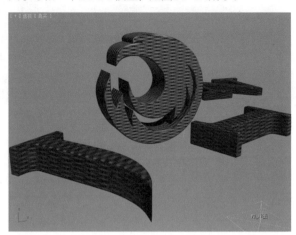

图30-24

STEP 23 由于不同模型的结构是不同的，因此得到的材质贴图效果也是不一样的，这里需要对每个模型的贴图进行调整。到修改器面板给每个模型都添加一个UVW贴图修改器，激活其Gizmo线框模式；再到参数栏下调整每个模型的贴图方式，让贴图更好地贴在模型的表面上，如图30-25所示。

STEP 24 最后渲染一帧，得到最终的藤织文字效果，如图30-26所示。

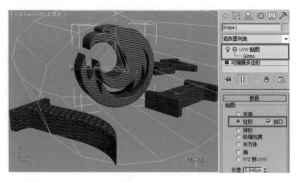

图30-25

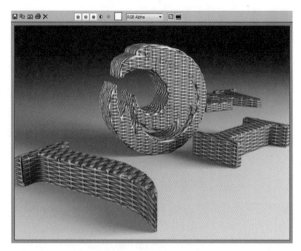

图30-26

第31章

麦克风黄金材质制作

本章内容
- ◆ 材质分析
- ◆ 制作麦克风黄金材质
- ◆ 制作背景元素
- ◆ 环境处理

31.1　材质分析

　　本章要介绍的麦克风（传声器）材质包括了电视包装中最重要的两种材质，分别是黄金材质和白金材质。这两种材质也是在影视包装中历史最为悠久的材质，一直盛行到今天。现在，它们已经成为电视包装中最具标志性的两种金属材质。本章主要讲解如何利用finalRender材质来制作这两种材质，使用这种方法来制作材质是很简便的，它不但渲染速度快，而且实用性非常强。这两种材质的制作原理和大部分金属材质的制作原理是一样的，都是利用环境和灯光来影响其质感的变化。麦克风材质的效果图如图31-1所示。

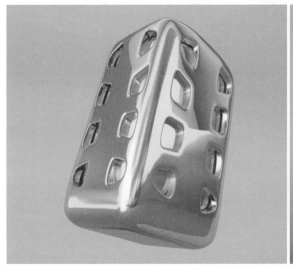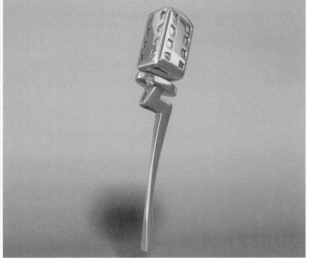

图31-1

31.2　制作背景元素

STEP 01 给麦克风模型设置一个背景和一个与地面连在一起的曲面，该曲面是由一个圆角路径挤出来的，如图31-2所示。

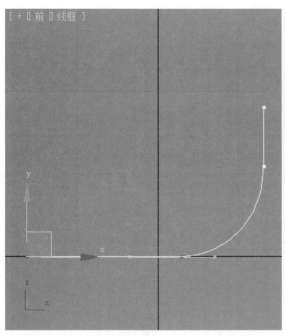
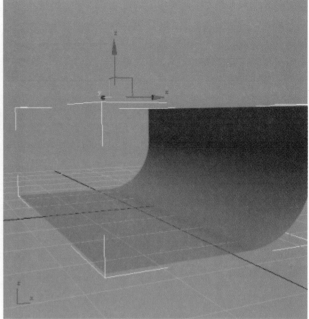

图31-2

STEP 02 在前视图中创建一条呈90°直角的路径，并对路径中心的顶点进行圆角处理，让两条直线过渡得更圆滑，如图31-3所示。

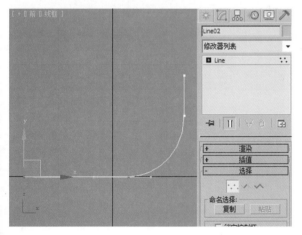

图31-3

STEP 03 给路径添加一个挤出修改器，并将挤出数量设为60。此时，可以发现场景中的路径消失了，所挤出的形状也看不到了。这是因为挤出的曲面的正面在背后，而前面的面的法线是反向的，因此从正面看过去是看不到任何东西的，如图31-4所示。

STEP 04 给挤出的曲面添加一个壳修改器，并将壳参数栏中的外部量值设为0.01，让曲面有一个厚度。这样，挤出的曲面就可以被看到了，如图31-5所示。

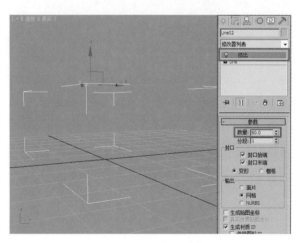

图31-4

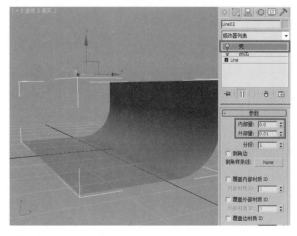

图31-5

STEP 05 如果不想让曲面有厚度，可以使用另外一种方法，就是让挤出的曲面的正面在前面显示出来。具体操作为：先给路径添加一个编辑多边形，激活多边形模式后再到场景中选择所有的面，然后单击翻转按钮。这样便可以将曲面的正面显示到前面来了，背面则看不到了。至此，一个有弧度的地面便制作好了，如图31-6所示。

STEP 06 导入准备好的麦克风模型到场景中，将其放置于地面的中心位置处，如图31-7所示。

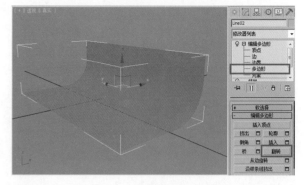

图31-6

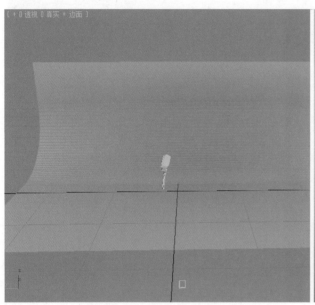
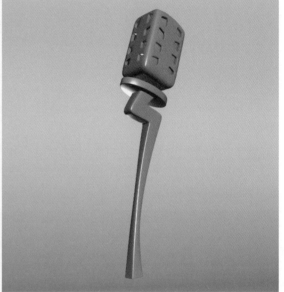

图31-7

31.3 制作麦克风黄金材质

黄金材质主要是利用finalRender的FR高级材质来制作的，再配合灯光和环境的设置，一个绚丽的黄金质感效果便可轻松快速地制作完成了。这里的黄金质感主要使用了两种方法来表现，第一种方法是利用FR高级材质中的黄金效果预设来模拟黄金质感；第二种方法是利用环境和灯光来表现出黄金质感。虽然第一种方法操作起来比较快捷，不需要设置任何的环境和灯光，只需两三个提取预设的步骤即可实现，但是得到的效果的可调性却比不上第二种方法。利用这两种方法得到的黄金材质效果如图31-8所示。

图31-8

STEP 01 首先将渲染器指定为finalRender stage-1渲染器；再到材质编辑器指定一个新材质球来作为FR高级材质；然后将材质的反射颜色设置为浅灰色，并取消勾选菲涅耳选项。这样，材质便有一个较好的反射效果了，如图31-9所示。

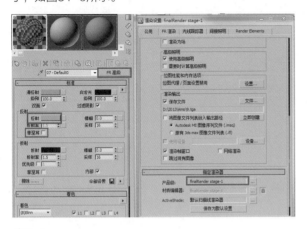

图31-9

STEP 02 单独对麦头进行渲染。此时，可以看到其材质表面除了反射出环境的黑色以外，还反射出了地面的部分，如图31-10所示。

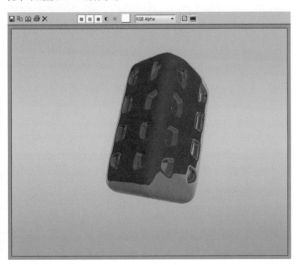

图31-10

STEP 03 对麦头的颜色进行设置。给漫反射颜色设置一个蓝橙色调，渲染麦头后，可以发现得到的颜色效果并不是很理想，如图31-11所示。

STEP 04 到反射栏将反射颜色设置为橘黄色，再次渲染，此时所得到的麦头材质颜色要比之前的好多了。但此时的材质颜色看起来并没有任何的金属质感，如图31-12所示。

STEP 05 到着色栏下设置两层高光，并勾选L1项和L2

项，分别对层1和层2的高光参数进行设置。给层1设置一个比较尖锐的高亮度高光，将高光反射级别设为200，光泽度设为60；将层2中的高光反射级别设为20，光泽度也设为20，让第一层高光有一个光晕效果，如图31-13所示。

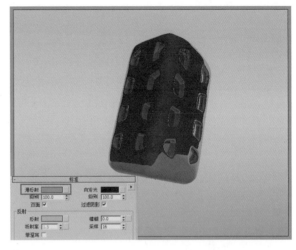

图31-11

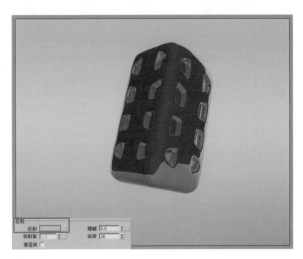

图31-12

图31-13

注意： 金属质感最重要的一个自身因素就是高光，这也是所有金属最基本的一个特性。

STEP 06 渲染麦头后，可以看到一个具有高光的基本金属效果已经出来了，但此时的金属材质看起来还是没有黄金质感效果，如图31-14所示。

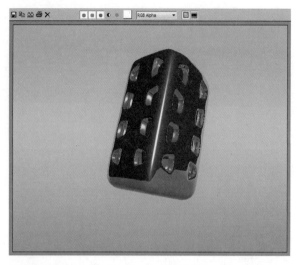

图31-14

STEP 07 对黄金材质进行调整。到着色栏下，单击右下角的小三角形，此时可以看到弹出的列表中有多种软件早已预设好的不同材质，这些是材质着色部分的参数设置。这里选择黄金_ML预设，如图31-15所示。

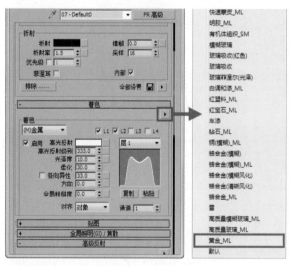

图31-15

注意： 这里使用两种方法来设置黄金材质。第一种方法是利用FR高级材质自带的黄金参数来设置黄金材质，这种方法只展示FR高级材质预设的材质参数以及得到的材质效果；第二种方法是利用环境来处理黄金材质，这种方法的针对性和实用性都较强。

STEP 08 图31-16所示是黄金预设的两层高光的参数设置，从高光的预设图中可以看到，这两层高光的高光亮度都比较高。

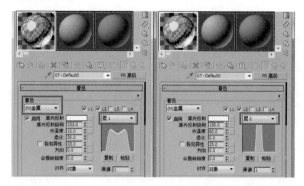

图31-16

STEP 09 保持预设材质的参数设置不变，渲染麦头模型，此时可以看到黄金质感显得比较平淡，没有一点层次感，光泽度也不够高，这是因为此时的场景中没有添加任何的灯光和材质，而该材质预设仅仅是靠参数来进行材质模拟的，因此所得到的质感效果都不能尽如人意，如图31-17所示。

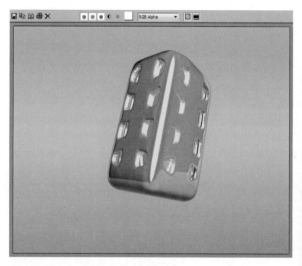

图31-17

31.4 环境处理

STEP 01 到着色栏下，再次单击小三角形，在弹出的列表中选择默认，恢复预设的参数。下面开始利用环境和灯光来处理材质效果，如图31-18所示。

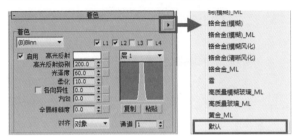

图31-18

STEP 02 从材质效果的分析图中可以看到此时的材质主要是以反射效果为主，除了自身反射和背景反射以外，麦头模型大部分面积所反射的都是环境色。因此接下来要给环境添加一张贴图，利用贴图来影响材质的效果，如图31-19所示。

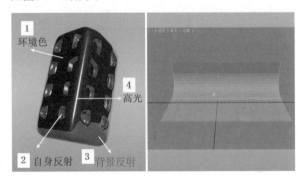

图31-19

STEP 03 到环境和效果面板的公用参数栏下，给环境贴图指定一张HDR贴图，并将该贴图拖到材质编辑器中任意的空白材质球上，将其关联复制。到材质编辑器中调节该贴图的参数，到坐标栏下勾选环境选项，并将贴图方式设为球形环境，让贴图呈球形包裹在场景的周围，如图31-20所示。

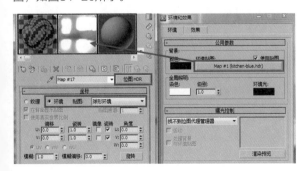

图31-20

STEP 04 一张环境较暗的HDR贴图如图31-21所示。

图31-21

STEP 05 渲染麦头模型，可以看到一个比较有质感的黄金材质效果出来了，但此时的材质有点像摩擦质感的黄金，材质表面的层次感还不够明显，如图31-22所示。

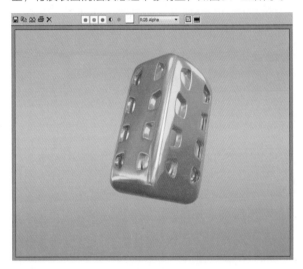

图31-22

STEP 06 到麦头模型的顶部绘制一个封闭的路径，该路径是由一个矩形调整而来的，如图31-23所示。

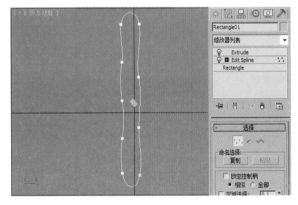

图31-23

STEP 07 给封闭路径添加一个挤出修改器，并到参数栏把挤出的数量设为0，不让其有厚度，将该路径作为环境的反光板，如图31-24所示。

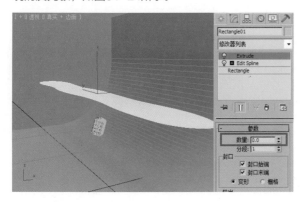

图31-24

STEP 08 给反光板设置一个材质，指定一个新的材质球给反光板，并将材质的漫反射颜色设为白色，自发光的颜色值设为100。给不透明度添加一个渐变坡度贴图，并到渐变坡度的坐标栏下将角度的W旋转值设为90°，并把渐变坡度的颜色设置成如图31-25所示。

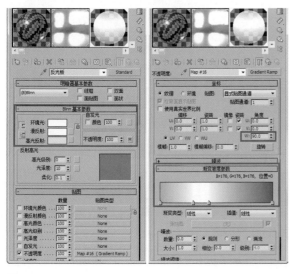

图31-25

STEP 09 再次渲染，此时可以看到材质的表面多了一些反射的细节，如图31-26所示。

STEP 10 调整反射的细节，让其有一些变化效果。给反光板添加一个UVW贴图修改器，并激活UVW贴图坐标；到场景中调整贴图坐标（反光板周围的黄色线框），如图31-27所示。

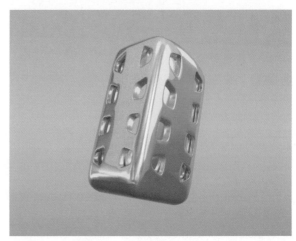

图31-26

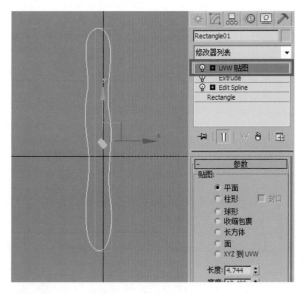

图31-27

STEP 11 渲染麦头模型，从左右两边的渲染效果对比图中可以看出，调整了反光板贴图坐标后，麦头材质表面的反光板的反射效果出现了轻微的衰减效果，如图31-28所示。

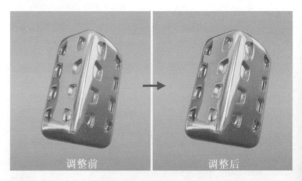

图31-28

STEP 12 到场景中再添加一块反光板。将第一块反光板复制一个，并将复制所得的反光板放置于与第一块反光板相垂直的位置，即将其放置在靠近麦头模型的右后方位置处，如图31-29所示。

图31-29

STEP 13 再次渲染麦头模型，此时可以看到材质右边的边缘出现了另一块反光板的反射，如图31-30所示。

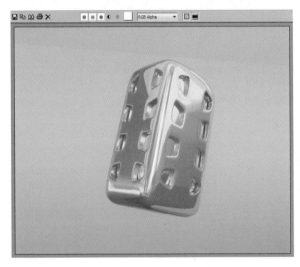

图31-30

STEP 14 减少反光板反射的反弹次数，让材质表面的质感更简洁一点。到渲染面板的光线跟踪栏下，将光线跟踪的总反弹数设置为5，反射反弹设为3，如图31-31所示。

图31-31

STEP 15 再次渲染麦头模型，得到的黄金质感效果如图31-32所示。

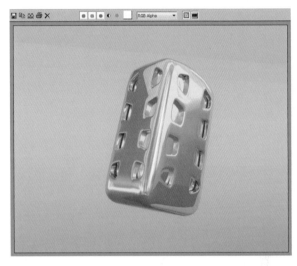

图31-32

注意： 此时的黄金质感还稍微少了一些光泽，这是由于此时的场景中还没有添加灯光。

STEP 16 给场景添加灯光。分别在麦克风的正前方和左侧方创建一盏FR方形灯，如图31-33所示。

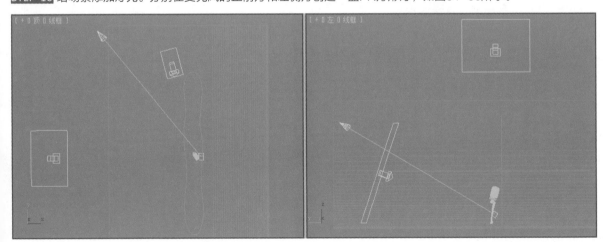

图31-33

STEP 17 保持两盏灯的默认参数设置不变，渲染一帧后，可以发现整个画面效果出现了很多问题：背景由于也受到了灯光的影响而变得发白了；反光板受到灯光的照射后产生了黑色的投影，影响了背景的效果；过亮的背景反射到麦克风的表面，导致麦克风表面的颜色也曝光过度了。如图31-34所示。

图31-34

STEP 18 调整两盏方形灯的设置。到正前方的方形灯的灯光参数面板中勾选目标选项，让灯光有一个目标。这样，方形灯在移动时就会以目标点为中心进行移动。取消勾选影响曲面栏下的高光反射项，并将灯光的亮度设为0.8；最后到灯光的排除/包含选项中将两个反光板排除掉，如图31-35所示。

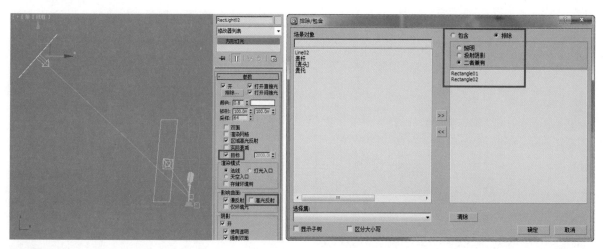

图31-35

STEP 19 到左侧方的方形灯的灯光参数面板中勾选目标选项，将灯光的亮度设为0.5；然后取消勾选阴影栏下的开选项，不让左侧方的灯光产生阴影；最后到灯光的排除/包含选项中勾选包含项，让灯光的照射仅包含麦杆、麦托和麦头部分，如图31-36所示。

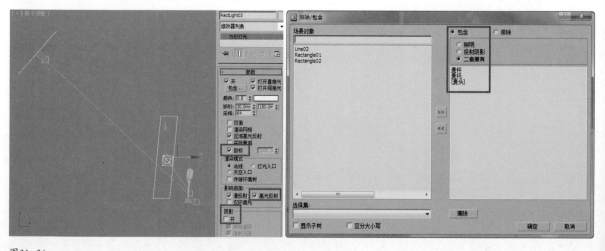

图31-36

注意： 这里可以保持勾选左侧方的灯光的高光反射项。

STEP 20 渲染一帧后，可以看到整个麦克风过亮的高光减弱了，材质的质感也增强了，背景反光板的投影也消失了，如图31-37所示。

STEP 21 麦克风特写的材质质感效果如图31-38所示。

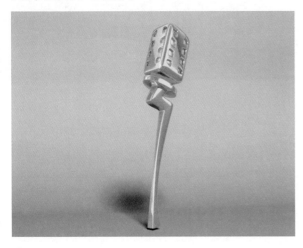

图31-37

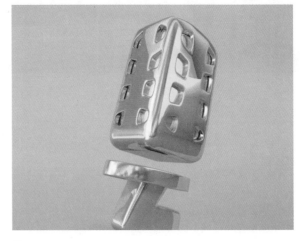

图31-38

STEP 22 最终得到的麦克风金属材质效果如图31-39所示。

图31-39

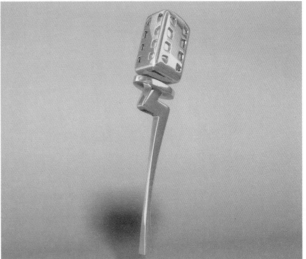

第 **32** 章

麦克风白金质感表现

本章内容
- ◆ 材质分析
- ◆ 制作白金材质

32.1 材质分析

本章要介绍的白金材质是影视包装中最常见的一种材质。白金质感是一种银色的且具有高强反射性的质感，这里主要利用环境的反射原理来对白金质感进行处理。为了让白金质感与高反射性的不锈钢质感区别开来，这里需要将白金质感处理成一种具有模糊效果的高反射质感。最终的白金质感如图32-1所示。

 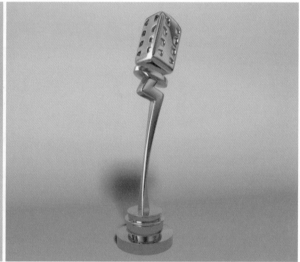

图32-1

32.2 制作白金材质

STEP 01 白金材质的场景和黄金材质的场景是一样的，但场景中的麦克风奖杯模型的材质与场景有所区别。白金材质的场景如图32-2所示。

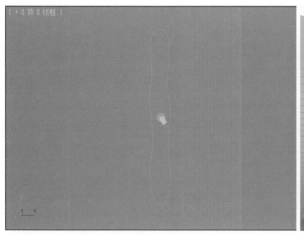

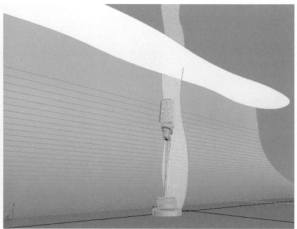

图32-2

STEP 02 麦克风奖杯的模型如图32-3所示。

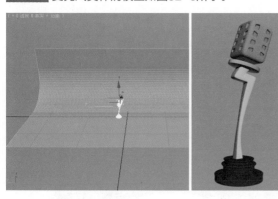

图32-3

STEP 03 打开材质编辑器，指定一个新的材质球为FR金属材质。这里需要将该金属材质的颜色设置为橘黄，并将其反射率设置为一个较低的数值，其默认的参数设置如图32-4所示。

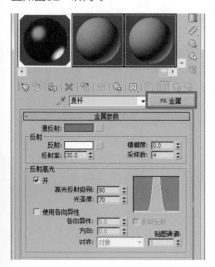

图32-4

STEP 04 渲染一帧，可以看到麦克风材质的颜色显得特别暗，而且材质的高光也变成暗金色的了，如图32-5所示。

图32-5

STEP 05 把漫反射颜色设置成一个浅灰色，如图32-6所示。

图32-6

STEP 06 此时，麦克风模型的颜色不但变成银灰色了，而且材质的高光效果也出来了，但此时的麦克风模型整体看起来还是有点偏暗，如图32-7所示。

STEP 07 到反射栏下将反射率的数值调大到80。此时，可以看到麦克风模型有强烈的反射效果了，但反射的暗部变得更加黑了，如图32-8所示。

图32-7

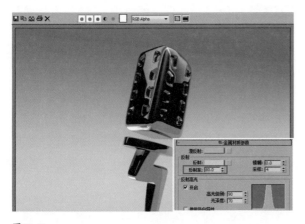

图32-8

STEP 08 到反射高光栏中调整材质的高光效果，让材质过黑的部分也有一点质感。此时得到的材质效果有点像黑暗环境中的不锈钢质感，这和我们想要的白金质感还相差甚远，如图32-9所示。

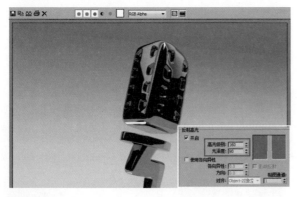

图32-9

STEP 09 给麦克风模型添加环境贴图。到材质编辑器的

高级金属栏下，给环境添加一个HDR环境贴图。到贴图的坐标栏下勾选环境选项，并将贴图方式设为球形环境，如图32-10所示。

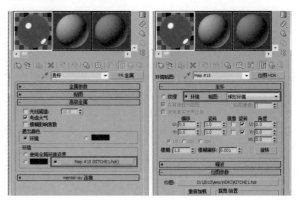

图32-10

注意： 此时，坐标栏下的环境贴图是不会影响到环境的，它只会单独对麦克风模型的材质造成影响，而其影响效果和环境面板中环境贴图的影响效果是一样的。

STEP 10 给麦克风模型选择一个对比度比较强烈的HDR贴图。这样，材质所呈现出来的质感效果对比就会比较强烈，如图32-11所示。

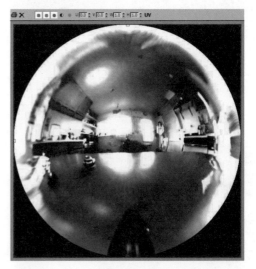

图32-11

STEP 11 渲染麦克风后，可以看到麦克风模型有一个比较清晰的材质反射效果了，这种效果有点像镜面的高反射不锈钢效果。但由于此时所有的环境信息都清晰地反射到材质上了，这样便导致材质表面的质感显得比较凌乱，如图32-12所示。

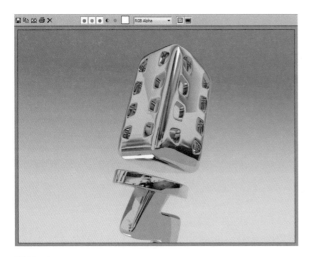

图32-12

STEP 12 到麦克风模型的坐标栏中将模糊偏移值设为 0.03。这样，一方面可以解决质感反射效果凌乱的问题，另一方面也保持了材质的高反射效果，如图32-13 所示。

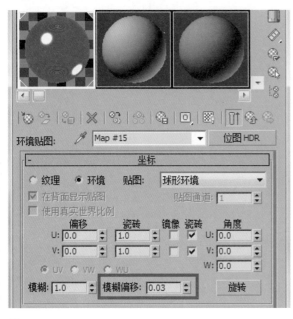

图32-13

STEP 13 再次渲染麦克风模型，从视图画面可以清晰地看到麦克风材质的表面质感变得有点模糊了，但它仍然保持有高反射的特性。这是因为这里只模糊了它的材质中的环境贴图，而不是模糊了整个材质。解决了反射效果凌乱的问题后，可以发现此时材质的整体效果显得比较灰暗，没有光泽感，这是由于场景中缺少灯光照射所造成的。材质的模糊效果如图32-14所示。

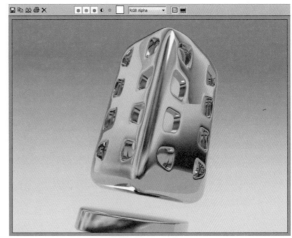

图32-14

STEP 14 给场景添加两盏FR方形灯。把其中一盏主方形灯放置于麦克风模型的正前方；另一盏灯则放在麦克风模型的左上方位置，并把该盏灯的亮度调节得低于主光灯的亮度。在麦克风的左斜方位置添加一盏辅助的聚光灯，以此来提高场景的整体亮度，并将亮度值设为 0.5，灯光的布置如图32-15所示。

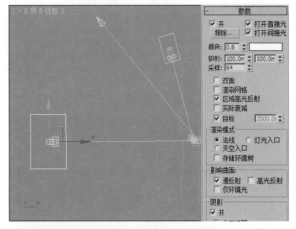

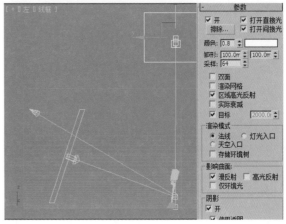

图32-15

STEP 15 再次渲染麦克风，此时可以看到麦克风模型的材质对比度变得强烈了很多。再加上灯光的照射，白金质感的效果变得更加锐利、饱满了，如图32-16所示。

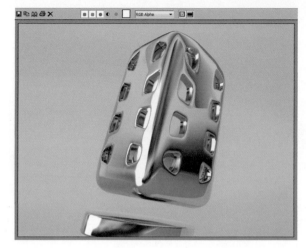

图32-16

STEP 16 至此，麦克风模型的白金材质效果便已制作完成了。渲染一帧，得到的最终效果如图32-17所示。

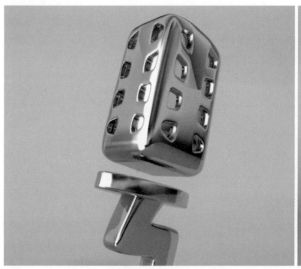

图32-17

第**33**章

液体材质

本章内容
◆ 材质分析
◆ 制作酒水液体材质

33.1　材质分析

　　本章主要介绍啤酒和红酒这两种液体材质。由于酒水是装在玻璃杯里面的，因此酒水的质感需要借助玻璃杯的质感来将其表现出来。也就是说，只有这两种材质相互衬托，才可以更完美地表现出酒水的材质。这里介绍的酒水是一种不完全透明的材质，其透明度是由它的颜色所决定的。本章的酒水液体材质效果如图33-1所示。

 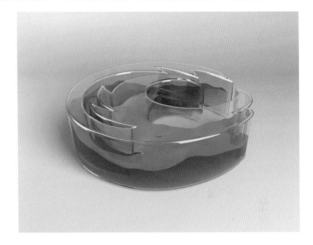

图33-1

33.2　制作酒水液体材质

　　这里除了介绍啤酒和酒水的液体材质以外，还简单介绍了它们的"贴身护卫"——玻璃杯的材质制作。由于透明材质对光线是极其敏感的，因此酒水的液体质感效果也离不开灯光的设置。在啤酒材质的制作过程中，还介绍了啤酒中几种不同元素的模拟，这些元素包括啤酒、啤酒泡和水泡。红酒材质的制作则比较简单，主要就是材质颜色的设置。酒水的液体效果如图33-2所示。

图33-2

STEP 01 导入模型到场景中，这是一组不同形状玻璃杯里面装着不同液体的场景模型，如图33-3所示。

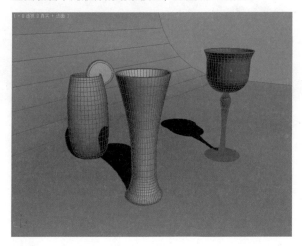

图33-3

STEP 02 到渲染面板将渲染器类型设为VR渲染器，并到VR_基项面板将图像采样器类型设为自适应DMC，如图33-4所示。

图33-4

STEP 03 制作玻璃杯的材质。到材质编辑器中给材质球指定一个VRayMtl材质；将漫反射颜色设为黑色，反射颜色和折射颜色都设为白色。此时，可以得到一个非常通透且具有极强反射效果的玻璃杯材质，如图33-5所示。

STEP 04 降低玻璃杯材质的反射强度。到反射栏下给反射添加一个衰减贴图，并到衰减参数栏下将衰减类型设为Fresnel菲涅耳；再到反射栏下将反射光泽度设为0.98，不让反射效果过于强烈；然后到折射栏下将折射率设为1.5，如图33-6所示。

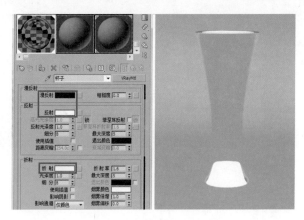

图33-5

图33-6

STEP 05 观察渲染效果的对比图，可以看到折射率为1.5的折射效果要比折射率为1.6的玻璃杯折射效果少了一些细节，这种对比情况在玻璃杯的杯底可以反映出来，如图33-7所示。

图33-7

注意： 折射率的大小可用于控制玻璃杯的通透性，折射率越小，玻璃杯就越接近于平面玻璃的透明效果，其折射效果的细节也会越少，渲染速度也会相应地加快。

STEP 06 制作玻璃杯里面的啤酒材质。到材质面板给啤酒指定一个VRayMtl材质，再到漫反射栏下将漫反射颜色设为白色，然后到反射栏下将反射颜色设置成一个接近于白色的浅灰色，如图33-8所示。

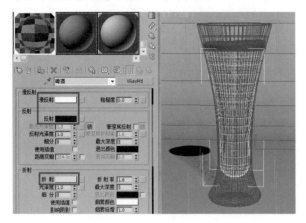

图33-8

STEP 07 渲染一帧，可以看到玻璃杯中的啤酒是非常透明的，而且此时啤酒的颜色是无色的，如图33-9所示。

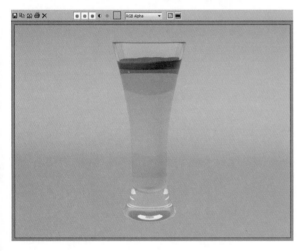

图33-9

STEP 08 设置啤酒的颜色。到折射栏下将烟雾颜色设为橘黄色，并将折射率设为1.4，让啤酒的折射效果更接近于水（折射率为1.33）的折射效果；再勾选影响阴影项，让啤酒颜色对投射到地面的阴影颜色起到影响，但该项需要在开启了全局照明的情况下才会产生效果。此时玻璃杯中的啤酒效果如图33-10所示。

STEP 09 此时，啤酒的颜色过于深了。到折射栏下将烟雾倍增值设为0.66，这样，啤酒的颜色便减淡一点了。如果需要更淡的颜色效果，可以将烟雾倍增值设置得更小，如图33-11所示。

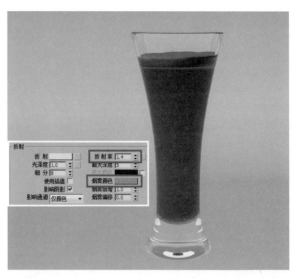

图33-10

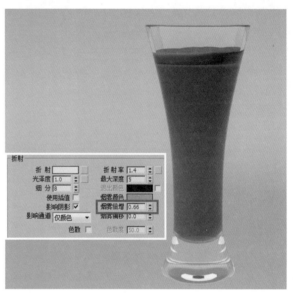

图33-11

STEP 10 要减淡啤酒的颜色，除了降低烟雾倍增值外，还可以到选项栏下取消勾选雾系统单位缩放项。取消了勾选雾系统单位缩放项后，从渲染效果图中可以看到啤酒的颜色变得通透多了，如图33-12所示。

STEP 11 制作啤酒泡的材质。这里需要的啤酒泡只是一种模拟效果，而不是真实的气泡效果。到材质编辑器中给材质球指定一个VRayMtl材质，并将其赋予给啤酒泡模型。到漫反射栏下将漫反射颜色设为一个淡淡的米黄色；再将反射颜色设为一个偏黑的深灰色，并将反射光泽度设为0.6，让气泡模型有一个磨砂质感，如图33-13所示。

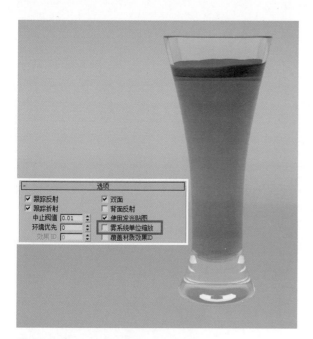

图33-12

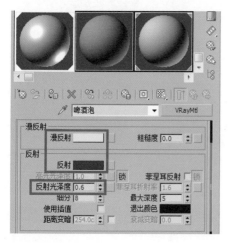

图33-13

STEP 12 渲染一帧，此时可以看到一个简单的啤酒泡模拟效果已经制作出来了，如图33-14所示。

图33-14

STEP 13 给啤酒泡添加一些杂点效果。到贴图栏下给凹凸添加一个噪波贴图，并到噪波参数栏下将大小值设为0.01，如图33-15所示。

图33-15

STEP 14 再次渲染一帧，可以看到一个装有金黄色啤酒的玻璃杯效果基本制作完成了，如图33-16所示。

图33-16

STEP 15 下面给啤酒液体添加一些水泡元素，让啤酒显得更加真实。啤酒水泡是一些大小不一的球元素，这里使用粒子系统来制作水泡模型。啤酒水泡的制作比较简单，主要是将其反射颜色设为白色即可，如图33-17所示。

注意： 这里没有设置它的折射效果，这是因为水泡元素不但非常细小，而且数量多，所以水泡的折射效果几乎是看不到的。此外，不开启水泡的折射效果还能保证渲染的速度足够快。

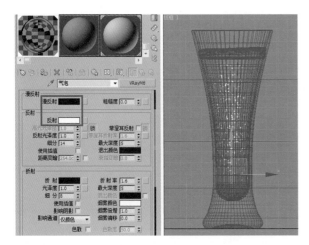

图33-17

STEP 16 此时，啤酒的所有元素都已经制作完成了，但从此时的渲染效果中可以看到整个啤酒的质感还不够真实，玻璃杯、啤酒和气泡也不够通透，而且最上层的啤酒泡看起来比较暗，它和啤酒相接的界线也显得太生硬了，如图33-18所示。

图33-18

STEP 17 对啤酒的整体质感做调整。由于啤酒主要都是一些透明对象，而透明对象的透光率是最好的，因此如果有光线对透明对象产生影响，透明对象的材质效果就能更好地体现出来。这里到场景中创建两处VR_光源，分别将它们放置在玻璃杯的左侧和右侧；取消勾选左侧光源的投射阴影选项，并勾选右侧光源的投射阴影选项，将倍增器值设为5，如图33-19所示。

STEP 18 再次渲染一帧，可以看到啤酒的质感和之前的质感有很大的区别，此时，不但玻璃、啤酒的质感和通透感变得明显了，而且啤酒中的水泡也变得更有立体感

和更真实了，但此时的啤酒泡还是比较暗，如图33-20所示。

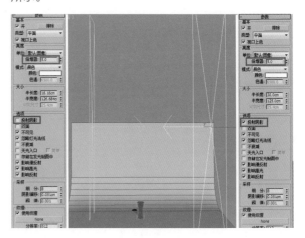

图33-19

图33-20

STEP 19 到渲染面板的VR_基项面板将图像采样器类型改为自适应细分，如图33-21所示。

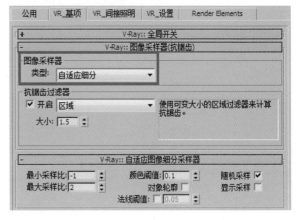

图33-21

STEP 20 通过观察渲染效果可以看到场景整体被提亮了，而且啤酒质感的细节也比之前丰富了一些，但渲染速度却依然保持不变。这样，玻璃杯中的液体材质便制作完成了，效果如图33-22所示。

图33-22

STEP 21 制作红酒的材质。红酒杯的材质和啤酒杯的材质是一样的，这里主要是制作红酒杯中的红酒材质。到材质编辑器中重新给质球指定一个VRayMtl材质；将漫反射颜色设为白色，反射颜色设为一个偏黑的深灰色，反射光泽度设为0.95，让反射产生一点模糊效果；再到折射栏下将折射颜色设为浅灰色，折射率设为1.4。设置红酒的颜色，将烟雾颜色设为深红色，并将烟雾倍增值设为0.66，让红酒的颜色更接近烟雾颜色，如图33-23所示。

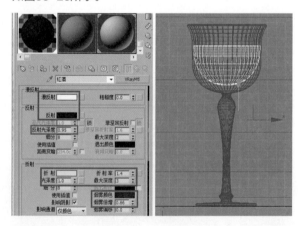

图33-23

STEP 22 渲染一帧，此时可以发现红酒材质依然显得比较暗，如图33-24所示。

图33-24

STEP 23 到红酒材质的选项栏下取消勾选雾系统单位缩放项，此时可以看到红酒的颜色比之前的颜色淡了一些，不过还是比较暗，如图33-25所示。

图33-25

STEP 24 到折射栏下将烟雾倍增值设为0.3，这样，红酒的颜色就更淡了。至此，红酒材质也制作完成了，如图33-26所示。

STEP 25 渲染整个场景，可以得到各种不同的玻璃杯装着各种酒水的效果，如图33-27所示。

STEP 26 将场景中的玻璃杯更换为玻璃LOGO，并在LOGO内部装一些液体；再将上面制作好的材质分别赋予给LOGO和液体元素，如图33-28所示。

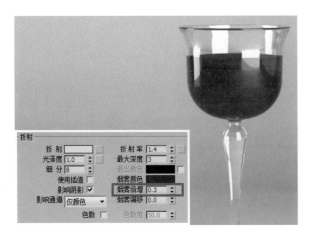

图33-26

STEP 27 最后渲染一帧，可以得到一个透明的玻璃LOGO装着不同颜色液体的效果，最终效果如图33-29所示。

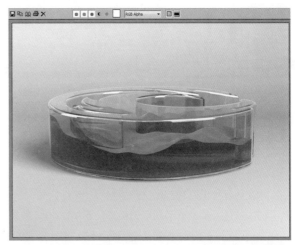

图33-27

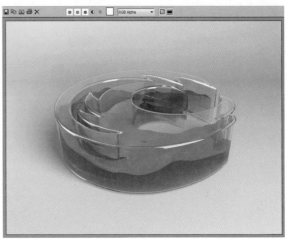

图33-29

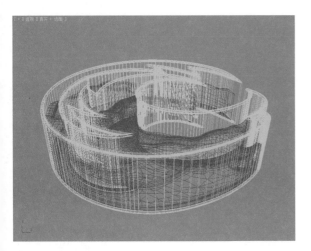

图33-28

34.1　材质分析

本章主要介绍各种球类材质的制作，包括篮球、网球、棒球和保龄球，如图34-1所示。

材质共性：都需要借助灯光和渲染器来让材质显得更加真实。

材质区别：由于球类的使用用途不同，因此材质的贴图、材质表面的光滑度和光泽感也不同。

 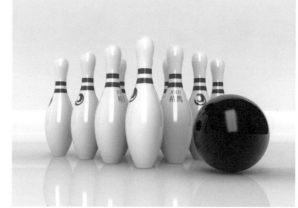

图34-1

34.2　制作各种球类材质

本节介绍的篮球、网球和棒球的材质都是使用贴图来完成的。虽然这几种球类材质（分别是皮质、布料和毛质）的质感有着比较明显的区别，但它们的表现方法基本都是一样的，都是先给材质表面添加贴图，再设置凹凸纹理。如果想让纹理效果更加立体，可以再给其设置一个置换效果。各种球类的材质效果如图34-2所示。

图34-2

STEP 01 导入模型到场景中，这是一些体育项目中常用到的球类模型，如图34-3所示。

图34-3

STEP 02 制作皮质篮球的材质。篮球模型是由两部分组成的，这两部分是球皮部分和皮与皮之间的接缝部分，如图34-4所示。

图34-4

STEP 03 到渲染面板将渲染器类型设为VR渲染器，并到VR_基项面板将图像采样器类型设为自适应DMC，如图34-5所示。

STEP 04 到材质编辑器中给材质球指定一个VRayMtl材质，并将其赋予给篮球的球皮部分。到漫反射栏下将漫反射颜色设为橘红色；再到反射栏下将反射颜色设为一个亮度为23的深灰色，如图34-6所示。

STEP 05 给篮球表面添加一点光泽感。到反射栏下将反射光泽度设为0.7，这样，篮球的表面就会产生高光效果了，如图34-7所示。

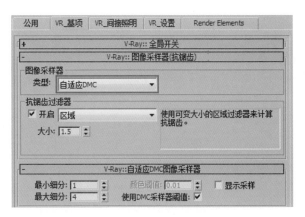

图34-5

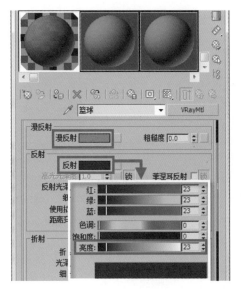

图34-6

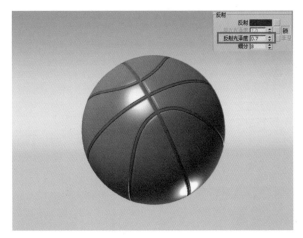

图34-7

STEP 06 制作篮球表面的凹凸效果。到贴图栏下给漫反射添加一张均匀分布着红色圆点的贴图，这些红色圆点是篮球表面凸起的小圆点纹理，如图34-8所示。

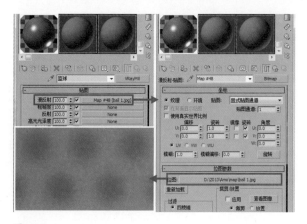

图34-8

STEP 07 再次渲染一帧，此时可以看到篮球表面出现许多小圆点了，这些圆点纹理是呈平面显示的。如果觉得小圆点不够紧密，只需到坐标栏下加大贴图U、V轴向的瓷砖数值即可。篮球的圆点纹理效果如图34-9所示。

图34-9

STEP 08 下面给篮球表面的圆点纹理制作一个凹凸效果。到贴图栏下给凹凸项添加一个黑白的圆点贴图，并将凹凸值设为200，如图34-10所示。

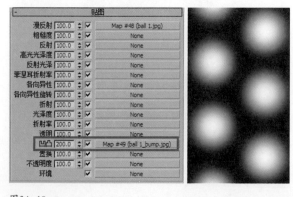

图34-10

STEP 09 渲染一帧，可以看到一个制作简单但很真实的篮球质感已经制作出来了，如图34-11所示。

图34-11

注意： 篮球接缝部分的材质是一个黑色的标准材质。

STEP 10 制作毛质网球的材质。网球的表面是一种毛质感，这里使用贴图来模拟网球的毛质感效果。到材质面板重新指定一个VRayMtl材质给网球模型，并到漫反射栏下给漫反射添加一个绿色的杂点贴图，如图34-12所示。

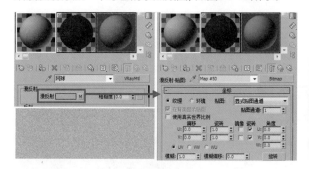

图34-12

STEP 11 渲染一帧，可以看到网球的绿色表面出现许多细小的杂点了，而网球内部的球体材质则是一个白色的标准材质，如图34-13所示。

图34-13

STEP 12 制作网球表面凸起的毛质效果。到贴图栏下给凹凸项添加一个黑白杂点贴图，并将凹凸值设为160，如图34-14所示。

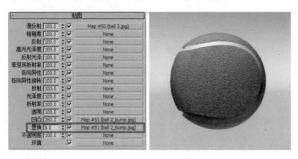

图34-14

STEP 13 再次到贴图栏下给置换添加一个和凹凸项一样的黑白杂点贴图，并将置换值设为5，这样就可以得到一个非常粗糙的绿色表面质感了。如果觉得此时杂点的凹凸感还不够明显，可以加大贴图栏下的凹凸值。这样，一个简单毛质网球的模拟效果就制作完成了，如图34-15所示。

图34-15

STEP 14 制作棒球的材质。棒球的表面是一种拼接的布料材质，这里主要利用贴图来模拟棒球表面的布料效果。到材质面板指定一个VRayMtl材质给棒球模型；再将漫反射颜色设为绿色，反射颜色设为深灰色；然后勾选菲涅耳反射项，并将反射光泽度设为0.3。这样，棒球的表面便有一个比较微弱的模糊反射效果了，如图34-16所示。

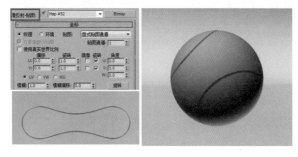

图34-16

STEP 15 给棒球表面添加纹理效果。到贴图栏下给漫反射颜色添加一张绿色的纹理贴图，并让贴图的参数保持为默认设置，如图34-17所示。

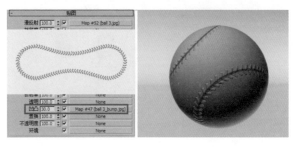

图34-17

STEP 16 给棒球表面的接缝处制作一个缝补的效果，让棒球表面被线条划分开的几块面有一个像针线缝补过的效果。到贴图栏下给凹凸项添加一个缝补贴图，针线缝补的位置和漫反射贴图中的线条位置是吻合的。这里让缝补贴图的参数保持为默认设置，如图34-18所示。

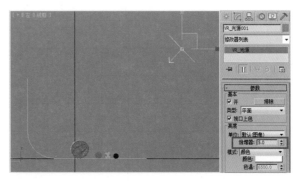

图34-18

STEP 17 这样，三个球类的材质都已经设置完成了，不过此时的三个材质效果的真实感都还不够强，因此这里要给场景添加光源。到场景正前方的上空位置创建一处VR_光源，并到参数栏下将灯光的倍增器值设为5，如图34-19所示。

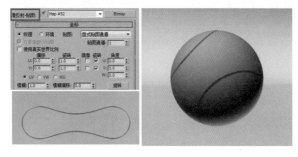

图34-19

STEP 18 到VR_基项面板的环境栏下勾选开启全局照明环境（天光）覆盖项，并到间接照明栏下勾选开启项，再到发光贴图栏下将当前预置设为自定义，如图34-20所示。

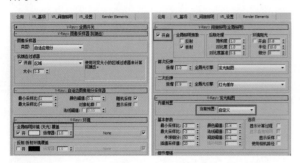

图34-20

STEP 19 最后渲染整个场景，可以看到各种球类在全局照明的影响下显得非常真实和漂亮了，如图34-21所示。

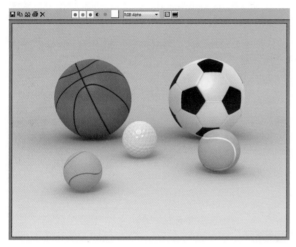

图34-21

STEP 20 该保龄球模型的材质利用了前面烤漆材质的制作方法，得到的效果如图34-22所示。

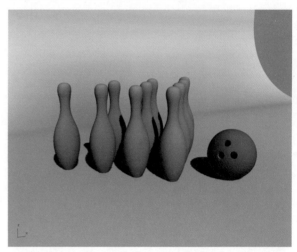

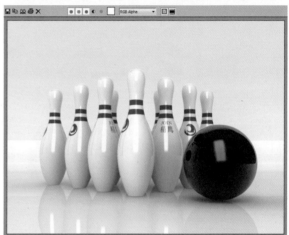

图34-22

第**35**章 | 大气定版的综合材质

本章内容
- 材质分析
- LOGO定版的综合材质制作

35.1 材质分析

本章主要介绍一个LOGO定版模型的综合材质的制作，其中包括几种金属材质和车漆材质的制作。这里的金属材质主要介绍了一种蜂窝网孔的金属和一种具有模糊反射效果的不锈钢，车漆材质则运用在了LOGO定版模型的几个不同结构上，分别用来表现不同的材质效果。本章的LOGO定版模型材质效果如图35-1所示。

图35-1

35.2 LOGO定版的综合材质制作

LOGO定版模型中的蜂窝网孔金属材质的制作并不复杂，主要是给其添加蜂窝网孔的贴图，然后再给其设置一个模糊反射效果。这里主要对两种金属材质中的不锈钢材质进行介绍，它可以让LOGO的定版效果更加冷酷、有气势，也更显立体感。LOGO定版模型的效果如图35-2所示。

图35-2

STEP 01 导入模型到场景中，这是一个LOGO的定版模型，LOGO镶嵌在蜂窝网孔金属的中心，整个定版模型的材质包括了蓝色部分的多种金属材质和红色部分的车漆材质，如图35-3所示。

图35-3

STEP 02 到渲染面板将渲染器类型设为VR渲染器，并暂时让渲染的参数保持为默认设置，如图35-4所示。

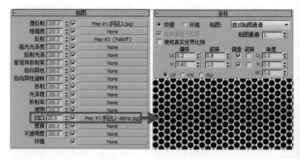

图35-4

STEP 03 制作蜂窝网孔金属模型的材质。蜂窝网孔金属在影视包装中的应用非常广泛，其应用包括各种视音频输出设备（音响、话题、电视、收音机、耳机等）、通信设备、散热通气等；其材质的应用也是多种多样的，蜂窝网孔金属质感可以给人一种坚固、冷酷的视觉效果。

到材质编辑器中给材质球指定一个VRayMtl材质；再到漫反射栏下将漫反射颜色设为偏黑的深灰色；然后到反射栏下将反射颜色设为浅灰色，高光光泽度设为0.83，如图35-5所示。

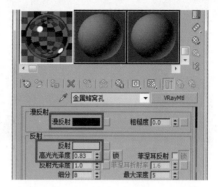

图35-5

STEP 04 到贴图栏下给漫反射添加一个蜂窝网孔贴图，并到坐标栏下对蜂窝网孔贴图在U、V轴向的位置偏移和瓷砖数值稍做一点调整；再给反射添加一个衰减贴图，并到贴图设置面板的混合曲线栏下将曲线调成向下凹进去的弧线，让反射有一个较强的衰减效果，如图35-6所示。

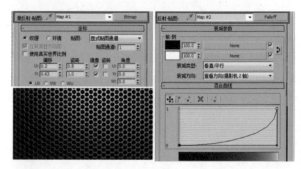

图35-6

STEP 05 此时，蜂窝网孔只是一个平面的效果，为了让其显得更真实，到贴图栏下给凹凸添加一个蜂窝网孔的黑白贴图，并让贴图U、V轴向的位置偏移和瓷砖数值保持与漫反射贴图同样的设置，如图35-7所示。

图35-7

STEP 06 渲染一帧，此时可以看到一个基本的蜂窝网孔金属效果已经制作出来了。但由于场景还没有光源，所以材质的质感还不够强。这里暂时不对蜂窝网孔的材质进行调节，等所有元素的材质设置完成后，再整体对定版模型的材质进行处理，如图35-8所示。

图35-8

STEP 07 制作车漆材质。到材质编辑器中给材质球指定一个VR_车漆材质；再到底层参数栏下将底层颜色设为深红色，并将底层反射设为0.8，加大材质的反射强度；然后将底层光泽度设为1，不让底层有任何的模糊效果；到鳞片层参数栏下将鳞片尺寸设为0，如图35-9所示。

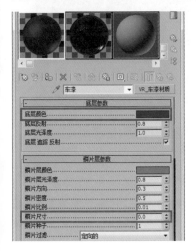

图35-9

STEP 08 到表层参数栏下将表层强度设为0.1，表层光泽度设为0.9。这样，材质的表层便有一个略带一点模糊和高光的反射效果了，如图35-10所示。

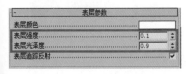

图35-10

STEP 09 将车漆材质赋予红色部分的模型（LOGO除外）。此时可以看到材质整体偏暗，且没有任何环境的反射效果，如图35-11所示。

图35-11

STEP 10 给场景添加反射环境贴图。到渲染面板的环境栏下给反射/折射环境覆盖项添加一个VR_HDRI贴图，并将该贴图拖到材质编辑器中。到贴图参数栏下给其指定一张HDR贴图，并将贴图类型设为球体，如图35-12所示。

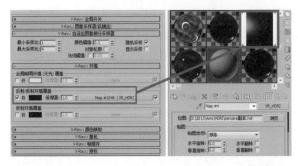

图35-12

STEP 11 再次渲染一帧，可以看到材质在添加了反射环境贴图后变得明亮一些了，但整体的反射细节还不够丰富，如图35-13所示。

图35-13

STEP 12 如果要丰富材质反射的细节，可以到VR_HDRI贴图的设置面板中将贴图类型设为3ds Max标准的。这样，该面板下面的坐标栏的参数才能被激活。否则，在其他的贴图类型下，该栏的参数是不起作用的。这里到坐标栏下勾选环境项，并将贴图方式设为收缩包裹环境。此时，可以看到材质球中的HDR贴图显示发生变化了，如图35-14所示。

图35-14

STEP 13 从此时的渲染效果中可以看到整个材质的环境反射效果都发生改变了，其中场景模型中的边框模型的车漆材质多了一些反射的细节，如图35-15所示。

图35-15

STEP 14 给场景中剩下的一个蓝色模型制作不锈钢材质。到材质编辑器中给材质指定一个VRayMtl材质；将漫反射颜色设为黑色，反射颜色设为白色，并勾选菲涅耳反射项；再单击菲涅耳反射项右边的锁按钮，激活菲涅耳折射率选项；然后将菲涅耳折射率设为25，如图35-16所示。

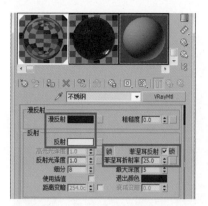

图35-16

STEP 15 将不锈钢材质赋予蓝色模型和LOGO的厚度模型后，此时可以看到材质犹如平面镜一样，清晰地反射出了周围的网孔模型，如图35-17所示。

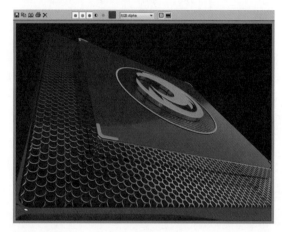

图35-17

STEP 16 调整不锈钢材质，让其有一个模糊反射的效果。到反射栏下将高光光泽度设为0.92，反射光泽度设为0.95。这样，不锈钢就有一个微弱的模糊反射效果了，不过该效果还不够明显，如图35-18所示。

图35-18

STEP 17 到BRDF-双向反射分布功能栏的下拉列表中选择Ward沃德方式，并将各向异性值设为0.7。此时，可以看到不锈钢材质产生明显的模糊效果了，如图35-19所示。

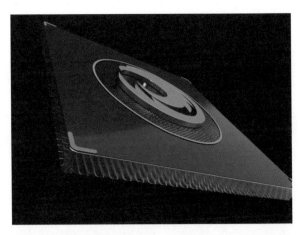

图35-21

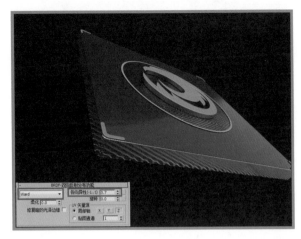

图35-19

STEP 18 调整不锈钢材质的模糊效果。到BRDF栏下将柔化值设为0.5，并给各向异性旋转项添加一个渐变坡度贴图，改变模糊效果的旋转方向；再到UV矢量源栏下设置局部轴向；然后到渐变坡度参数栏下将渐变类型设为螺旋。此时，可以看到材质球中的高光发生变化了，如图35-20所示。

 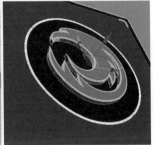

图35-22

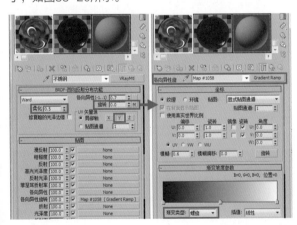

图35-20

STEP 19 渲染一帧，此时可以看到不锈钢材质虽然已经产生了模糊的效果，但材质的光泽感还不够强，不锈钢材质的设置暂时到这里，如图35-21所示。

STEP 20 制作圆环的金属材质，该圆环是一个简单的反射金属材质。到材质编辑器中指定一个VRayMtl材质给圆环模型，并将其漫反射颜色和反射颜色都设为黑色，高光光泽度设为0.86，如图35-22所示。

STEP 21 给反射添加一个衰减贴图，降低反射的强度。到贴图设置面板的混合曲线栏下将曲线调整为如图35-23所示。

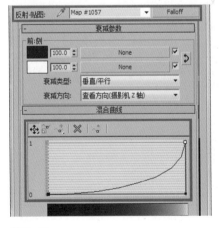

图35-23

STEP 22 到BRDF栏的下拉列表中选择Ward沃德，并将各向异性值设为0.6。这样，圆环的材质便设置完成了，如图35-24所示。

图35-24

STEP 23 此时的LOGO模型是一个颜色为红色的标准材质，这里给其再添加一个微弱的高光效果。到反射高光栏下将高光级别设为24，光泽度设为20，如图35-25所示。

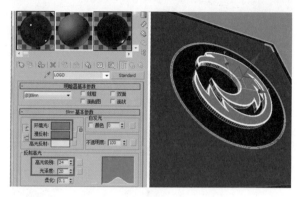

图35-25

STEP 24 此时，定版模型的所有材质都已经设置完成了。渲染一帧，可以看到一个非常大气的定版模型材质效果已经出来了，但其整体的光泽感还不够强，如图35-26所示。

图35-26

STEP 25 到场景的左前方位置添加一处VR_光源，由于光源的面积比较大，这里到参数栏下将光源亮度的倍增器值设为15，如图35-27所示。

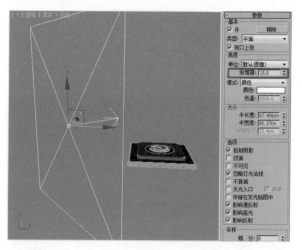

图35-27

STEP 26 到渲染面板的间接照明栏下勾选开启项，并将发光贴图栏下的当前预置设为低，如图35-28所示。

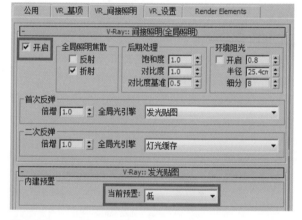

图35-28

STEP 27 至此，整个定版模型的制作就已经全部完成了。最后进行渲染，得到的最终效果如图35-29所示。

图35-29

第36章

酒广告设计

本章内容
◆ 材质分析
◆ 啤酒场景的材质制作

36.1 材质分析

本章介绍的是一个啤酒广告的单帧设计画面，这里主要介绍该设计画面中的啤酒模型的各种材质的制作，这些材质包括啤酒瓶、酒水、标贴、啤酒盖、酒托等。在制作场景时，除了材质的制作外，还需要对整体的氛围进行处理。其中藤蔓效果的制作涉及特效插件部分，这里不做具体的介绍（详细的藤蔓介绍可以查阅相关的特效书籍）。本章的啤酒广告场景效果如图36-1所示。

图36-1

36.2 啤酒场景的材质制作

该啤酒广告的场景主要涉及多种材质的制作，包括酒瓶的玻璃材质、酒水液体材质、标贴材质、啤酒盖和酒托的金属材质以及辅助的白色发光环材质。所有的这些元素只是该啤酒广告的单帧画面中的一个设计元素，这里真正需要表现的是整个画面效果的整体氛围。这里不使用后期软件来对画面进行处理，而是全部在三维中制作完成。此外，为了表现出整体的画面氛围，这里不仅巧妙地运用了灯光元素，还配合使用了VR的物理像机来控制整个画面的效果。啤酒场景的材质效果如图36-2所示。

图36-2

STEP 01 导入模型到场景中，这是一个有酒托的啤酒瓶模型，如图36-3所示。

图36-3

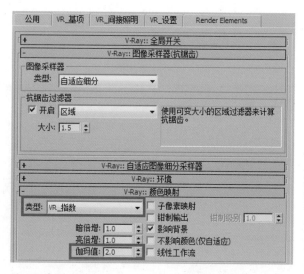

图36-4

STEP 02 到渲染面板将渲染器类型设为VR渲染器；再到渲染器的颜色映射栏下将类型设为VR_指数，并将伽玛值设为2，提高场景整体的渲染亮度，如图36-4所示。

STEP 03 将场景的地面设置为一个具有渐变色的标准材质。到标准材质的贴图栏下给漫反射颜色添加一个渐变坡度贴图；再到贴图的坐标栏下勾选环境项，并将贴图方式设为屏幕；然后到渐变坡度参数栏下将渐变色设为一个从绿色到黑色的渐变效果，如图36-5所示。

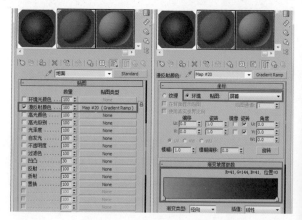

图36-5

STEP 04 渲染一帧，此时可以看到背景呈一个圆形径向渐变的效果，如图36-6所示。

图36-6

STEP 05 制作啤酒瓶的玻璃材质。到材质编辑器中给材质球指定一个VRayMtl材质，并将该材质赋予啤酒瓶。将漫反射颜色设为黑色，并将反射颜色和折射颜色都设为白色，如图36-7所示。

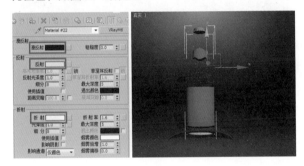

图36-7

STEP 06 渲染一帧，此时可以发现酒瓶是呈黑色的。这是因为材质反射了黑色环境，如图36-8所示。

图36-8

STEP 07 到反射栏下勾选菲涅耳反射项，让酒瓶有一个微弱的反射效果，如图36-9所示。

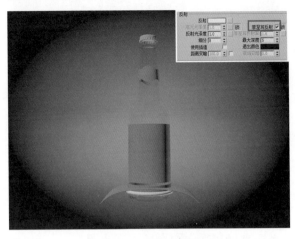

图36-9

STEP 08 到折射栏下加大最大深度值，让瓶子的折射率效果更加真实。对比之前的效果，可以看到酒瓶折射的细节增多了，如图36-10所示。

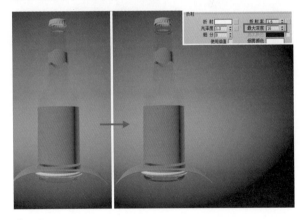

图36-10

注意： 这种方法只适用于结构较简单的对象，否则会减慢渲染的速度。

STEP 09 制作酒水的材质。酒水的模型是由酒瓶调整而来的：首先复制一个酒瓶的路径；再选中路径最外部的线段，并将其删除；然后调整口部的路径；最后给路径添加一个车削修改器。这样，一个与酒瓶紧密贴合的酒水模型便制作完成了，如图36-11所示。

STEP 10 到材质面板给酒水指定一个VRayMtl材质，并将其材质的漫反射颜色、反射颜色和折射颜色都设置得与酒瓶材质一样。这里将反射栏下的菲涅耳折射率和折射栏下的折射率都设为1.33（这是一个水材质的标准折射率值），如图36-12所示。

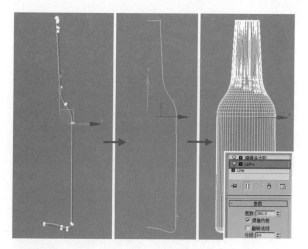

图36-11

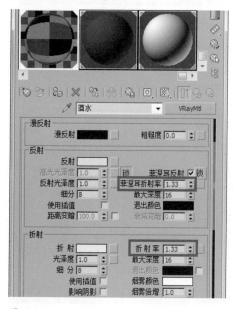

图36-12

STEP 11 渲染一帧，此时可以看到酒水材质和酒瓶材质是一样的，都是一个透明的效果，这样就很难区分开酒水和酒瓶部分了，如图36-13所示。

STEP 12 给酒水材质设置一个颜色。到折射栏下将烟雾颜色设为黄绿色；再渲染一帧，可以看到酒水变成很深的颜色了，这和所设置的颜色效果完全不相同。但这样渲染速度会变快一些，这是因为材质颜色变深后，其折射的强度会减弱，这样，渲染速度也随之加快了，如图36-14所示。

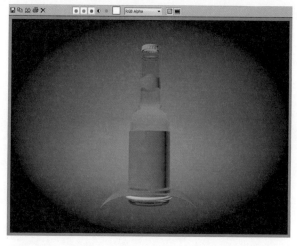

图36-13

图36-14

STEP 13 如果要让酒水的颜色和所设置的烟雾颜色相同，可以到折射栏下将烟雾倍增值减小，这里将其设为0.2，如图36-15所示。

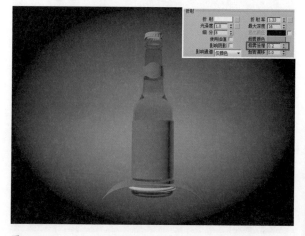

图36-15

STEP 14 制作酒瓶上的标贴材质。这里有一大一小的两个标贴，它们的贴图是不一样的。这里没有用两个材质球来分别为它们设置材质，而是使用了一个多维/子对象材质，并到其参数面板中将两个子材质球赋予两个标贴，如图36-16所示。

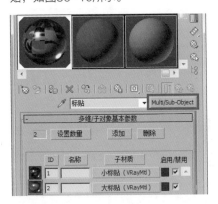

图36-16

STEP 15 此时，小标贴和大标贴的贴图参数设置都是一样的，只是各自的贴图不同。这里到反射栏下将反射颜色设为一个较暗的灰色，并将反射光泽度设为0.75，让标贴有一个模糊的反射效果；再勾选菲涅耳反射项，并激活菲涅耳折射率，同时将菲涅耳折射率设为3，降低反射的强度；然后给漫反射添加一个标贴的贴图，贴图的参数保持为默认设置即可，如图36-17所示。

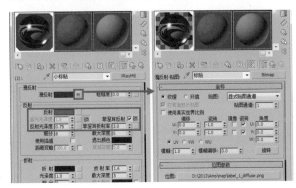

图36-17

STEP 16 大小标贴各自的贴图效果如图36-18所示。

图36-18

STEP 17 将标贴材质赋予两个标贴后，可以发现大标贴的材质没有显示出任何的贴图效果，这是因为贴图坐标出现了错误设置，如图36-19所示。

图36-19

STEP 18 给大标贴添加一个UVW贴图修改器，这样，大标贴的贴图就显示出来了。不过由于此时的大标贴过于单薄，导致标贴与酒瓶产生了重叠的效果，而且标贴贴图的显示也不够准确，它显示的是第一个子材质的贴图，如图36-20所示。

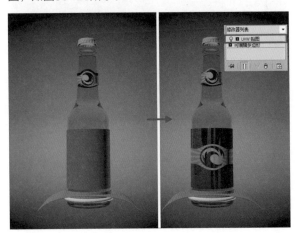

图36-20

STEP 19 下面来解决大标贴与酒瓶重叠的问题。首先选中大标贴模型，到修改器面板给其添加一个推力修改器，并将推进值设为0.15，让标贴有一个薄薄的厚度；再给标贴添加一个材质修改器，该材质修改器可以让模型的材质显示为多维/子对象材质中的任何一个子材质。这里将材质ID设为2，即让大标贴的材质显示为第二个子材质的效果，如图36-21所示。

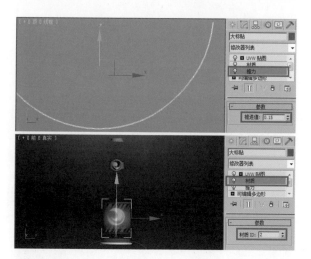

图36-21

STEP 20 再次渲染一帧，此时可以看到两个标贴的材质都已经设置完成了，如图36-22所示。

图36-22

STEP 21 制作酒瓶盖的材质，这里将其制作成一个带有一点磨砂效果的金属材质。到材质面板指定一个VRayMtl材质给酒瓶盖模型；再将漫反射颜色设为黑色，反射颜色设为绿色，并勾选菲涅耳反射项，同时将折射率设为40；接着将反射光泽度设为0.74，让其有一个模糊的反射效果；然后到贴图栏下给凹凸添加一个噪波贴图，并到噪波参数栏下将大小设为0.05，让其表面有一个磨砂的效果。如图36-23所示。

STEP 22 渲染一帧，此时可以看到一个暗绿色的、带有轻微磨砂效果的酒瓶盖便制作完成了，如图36-24所示。

STEP 23 给酒托设置一个高反射的磨砂质感。到材质面板指定一个VRayMtl材质给酒托模型；再将其漫反射颜色设为深灰色，反射颜色设为浅灰色，并设置反射光泽

度为0.75，让其有一个模糊效果，如图36-25所示。

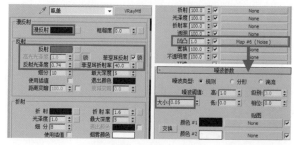

图36-23

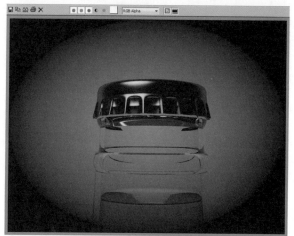

图36-24

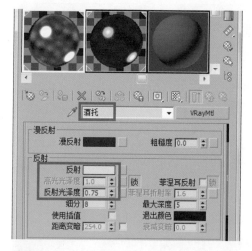

图36-25

STEP 24 给酒托模型下面的圆环管设置一个白色的发光材质。到材质面板指定一个VR_发光材质给圆环管；再到其参数面板中给颜色添加一个输出贴图，到输出贴图设置面板的输出栏下，将输出量设为10.54。这样，圆环管自身就会产生一个较强的自发光效果，不过，默认的自发光效果是比较弱的，如图36-26所示。

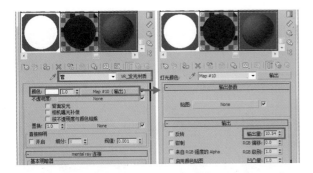

图36-26

STEP 25 渲染整个酒瓶，此时可以看到一个漂亮的啤酒瓶效果基本制作完成了，不过此时酒瓶的质感整体比较暗淡，缺乏光泽感，如图36-27所示。

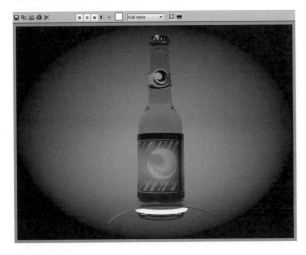

图36-27

STEP 26 给场景添加光源。分别到酒瓶的左前方位置和右前方位置创建一处VR_光源，并将左边的光源作为主光灯，将其亮度的倍增器值设为200；再到选项栏下勾选不可见项；将右边的光源作为辅助灯，并将其亮度的倍增器值设为20，灯光颜色设为淡绿色，如图36-28所示。

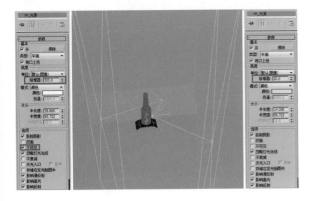

图36-28

STEP 27 为了不让两处灯光反射到酒瓶上的效果过于生硬，这里给灯光的光源部分添加一个渐变坡度贴图。选中左边的主光灯，到参数面板的纹理栏下给其添加一个渐变坡度贴图；再到贴图参数栏下将渐变坡度的颜色调整为一个从黑到白的渐变效果，其中黑色部分为透明的部分，如图36-29所示。

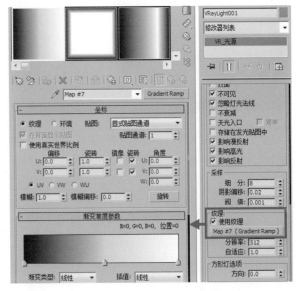

图36-29

STEP 28 场景中右边的辅助灯的贴图设置如图36-30所示。

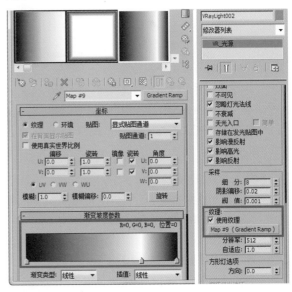

图36-30

STEP 29 渲染一帧，此时可以看到酒瓶马上变得非常有质感了，但酒瓶的整体亮度却曝光过度了，而且酒水部分的颜色也变得过于透亮了，如图36-31所示。

图36-31

图36-33

STEP 30 调整灯光的设置。这里没有直接降低灯光的亮度，而是到灯光的排除选项里将背景给排除掉。因为灯光照亮了背景后，大面积的白亮背景影响了酒瓶的亮度，因此排除灯光对背景的影响，便不会影响酒瓶的亮度，如图36-32所示。

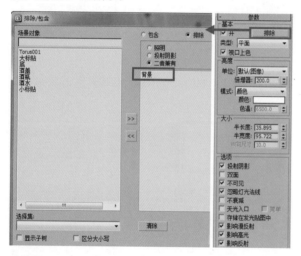

图36-32

STEP 31 从此时的渲染效果中可以看到酒瓶虽然不受背景的影响了，但是背景不受灯光的照射后就变成一片黑色了，如图36-33所示。

STEP 32 到渲染面板的间接照明栏下勾选开启项，并将发光贴图栏下的当前预置设为低，如图36-34所示。

STEP 33 再次渲染，此时可以发现背景被提亮了一点，但酒瓶上的高光效果依然过于强烈，如图36-35所示。

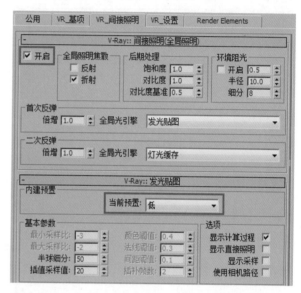

图36-34

图36-35

STEP 34 到场景中创建一个VR_物理像机，并将透视图转换为摄像机视图；再到摄像机的基本参数栏下，将白平衡设为中性，快门速度设为100，如图36-36所示。

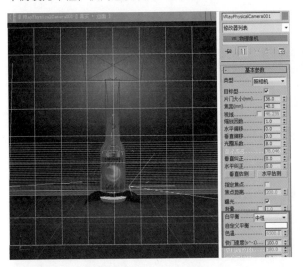

图36-36

STEP 35 从此时的渲染效果中可以看到不但酒瓶上的高光亮度减弱了，而且整个场景的亮度也减弱了，如图36-37所示。

图36-37

STEP 36 提高场景的亮度。到酒瓶模型的背后再添加一处VR_光源；再到参数栏下将灯光亮度的倍增器值设为100，并到选项栏下勾选不可见项，如图36-38所示。

STEP 37 此时，可以看到背景的中心部分被提亮了，这样，整个场景也有了一点意境感，如图36-39所示。

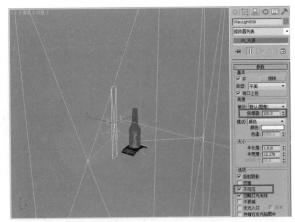

图36-38

图36-39

STEP 38 给酒瓶模型再添加一些反射的细节。到场景的右侧方再添加一处VR_光源；再到灯光的参数栏下单击排除按钮，排除掉背景部分；然后将灯光亮度的倍增器值设为70。这样，酒瓶表面的右侧就会出现一条白色的反射光线了，如图36-40所示。

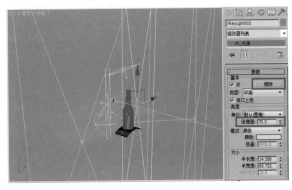

图36-40

STEP 39 至此，整个酒瓶的材质便制作完成了。这里再到酒瓶的周围添加一些藤蔓元素，让它们缠绕在酒瓶上，从而营造出一种绿色健康的原生态效果，最终的效果如图36-41所示。

图36-41